水利行业企业文化建设指南

无锡国富通企业征信有限公司　组编

中国水利水电出版社
www.waterpub.com.cn
· 北京 ·

内 容 提 要

本书介绍了我国水利工程建设及管理概况，水文化、水利文化、水利行业文化的内涵及特点，根据近 10 多年来水利行业企业单位文化建设的实践经验，阐述了水利科研单位、水利工程建设单位、水利工程管理单位、水文单位文化建设的总体目标、指导思想、遵循的原则，以及具体措施等。

本书可作为水利行业企业单位文化建设的指导用书和培训教材。

图书在版编目（ＣＩＰ）数据

水利行业企业文化建设指南 / 无锡国富通企业征信
有限公司组编. -- 北京 ： 中国水利水电出版社，2022.5
ISBN 978-7-5226-0683-5

Ⅰ．①水… Ⅱ．①无… Ⅲ．①水利行业－企业文化－
中国－指南 Ⅳ．①F426.9-62

中国版本图书馆CIP数据核字(2022)第074003号

书 名	水利行业企业文化建设指南 SHUILI HANGYE QIYE WENHUA JIANSHE ZHINAN
作 者	无锡国富通企业征信有限公司　组编
出版发行	中国水利水电出版社 （北京市海淀区玉渊潭南路 1 号 D 座　100038） 网址：www.waterpub.com.cn E - mail：sales@mwr.gov.cn 电话：（010）68545888（营销中心）
经 售	北京科水图书销售有限公司 电话：（010）68545874、63202643 全国各地新华书店和相关出版物销售网点
排 版	中国水利水电出版社微机排版中心
印 刷	天津嘉恒印务有限公司
规 格	184mm×260mm　16 开本　16.75 印张　408 千字
版 次	2022 年 5 月第 1 版　2022 年 5 月第 1 次印刷
印 数	0001—1500 册
定 价	80.00 元

凡购买我社图书，如有缺页、倒页、脱页的，本社营销中心负责调换

《水利行业企业文化建设指南》编委会

主　编

刘　权　无锡国富通企业征信有限公司

李妍妍　新华水利控股集团有限公司

王东山　新疆宏远建设集团有限公司

陈　娜　无锡国富安安全技术咨询服务有限公司

陈　洋　无锡国富安安全技术咨询服务有限公司

李国峰　黑龙江省水利水电集团第三工程有限公司

邹立群　黑龙江省水利水电集团第三工程有限公司

梁才根　宁波昊梁建设有限公司

许岳松　安徽徽水建设工程有限公司

刘　鹏　宁夏恒耀建设工程有限公司

陈月兴　莒南县兴禹水利建筑工程有限公司

李春好　安徽安舟水利工程有限公司

房英武　黄山市太平建筑安装工程有限公司

许　坤　无为市水利建筑安装有限公司

康　馨　宁夏中塔建设有限公司

任　涛　宁夏众盟建设工程有限公司

杨学龙　宁夏鼎鑫建设工程有限公司

郑　丽　宁夏达源建设工程有限责任公司

任　超　山东中泽水利建筑工程有限公司

南　琴　宁夏鑫源建设工程有限公司

参　编

沈为成　　江苏蒙东建设工程有限公司
李　恒　　临沂星源水利建设有限公司
孙　轶　　枣庄市国资河川建设工程有限公司
刘鸿谋　　淮北信和水利建筑工程有限公司
牛小明　　新疆科新工程监理有限公司
张鹏程　　新疆广隆建设工程有限公司
汪　伟　　新疆巨纳建工集团有限公司
叶顺昕　　沙雅金城建设工程有限公司
吴礼青　　安徽省安卓建设工程有限公司
王万春　　安徽登冠建设工程有限公司
朱梓文　　安徽川禹建设工程有限公司
王海星　　浩宸建设科技有限公司
王玉萍　　新疆金丰建设工程有限公司
焦晓峰　　邢台市水利工程处
袁黄林　　嘉兴市水利工程建筑有限责任公司
顾　雷　　江苏华和市政园林建设有限公司
黄其伟　　安徽柱石建设工程有限公司
吴　能　　安徽太平建筑工程有限公司
余维东　　中铁一局集团华东建设工程有限公司

前　言

　　水是生命之源，人类择水而居、傍水而存、依水而发展，在生存繁衍中衍生、发展了文化，文化也影响着人类的发展。文化从人类活动中产生，又作用于人类活动，文化存在于人类一切活动之中。

　　为了开发利用水资源，人类开展了兴水利、除水害的活动，水利工程建设的规划设计、施工等组织随之产生；随着各种水利工程建成，各种水利工程管理单位也应运而生，水文化、水利文化，以及规划设计、施工及管理组织文化也相继产生，并作用于水利工程建设和管理工作。

　　根据企业文化即组织文化的定义，可以说，我国水利行业企业文化随着水利工程开始建设就已经产生，并始终存在。这是不以人们意志转移的客观规律。

　　一个企业只要存在，就会有相应的企业文化，企业文化的优劣取决于企业领导和全体成员的作为。搞好企业文化建设，建设优秀的企业文化，是推动企业健康发展的动力。

　　党中央高度重视文化建设工作。2011 年 10 月党的十七届六中全会，通过《中共中央关于深化文化体制改革　推动社会主义文化大发展大繁荣若干重大问题的决定》，提出了坚持中国特色社会主义文化发展道路、努力建设社会主义文化强国的战略任务。我国文化建设进入新的发展阶段。党的十八大以来，以习近平同志为核心的党中央围绕加强文化建设、振奋起全民族的"精气神"，提出了一系列新思想。习近平总书记 2019 年 9 月 18 日在黄河流域生态保护和高质量发展座谈会上指出"黄河文化是中华文明的重要组成部分，是中华民族的根和魂"，要"保护、传承、弘扬黄河文化"；2020 年 11 月 15 日在全面推动长江经济带发展座谈会上强调，要"统筹考虑水环境、水生态、水资源、水安全、水文化和岸线等多方面的有机联系"，并指出"要把长江文化保护好、传承好、弘扬好"。

　　水利行业企业文化建设是在党的十七届六中全会以后开始的。2011 年 11 月 18 日,水利部颁布了《水文化建设规划纲要(2011—2020 年)》。党的十八大以来,在《习近平关于社会主义文化建设论述摘编》的重要指示指引下,全国各省、自治区、直辖市水利行政管理部门制定了水文化建设规划纲要,水利行业的企事业单位联系本单位的实际,创新单位文化建设,在"内强企业素质,外塑企业形象,增强企业凝聚力,提高企业竞争力,实现企业文化与企业发展战略的和谐统一,企业发展与员工发展的和谐统一,企业文化优势与竞争优势的和谐统一,为企业的改革、发展、稳定提供强有力的文化支撑"方面发挥了重要作用,取得了显著成绩。在中国水利职工思想政治工作研究会编辑出版的《水利思想文化建设理论与实践》和《中国水利报》等报刊杂志上,陆续刊登了一些企事业单位开展单位文化建设的经验。他们当中有不少是全国文明单位、全国水利文明单位,还有荣获"鲁班奖""大禹奖"的水利工程建设单位。

　　上述单位开展文化建设的新鲜经验和丰硕成果,让我们这些从事水利建设管理工作的中小企业感到振奋,故此学习他们以文化建设促进企业健康发展经验的想法油然而生。在无锡国富通企业征信有限公司推荐下,学习了有关单位开展文化建设的事迹和经验,同时学习了文化建设的基本理论知识,以及一些专家学者对水文化和水利行业文化的研究成果。

　　大家在学习中,萌发了一个想法,就是把对企业文化建设有指导、促进作用以及有参考、借鉴意义的经验、做法,进行系统整理,编辑成书出版,让更多企业分享。经充分酝酿,将书名定为《水利行业企业文化建设指南》。由无锡国富通企业征信有限公司组织 36 家企业的 38 位专家组成编写组,从 2021 年 3 月开始编写,至 11 月底完成了初稿,最后由新华水利控股集团有限公司李妍妍统稿送中国水利水电出版社审定。

　　在本书初稿即将完成之际,恰逢《水利部关于加快推进水文化建设的指导意见》发布。该意见对继续完成本书的编写工作起到了重要的指导和促进作用。

　　由于我们知识面有局限性,水平有限,书中的缺点和疏漏在所难免,恳请读者批评指正。

编者

2022 年 3 月

目 录

第一章 有关文化的基本概念

第一节 文化与红色文化

一、文化的定义

我国权威工具书《辞海》对"文化"的界定：广义指人类在社会历史实践中所创造的物质财富和精神财富的总和。狭义指社会的意识形态以及与之相适应的制度和组织机构。作为意识形态的文化，是一定社会的政治和经济的反映，又作用于一定社会的政治和经济。随着民族的产生和发展，文化具有民族性。每一种社会形态都有与其相适应的文化，每一种文化都随着社会物质生产的发展而发展。社会物质生产发展的连续性，决定文化的发展也具有连续性和历史继承性。

习近平同志在《浙江文化研究工程成果文库总序》中对文化是这样描述的："有人将文化比作一条来自老祖宗而又流向未来的河，这是说文化的传统，通过纵向传承和横向传递，生生不息地影响和引领着人们的生存与发展；有人说文化是人类的思想、智慧、信仰、情感和生活的载体、方式和方法，这是将文化作为人们代代相传的生活方式的整体。我们说，文化为群体生活提供规范、方式与环境，文化通过传承为社会进步发挥基础作用，文化会促进或制约经济乃至整个社会的发展。文化的力量，已经深深熔铸在民族的生命力、创造力和凝聚力之中。

在人类文化演化的进程中，各种文化都在其内部生成众多的元素、层次与类型，由此决定了文化的多样性与复杂性。

中国文化的博大精深，来源于其内部生成的多姿多彩；中国文化的历久弥新，取决于其变迁过程中各种元素、层次、类型在内容和结构上通过碰撞、解构、融合而产生的革故鼎新的强大动力。

中国土地广袤、疆域辽阔，不同区域间因自然环境、经济环境、社会环境等诸多方面的差异，建构了不同的区域文化。区域文化如同百川归海，共同汇聚成中国文化的大传统，这种大传统如同春风化雨，渗透于各种区域文化之中。在这个过程中，区域文化如同清溪山泉潺潺不息，在中国文化的共同价值取向下，以自己的独特个性支撑着、引领着本地经济社会的发展。"

不管"文化"有多少定义，但有一点还是很明确的，即文化的核心问题是人。有人才能创造文化。文化是人类智慧和创造力的体现。不同种族、不同民族的人创造不同的文化。人创造了文化，也享受文化，同时也受约束于文化，最终又要不断地改造文化。人虽然要受文化的约束，但人在文化中永远是主动的。没有人的主动创造，文化便失去了光彩，失去了活力，甚至失去了生命。

二、文化的结构

广义的文化包括四个层次：物态文化、制度文化、行为文化、心态文化。

一是物态文化层，物态文化层是人类的物质生产活动方式和产品的总和，是可感知的、具有物质实体的文化事物，如衣、食、住、行。

二是制度文化层，由人类在社会实践中建立的各种社会规范构成，是人类在社会实践中建立的规范自身行为和调节相互关系的准则，包括家族、民族、国家、经济、政治、宗教社团、教育、科技、艺术组织等领域的制度、规范等，如社会经济制度、婚姻制度、家族制度、政治法律制度。

三是行为文化层，是人际交往中约定俗成的礼俗、民俗、习惯和风俗，它是一种社会的、集体的行为。它见之于日常起居动作之中，具有鲜明的民族、地域特色。

四是心态文化层，由人类社会实践和意识活动中经过长期孕育而形成的价值观念、审美情趣、思维方式等构成，是文化的核心部分。

心态文化层可细分为社会心理和社会意识形态两个层次。心态文化是人们的社会心理和社会意识形态，包括人们的价值观念、审美情趣、思维方式以及由此而产生的文学艺术作品。这是文化的核心，也是文化的精华部分。

三、文化的种类

文化的涵盖面极广，几乎包括了人类社会生活的方方面面，因此对文化的分类也林林总总。如从地域分，有本土文化和外来文化、城市文化和农村文化、东方文化和西方文化、大陆汉文化和港澳台汉文化；从时间分，有原始文化、奴隶制文化、封建文化、资本主义文化、社会主义文化等；从宗教信仰分，有佛教文化、道教文化、基督教文化、伊斯兰教文化等；从生产方式分，有游牧文化、农业文化、工业文化、信息文化；从生产工具分，有旧石器文化、新石器文化、青铜文化；从人类把握世界的方式分，有科学文化和人文文化；从性质分，有世界文化、民族文化、精英文化、通俗文化；从结构层次分，有物质文化、制度文化、精神文化。

文化还可分为生产文化、精神文化。科技文化是生产文化，思想文化是精神文化。任何文化都为生活所用，没有不为生活所用的文化。任何一种文化都包含了一种生活生存的理论和方式、理念和认识。

四、文化的作用

伟大领袖毛泽东同志指出："一定的文化（当作观念形态的文化）是一定社会的政治和经济的反映，又给予伟大影响和作用于一定社会的政治和经济。"［毛泽东：《新民主主义论》（1940 年 1 月）］

"文化是反映政治斗争和经济斗争的，但它同时又能指导政治斗争和经济斗争。文化是不可少的，任何社会没有文化就建设不起来。"[毛泽东：《关于陕甘宁边区的文化教育问题》（1944 年 3 月 22 日）]

习近平总书记在不同的场合，多次强调文化发展对于国家民族的重要性。在山东曲阜考察孔子研究院时就曾指出，一个国家、一个民族的强盛，总是以文化兴盛为支撑的，中华民族伟大复兴需要以中华文化发展繁荣为条件。在中国文联十大、中国作协九大开幕式上的讲话强调，实现中华民族伟大复兴，需要物质文明极大发展，也需要精神文明极大发展。坚定文化自信，是事关国运兴衰、事关文化安全、事关民族精神独立性的大问题。文化兴国运兴，文化强民族强。随着中国特色社会主义进入新时代，中华民族从站起来、富起来走向强起来，文化需要承担更大的责任和使命。

文化作为一种精神力量，能够在人们认识世界、改造世界的过程中转化为物质力量，对社会发展产生深刻的影响。这种影响，不仅表现在个人的成长历程中，而且表现在民族和国家的历史中。人类社会发展的历史证明，一个民族，物质上不能贫困，精神上也不能贫困，只有物质和精神都富有，才能自尊、自信、自强地屹立于世界民族之林。

具体讲，文化在它所涵盖的范围内和不同的层面上发挥着整合、导向、约束、传续等主要功能。

（1）整合功能。文化的整合功能是指它对于协调群体成员的行动所发挥的作用。社会群体中不同的成员都是独特的行动者，他们基于自己的需要，根据对情景的判断和理解采取行动。文化是他们之间沟通的中介，如果他们能够共享文化，那么他们就能够有效沟通、消除隔阂、促成合作。

（2）导向功能。文化的导向功能是指文化可以为人们的行动提供方向和可供选择的方式。通过共享文化，行动者可以知道自己的何种行为在对方看来是适宜的、可以引起积极回应的，并倾向于选择有效的行动，这就是文化对行为的导向作用。

（3）约束功能。文化是人们以往共同生活经验的积累，是人们通过比较和选择认为是合理并被普遍接受的东西。某种文化的形成和确立，就意味着某种价值观和行为规范被认可和被遵从，也意味着某种秩序的形成。而且只要这种文化在起作用，那么由这种文化所确立的社会秩序就会被维持下去，这就是文化维持社会秩序的功能。

（4）传续功能。文化的传续功能是指从世代的角度看，文化能向新的世代流传，即向下一代流传、让下一代共享上一代的文化。

中国文化是中华民族在长期历史发展中的伟大创造物，是整个民族智慧和创造力的结晶。数千年来，它不但在中国历史上大放光彩，惠及历代中华儿女，而且在汉代开辟了"丝绸之路"以后，也影响了西方世界的历史与文化。在国际社会中，它的传播更加迅速，影响也更加广泛。

五、红色文化

（一）红色文化的内涵

红色文化是中国独特的先进文化。

红色文化是指中国共产党领导人民进行的革命和建设进程中形成发展的，以社会主

3

义和共产主义为指向的，把马克思列宁主义与中国实际相结合，兼收并蓄古今中外的优秀文化成果而形成的文明总和。从文化的形态和形式来看，中国红色文化又可分为广义和狭义两种，广义的中国红色文化包括物质文明、精神文明、政治文明、社会文明、生态文明等各种文明形态。狭义的则是特指以文化形态表现出来的，体现社会主义、共产主义方向和目标的文明形态。红色文化最根本的特征是"红色"，它具有革命性与先进性相统一、科学性与实践性相统一、本土化与创新性相统一以及兼收并蓄与与时俱进相统一等特征。

红色文化作为一种重要资源，包括物质文化和非物质文化两个方面。其中，物质文化资源表现为遗物、遗址等革命历史遗存与纪念场所；非物质文化资源表现为包括井冈山精神、长征精神、延安精神等红色革命精神。

红色文化概括为革命年代中的"人、物、事、魂"。其中的"人"是在革命时期对革命有着一定影响的革命志士和为革命事业而牺牲的革命烈士；"物"是革命志士或烈士所用之物，也包括他们生活或战斗过的革命旧址和遗址；"事"是有着重大影响的革命活动或历史事件；"魂"则体现为革命精神即红色精神。

（二）红色文化的兴起

中国红色文化有一个形成、发展、积淀、丰富、创新的文化演进过程。从精神需求效应看，"红色文化热"的兴起是来自人们内心的渴望和心灵的呼唤。改革开放 40 多年来，人们的物质生活得到极大改善，但在拥有丰裕物质生活的同时，一些人的心灵深处却出现了"文化荒漠"。所以人们摒弃"风花雪月、无病呻吟"的言情剧、"虚无缥缈"的武侠剧和"兄弟反目、父子相残"充满血腥味的宫廷剧，转而开始羡慕那些有理想、有信仰和富有献身精神的人，渴望从那些物质贫乏但精神富足的革命者身上发现生命的意义和快乐的真谛，而"红色文化热"的兴起则满足了人们心灵的需求。这一时期，红色小说的再版、红色电影的播放、红色之旅的推出、红色歌谣的传唱，均收到了意想不到的效果，唤醒了储藏在人们心底美好的记忆。获得精神的满足和超越是发自人们内心的呼唤，"红色文化热"的兴起迎合了大众对红色文化的情感期盼和灵魂托付。

从社会实践效应看，红色文化激励了一代又一代中华儿女为理想和信仰拼搏奋斗。中国革命波澜壮阔的历史进程，革命者感天动地的丰功伟绩，革命旧址、遗物展现的震撼心魄的场景，永远都是感动和教育后来人的最佳题材。小说《红岩》《野火春风斗古城》，电影《红色娘子军》《英雄儿女》等红色作品塑造和展现了在特殊社会时期里，民族和个人如何为生存和理想苦苦寻找解放道路的斗争精神，揭示了一个时代、一个民族对幸福的向往和为理想而献身的气概，其鲜明的爱国主义、集体主义、舍生忘死的英雄主义在人们的脑海里烙下了深深的印记。虽然这些作品的创作受限于当时技术条件、经济水平和创作环境，存在一些遗憾，但正是这一特定时代勇于为理想而献身的精神以及那些原汁原味的东西，更增添了一份无法复制的本色魅力，使不同时期、不同年龄的人在品味这些作品的时候会有不同的收获和感悟，这就是红色经典超越时空的生命力所在，也是激励后来者追求理想和信仰的动力与源泉。

（三）红色文化的价值功能

红色文化是社会主义先进文化的重要源头之一，红色文化的发展创新对于促进社会主义先进文化建设，具有十分重大的意义。发掘和利用红色文化独特的价值功能，不仅有利于坚持社会主义核心价值体系的实践性，还对打造具有中国特色和世界影响的红色文化产业新品牌具有重要的促进作用。

1. 历史印证价值功能

一是红色文化见证了"没有共产党就没有新中国"的历史。近代中国，国家积贫积弱，人民饱受磨难。为拯救国家和人民，无数革命者进行了长期的探索和斗争并为之流血牺牲，但都无法改变中国人民的悲惨命运。是中国共产党勇敢地担负起历史的重任，为中华民族的独立解放，为中国人民的平等自由作出了不懈的努力并付出了重大牺牲。仅江西革命烈士纪念堂记载，为革命牺牲的江西籍烈士就达 25 万之多。一部红色文化史忠实地记载了中国共产党为人民利益而奋斗的历史。二是红色文化昭示了"只有社会主义才能救中国"的真谛。新中国成立后，随着社会主义制度的建立，实现了中国历史上最广泛最深刻的社会变革。《邓小平文选　第三卷》中提到："如果不搞社会主义，而走资本主义道路，中国的混乱状态就不能结束，贫困落后的状态就不能改变。"中国共产党人在建设社会主义的实践中进行了艰辛的探索，取得了巨大成就，使中国的社会主义呈现出勃勃生机。三是弘扬红色文化有利于巩固党的执政地位。中国共产党的执政地位是历史和人民赋予的。传承红色文化，解读革命历史，有利于帮助人们了解共产党执政地位的来之不易，有利于巩固党的执政地位。

2. 文明传承价值功能

了解过去的目的是启迪和指导未来。红色文化的文明传承价值功能表现在：一是红色文化是马克思主义中国化理论成果发展进程中的重要环节。中国共产党就是先进文化——马克思主义同中国工人运动相结合的产物，从中国共产党成立的第一天起，就以马克思主义作为自己的指导思想。在中国革命的征程中，中国共产党人创造性地形成了指导中国革命走向胜利的先进文化——毛泽东思想。毛泽东思想继承了马克思主义的基本原理，又传承了中华民族五千年积淀而成的优秀传统文化和五四运动以来形成的红色文化，它们一脉相承又与时俱进。正是由于马克思主义具有与时俱进的理论品格，在毛泽东思想之后，又相继诞生了邓小平理论、"三个代表"重要思想、科学发展观和新时代中国特色社会主义思想。无疑，红色文化具有鲜明的传承性。二是红色文化提炼和凝聚了中国共产党人的革命精神并在中国革命、建设和改革开放的实践中得以传承。中国共产党在领导中国革命的征程中形成了井冈山精神、长征精神、延安精神和西柏坡精神，这些精神是红色文化的精髓，是激励人们开拓进取、矢志不渝的强大精神支柱，实现中华民族的伟大复兴需要弘扬这些红色精神。和平建设时期形成的"大庆精神""两弹一星"精神、抗洪精神、抗震救灾精神、载人航天精神，就是红色文化得以传承的体现。深入发掘红色文化的传承价值功能，是培育新的民族精神的现实需要。

3. 政治教育价值功能

红色文化倡导的是崇高思想境界和革命道德情操，传播其理念、彰显其精神有利于红色革命精神深入人心。一是红色文化是开展青少年德育的有效载体。红色文化资源内容丰富，每一处革命遗迹、每一件珍贵文物、每一堂传统课都是鲜活的教材，都折射着革命先辈崇高理想、坚定信念、爱国情操的光芒。用鲜活的历史告诉青少年，老一辈革命家的丰功伟绩建立在他们对祖国深厚的爱之上。一个人对祖国爱得越深，历史的责任感就越强烈，人生目标就越明确，人生信念就越坚定。古往今来，彪炳史册的无一不是忠诚的爱国者。红色资源正是彰显革命历史的新平台、新课堂，其感召力是学校和书本不可比拟的。二是红色文化形式的多样化，使人们在寓教于乐中受到润物细无声的熏陶。近年来兴起的红色旅游之火爆是始料未及的，除了人们对那段红色年代充满向往之外，其中一个不可忽视的因素就是人们热爱一切美好的东西，敬仰那些为理想信念不惜牺牲生命的人。人们在红色旅游中能真切地感受到祖国山河是美的，红色热土承载的红色文化也是美的。革命老区丰富的山水人文资源和古朴淳厚的民俗民风，使旅游者在愉悦中感受山河之美，体验华夏民族的博大精深，感悟那段烽火连天斗争岁月的艰辛和今天幸福生活的不易，从而主动地、真诚地接受红色文化的洗礼和理想信念的教育。通过红色旅游这一时尚方式将历史知识、革命传统和革命精神传输给大众，会收到事半功倍的效果。

4.经济开发价值功能

文化产业在现代经济结构中已成为新的国民经济增长点，而红色文化则是文化产业的重要组成部分。红色文化具有良好的知名度和品牌效应，革命老区保留下来的遗址和可歌可泣的革命故事，既是宝贵的精神财富，也是发展红色文化产业的重要资源。革命老区多处于山区，风景优美、生态宜人，把红色文化、生态文化和古迹文化结合起来，寓思想教育于文化娱乐和观光游览中，既有利于传播先进文化，又有利于把红色资源转变为经济资源，从而推动革命老区的经济发展，帮助老区人民脱贫致富。

第二节　行业文化和企业文化

一、行业文化

（一）行业文化的内涵

行业文化是指行业内企业和员工在社会文化和经济文化背景中逐步形成的具有本行业特色、为全行业所认同的价值理念、精神信念、经营思想、道德准则和行业规范以及由此产生的思维方式、行为方式、品牌效应的综合体现。

生产力是推动社会发展的根本力量，是最活跃的要素。行业是生产力的直接组织者和参与者，因此在生产经营活动中产生的行业文化，相对于社会文化是超前的，往往最先反映时代的新观念、新思想、新气息。一种优秀的行业文化形成以后，对于外来的优秀文化仍具有很强的吸收接纳能力。

行业文化作为一种"软实力"，具有导向、凝聚、激励、约束、塑造五个方面的功能。行业文化软实力能对行业员工起引导作用，能对行业整体和行业组织以及行业成员的价值规范和行为取向起导向作用。行业文化建设所凝练的行业价值观被行业员工共同认可后，将会成为一种黏合力，把其成员聚合起来产生一种巨大的向心力和凝聚力。行业文化还能起到向社会展示行业成功的管理风格、积极的精神风貌等方面的作用，从而为行业塑造良好的形象。

（二）行业文化的分类

从发育状态上，可以把行业文化划分为成长型文化、成熟型文化和衰退型文化。其中成长型文化是一种年轻的、充满活力的行业文化类型。

从功能性质上，行业文化可以分为事业型文化和经营型文化。

从内容特质上，行业文化可以划分为目标型文化、竞争型文化、务实型文化、团队型文化和传统型文化等。

二、企业文化

（一）企业文化研究概述

企业文化的研究始于 19 世纪末到 20 世纪初。西方工业主要以大机器生产和生产流水线为主要生产方式，企业经营者最关心的是生产效率和投入产出比。在当时，科学管理理论对工业化进程的发展产生了深远的影响，并导致了一系列理性化实践，其中，以美国管理学家泰勒的科学管理模式和德国社会学家韦伯的"科层制"最具有代表性。这些理论认为人的行为动机是为了满足私利，工作的目的是得到经济报酬。

20 世纪 20—30 年代间，美国西方电器公司霍桑工厂为研究工作条件、社会因素与生产效率之间的关系，探求提高劳动生产率的途径进行了一项试验。这项被称为"霍桑试验"的试验是西方行为学派早期研究的一项重要活动。这项试验的代表人物是美国哈佛大学教授梅奥。霍桑试验经历了两个阶段。第一阶段从 1924 年 11 月开始，研究工作条件与生产效率的关系，首先进行的是照明试验，目的是观察改换照明度等工作环境对生产率的影响。把装配电话继电器的女工分为两个小组：一组为"实验组"，照明度不断变化，另一组是"控制组"，在照明度不变的情况下工作。结果表明，照明条件的改变对生产效率几乎没有影响。其后，研究者又进行福利试验，给被试验的女工逐渐增加一些福利，如缩短工作日、延长休息时间、免费供应点心、改变工资支付办法等。但也看不出这些措施对生产效率的提高有何直接的影响。第二阶段从 1927 年开始，梅奥应邀参加领导这项试验，着重研究社会因素与生产效率的关系。研究人员在两年中与职工进行无指示性访谈达两万多次，让工人们自由地发泄心中的怨气，把以往从事压制监督的领班改为由试验的研究人员领导，并以同情的态度征求、听取和采纳工人的意见，在工人之间以及工人同领班间逐步形成一种具有个人联系和相互协作的"社会状态"，研究了非正式组织的行为、规范以及奖惩对生产效率的影响。

"霍桑试验"使人们注意到组织中"人"的因素对组织效益的影响，开始强调人际关系在管理中的重要性，企业的管理重点也由组织内部管理向战略管理转变，并强调组织结构和系统的协调和适应能力。第二次世界大战以后，注重人的主体性研究成为了西方学术界的主要特征之一。许多西方学者致力于探求人的精神世界和行为表现。因此，以人为中心，强调人的精神和人的文化的企业文化理论正是当时现代西方人本主义学术思潮的体现。

到了 20 世纪 80 年代，日本经济迅速崛起，对欧美经济形成了挑战。经过美国大量的专家学者的潜心研究，他们发现与欧美企业强调技术、设备、规章制度、财务分析等硬性条件不同，日本企业的管理注重目标、信念、价值观和文化等软性因素。因此这种以文化的力量推动企业和组织长期发展的独具个性化的管理方式逐渐被人们注意，进而发展了社会文化与管理的融合——企业文化管理。这个时期，出现了大量企业文化理论著作和许多企业家的经营经验，如美国哈佛大学教授特雷斯·E·迪尔和美国麦肯锡公司阿伦·A·肯尼迪的合著《企业文化——现代企业的精神支柱》；美国加利福尼亚大学洛杉矶分校管理学院教授威廉·大内的著作《Z 理论——美国企业如何迎接日本的挑战》；美国麦肯锡公司研究员托马斯·J·彼得斯和小罗伯特·H·沃特曼的合著《成功之路——美国最佳管理企业的经验》；美国斯坦福大学商学院教授理查德·帕斯卡尔和美国哈佛大学工商管理研究员教授安东尼·阿索斯的合著《日本企业管理艺术》等。

在此期间，我国的一些学者和一些敏锐的企业家开始了对企业文化的理论研究和实践探索。随着 90 年代初我国改革开放的深入，掀起了引进外资和引进国外先进技术和管理经验的热潮，企业文化作为一种新型管理模式得到了广泛的发展和实践。在这一时期，许多企业结合自身发展实际，通过模仿外资企业文化管理的形式，开展了一系列的企业文化建设活动，如喊统一口号、着统一服装、绘统一企业 LOGO 等。

我国加入 WTO 之后面临着全球化市场竞争的挑战，这更加要求企业能够提高核心竞争力和管理水平。我国海尔、联想、思科、同仁堂等一大批企业开始自觉地建设企业文化，致力于完善企业文化管理体系，全面系统地推行企业文化建设。这些企业在自身发展过程中逐步培养和积累了独具特色的企业文化，具有很好的先进示范作用，有效带动了其他企业的文化建设和企业文化管理工作。

需要特别指出的是，中国共产党在 20 世纪 30 年代，担任中华苏维埃共和国中央政府中央执行委员会主席的毛泽东同志就重视发挥思想文化在经济工作中的作用，并采取了许多措施，如组织、宣传、动员群众参加经济建设；改良群众生活，提高群众热情；培养和起用懂经济的专门人才，给有技术专长的专业人员发特殊津贴，以优惠待遇招揽专业技术人才；在国有工厂实行厂长负责制、成本核算制和计件工资制等。1955 年，毛泽东主席在《中国农村的社会主义高潮》一书的按语中提出了"政治工作是一切经济工作的生命线"的著名论断，这是毛泽东经济思想中具有普遍指导意义的核心内容。"生命线"的提法是一种比喻，它充分强调和肯定了思想政治工作的地位与作用，是中国共产党对辩证唯物主义和历史唯物主义中物质与精神、经济与政治辩证统一原理的具体运用。思想政治工作是文化的重要内涵之一。这就是说从 19 世纪 30 年代开始，中国共产党已经认识到文化在经济工作中的重要性，并要求在经济工作中加强以政治思想工作为主要内容的文化建设。由于新中国成立后，在党的十一届三中全会之前，我国一直实行计划经济体制，企事业单位都是公有制，缺少市场竞争机制，所以企业文化的作用没有得到全面体现，专家学者对之研究也不可能深入，致使企业文化及其管理的理论研究在我国有迟缓和滞后的感觉，直到 20 世纪 80 年代，我国开始建立社会主义市场经济体制之后，对企业文化的研究才逐步开展起来。

（二）企业文化的定义

企业文化是企业长期生产、经营、建设、发展过程中所形成的管理思想、管理方式、管理理论、群体意识以及与之相适应的思维方式和行为规范的总和，是企业领导层提倡、上下共同遵守的文化传统和不断革新的一套行为方式，它体现为企业价值观、经营理念和行为规范，渗透于企业的各个领域和全部时空。其核心内容是企业价值观、企业精神、企业经营理念的培育，是企业职工思想道德风貌的提高。通过企业文化的建设实施，使企业人文素质得以优化，归根结底是推进企业竞争力的提高，促进企业经济效益的增长。

（三）企业文化的内容

企业文化包括企业精神文化、物质文化、制度文化、行为文化和安全文化。

1. 企业精神文化

企业精神文化是企业广大职工在长期的生产经营活动中逐步形成的，它包括企业哲学、企业精神、企业经营宗旨、企业价值观、企业经营理念、企业作风、企业伦理准则等内容，是企业意识形态的总和。企业精神文化是企业生机和活力的源泉。

企业哲学是指企业在经营管理过程中提升的世界观和方法论，是企业在处理人与人、人与物关系上形成的意识形态和文化现象。

企业精神是企业全体或多数员工共同一致，彼此共鸣的内心态度、意志状况和思想境界。

企业经营宗旨是企业要达到或实现的最高目标和理想。

企业价值观是指企业在追求经营成功过程中所推崇的基本信念和奉行的目标，是企业全体或多数员工一致赞同的关于企业意义的终极判断。

企业经营理念主要指企业的生存价值、社会责任、经营目的、经营方针、经营战略和经营思想。

企业作风是指企业员工对待工作的状态、情绪、信心、责任与习惯。

企业伦理准则是有关忠实和公正，以及有关诸如社会期望、公平竞争、广告、公共关系、社会责任、消费者的自主权和在国内外原公司行为等多种方面的行为准则。

另外，在这7个核心理念的指导下，还要形成企业的学习观、创新观、竞争观、人才观、服务观等，构成企业精神文化。

2. 企业物质文化

企业物质文化也称企业文化的物质层，是指由职工创造的产品和各种物质设施等构成的器物文化，是一种以物质形态为主要研究对象的表层企业文化。它是容易看见、容易改变的，是核心价值观的外在体现。它以物质形态为载体，以看得见摸得着体会到的物质形态来反映出企业的精神面貌。

企业物质文化内容包括：

（1）企业生产的产品和提供的服务。它是企业生产经营的成果，是企业物质文化的首要内容。

（2）企业的工作环境和生活环境。企业创造的生产环境、企业建筑、企业广告、产品包装与产品设计等，它们都是企业物质文化的主要内容。

3. 企业制度文化

企业制度文化是企业为实现自身目标对员工的行为给予一定限制的文化，它具有共性和强有力的行为规范的要求。企业制度文化是企业文化的重要组成部分，制度文化是一定精神文化的产物，它必须适应精神文化的要求。企业制度文化是企业领导体制、组织机构和管理制度的具体体现。

（1）企业领导体制。企业领导体制是企业、领导结构、领导制度的总称，其中主要是领导制度。企业的领导制度，受生产力和文化的双重制约。生产力水平的提高和文化的进步，就会产生与之相适应的领导体制。不同历史时期的企业领导体制，反映着不同的企业文化。在企业制度文化中，领导体制影响着企业组织结构的设置，制约着各个方面。所以，企业领导体制是企业制度文化的核心内容。卓越的企业就应当善于建立统一、协调、通常的企业制度文化，特别是统一、协调、通常的企业领导体制。

（2）企业组织机构。企业组织机构是指企业为了有效实现企业目标而筹划建立的企业内部各组成部分及其关系。组织机构是否适应企业生产经营管理的要求，对企业生存和发展有很大的影响。不同的企业文化，有着不同的组织机构。影响企业组织机构的不仅是企业制度文化中的领导体制，企业文化中的企业环境、企业目标、企业生产技术及企业员工的思想文化素质等也是重要因素。组织机构形式的选择，必须有利于企业目标的实现。

（3）企业管理制度。企业管理制度是企业为求得最大效益，在生产管理实践活动中制定的各种带有强制性义务，并能保障一定权利的各项规定或条例，包括企业的人事制度、生产管理制度、民主管理制度等一切规章制度。企业管理制度是实现企业目标的有力措施和手段。它作为职工行为规范的模式，能使职工个人的活动得以合理进行，同时又成为维护职工共同利益的一种强制手段。因此，企业各项管理制度，是企业进行正常的生产经营管理所必需的，它是一种强有力的保证。优秀的企业文化管理制度必然是科学、完善、实用的管理方式的体现。

4. 企业行为文化

企业行为文化即企业文化的行为层，是指企业员工在企业经营、教育宣传、人际关系活动、文娱体育活动中产生的文化现象。它是企业经营作风、精神风貌、人际关系的动态体现，也是企业精神、企业价值观的折射。企业行为文化建设的好坏，直接关系到企业职工工作积极性的发挥，关系到企业经营生产活动的开展，关系到整个企业未来的发展方向。企业行为文化集中反映了企业的经营作风、经营目标、员工文化素质、员工的精神面貌等文化特征，它直接影响着企业经营业务的开展和经营活动的成效。

企业行为文化包括企业集体行为、企业领导的行为、企业先进模范人物的行为、企业员工的行为等。

企业家是理念体系的建立者，应具备以下品质和能力：精通人生、生活、工作、经营哲学，富有创见，管理上明理在先、导行在后；高瞻远瞩，能敏锐地洞察企业内外的变化，为企业也为自己设计长远的战略和目标；反复向员工传播自己的理念、战略和目标，形成巨大的文化力量；艺术化地处理人与工作、雇主与雇员、稳定与变革、求实与创新、所有权与经营权、经营权与管理权、集权与分权等关系；公正地行使企业规章制度的"执法"权力，并且在识人、用人、激励人等方面学高为师、身正为范；与员工保持良好的人际关系，关心、爱护员工及其家庭，并且在企业之外广交朋友，为企业争取必要的资源。在一定层面上，企业家的价值观代表了一个企业的价值观，"企业文化就是老板文化"的说法是有一定道理的。

模范人物使企业的价值观人格化，是企业员工学习的榜样，他们的行为常常被企业员工作为仿效的行为规范。企业的模范行为可以分为企业模范个体的行为和企业模范群体的行为两类。企业模范个体的行为标准是体现企业价值观和企业精神的某个方面。一个企业中所有的模范人物的集合体构成企业的模范群体，模范群体必须是完整的企业精神的化身，是企业价值观的综合体现。企业模范群体的行为是企业模范个体典型行为的提升，具有全面性，因此在各方面它都应当成为企业所有员工的行为规范。

员工的群体行为决定了企业整体的精神风貌和企业文明的程度，员工群体行为的塑造是企业文化建设的重要组成部分。要通过各种开发和激励措施，使员工提高知识素质、能力素质、道德素质、勤奋素质、心理素质和身体素质，将员工个人目标与企业目标结合起来，形成合力。

5.企业安全文化

企业安全文化在中国有着悠久的历史。"无危则安、无损则全"是对企业安全文化最好的注解。

建立现代企业制度的今天，安全文化是企业文化的一部分，它从保护人的生命安全和健康的基本目的出发，将"以人为本"和"人的管理"作为工作方针，强调人的因素在保证安全上的主导地位，促进企业所有员工都密切关注安全。

我国对文化在企业安全中的作用十分重视，专门为此制定了《企业安全文化建设导则》（AQ/T 9004—2008），该导则将企业安全文化定义为"被企业组织的员工群体所共享的安全价值观、态度、道德和行为规范组成的统一体"。

企业安全文化作为企业文化的重要组成部分，是企业的安全意识、安全目标、安全责任、安全设施、安全监察和各种安全法律、法规、技术标准以及规章制度的总和。它包括企业的安全精神文化、安全物质文化、安全制度文化、安全技术文化。它是在文化市场经济发展的基础上形成的一种新的管理思想和理论，其核心就是坚持以人为本，保护人的健康，珍惜人的生命，实现人的价值的文化。

三、企业文化与行业文化的关系

（一）企业文化和行业文化是一脉相承的

作为企业文化背景场的行业文化，在相当程度上决定企业文化的倾向与特征。在核心价值取向上，企业文化只有不断地融入行业文化，企业在行业中才能得以生存。

如果在企业文化中看不出本行业的特色，那么这种文化建设必然是失败的。同样，行业文化也不是无源之水，其本源就是行业中的企业文化。

（二）企业文化是对行业文化的扬弃和扩展

企业间有类型、性质、规模、人员结构等方面的差异，对行业文化规范、理念、特性的重构和再造是不一样的。这就是一个企业独特精神和风格的具体反映，并以其鲜明的个性区别于同一行业的其他企业。同时，当今世界，任何企业都不可能在封闭的状态下进行文化创造，跨行业甚至跨文化（跨国企业）的企业文化交流、变革和创新都是很常见的。

第三节 水文化、水利文化及水利行业文化

一、水文化

文化是人类社会实践的产物，人是创造文化的主体。而水作为一种自然资源，自身并不能产生文化，只有当人类的生产生活与水发生了关系，人类有了治理、利用、保护、管理水以及亲近水、鉴赏水等方面的实践，有了对水的认识和思考，才会产生文化。比如，大禹治水"疏堵结合，以疏为主"的思路，明代潘季驯"筑堤束水，以水攻沙"的治理黄河方略等，这些都是治水文化（治水文化是水文化的重要组成部分）的精华。同时，水作为一种载体，通过打上人文的烙印即"人化"，可以构成十分丰富的文化资源，包括物质的，如黄河大堤、都江堰、大运河等水利工程；精神的，如"上善若水""智者乐水""水滴石穿""水则载舟、水则覆舟""曾经沧海难为水""清水出芙蓉，天然去雕饰"等"水性哲学"。与此同时，这些"人化"的东西，反过来又起到"化人"的作用——在潜移默化中影响着人们的思想和行为。所以，水文化的实质是人与水关系的文化；人是水文化的主体，水事活动是产生水文化的源泉。

水文化是指人类的生产生活活动与水发生关系所产生的各种文化现象的总和，是民族文化以水为载体的文化集合体。而水与人类发生关系的活动几乎涉及社会生活的各个方面，举凡经济、政治、文学、艺术、宗教、民俗、体育、军事等各个领域，无不蕴含着丰富的水文化因子，从这个意义上说，水文化也可以称为母体文化。

同文化的概念一样，水文化也有广义和狭义之分。广义的水文化是指人们在社会实践中，以水为载体创造的物质财富和精神财富的总和。狭义的水文化是指通过对水的认知和涉水实践活动所形成的各种意识形态，包括政治、法律思想和科学、哲学、文学、艺术、宗教以及伦理道德、风俗习惯等。

同其他文化现象一样，水文化也有先进和落后之分。中国古代，"借助神力治水"的意识和做法，如铸铁牛以镇洪水、干旱祈雨拜龙王、为河伯（水神）娶妇以祈求江河安澜等，是当时一种普遍的社会心理和社会现象，积淀为一种颇为流行的文化传统。但从今天科学的角度看，这完全属于封建迷信，当然属于落后的水文化。因此，对于水文化遗产必须采取扬弃的态度，取其精华，去其糟粕，以有利于经济的发展和社会的进步。

二、水利文化

"水利"一词是中国所特有的。传统的中国水利，主要包括三个方面的内容：一是防御洪水，以确保人类生存安全。二是农业灌溉，以弥补雨养农业之不足。三是开挖运河，以借水行舟。现代社会，水利的内涵大大拓展了，除了上述三个方面的内容外，还包括水力发电、给排水、水土保持、水污染防治、水景观营造、水生态环境建设等。2009年版的《辞海》，对水利这个名词的表述是："采取人工措施控制、调节、治导、利用、管理和保护自然的水，以减轻或免除水旱灾害，并开发利用水资源，适应人类生产，满足人类生活，改善生态和环境需要的活动。"这一表述增加了"改善生态和环境需要"的内

容，进一步突出了水利的生态环境功能。

远古时代，人类"缘水而居，不耕不稼"（《列子·汤问》），不存在有意为之的除水害兴水利的行为。到了新石器时代，特别是农业起源（距今约八九千年）之后，随着生产力水平的提高，改造自然能力的增强，人类为了更好地繁衍生息，遂产生了防治水旱灾害和开发利用水资源的各种实践活动。就是说，面对洪水威胁、干旱缺水、交通阻塞的挑战，人类奋起应对，自强不息，通过除水害、兴水利的活动改变生存的危机和困境，从而获得更加理想的生存环境。

由此可见，水利文化源于人类兴利除害的实践，是人类在兴水利、除水害的过程中所创造出的物质和精神财富的总和。这些实践活动所积淀升华出的理念、精神和科学方法、技术手段等，又指导和帮助人类在更高层次上从事水利活动。

"水利文化"的时空距离较短，其生发的基石是"水利"，它始于人类萌发"水利"意识的时候（具体时间应该在人类进入农耕定居社会之时）；而"水文化"则可以追溯到人类的起源阶段，产生于人类与水打交道的"第一次"。"水利文化"是水文化的重要组成部分，是"水文化"的特殊形态。

由于以除水害兴水利为主要内容的水利文化对经济社会发展意义重大、影响深远，因此，水利文化在水文化中居于主体地位。我们通常所称的"水文化"，都仅局限在其狭义的范围内，有时特指"水利文化"。

水利文化作为水文化的一种特殊形态，有其独特的文化结构，可以分为水利物质（器物）文化、制度文化和精神（观念）文化三个层次。

（1）水利物质文化是指以水利工程、水利工具、水环境和水利文化阵地等为主要载体的物质表现形式，是人们水利观念、水利意识的外在表现。比如，中国古代最伟大的水利工程——都江堰、黄河大堤、京杭大运河，分别代表了农耕文明时代水利的三大功能：灌溉、防洪和水运。当代的引滦入津、黄河小浪底、长江三峡等水利工程，都堪称中华水利物质文化的经典之作。环境是人类赖以生存、延续和发展的基础，水环境的好坏在很大程度上决定着生态环境的好坏。因此，通过人力来打造良好的水环境同样是彰显水利物质文化成果的重要方面。

（2）水利制度文化（也称行为文化）是指水利的法律形态、组织形态和管理制度以及行为规范构成的外显文化，是水利文化的格式化、具体化和现实化。比如汉代的《水令》、唐代的《水部式》、宋代的《农田水利约束》，当代以《中华人民共和国水法》为核心的水利法规体系等。再如中国古代的水利职官制度，包括管理水利的政府机构、官职设置、权力授予、决策程序和运行机制等，相沿成习，代有发展，深深渗透到国家机器之中。这些都是水利制度文化建设的重要体现。

（3）水利精神文化是指人类在水利实践中创造的非实在性财富，主要包括水利价值观念、水利道德伦理、水利哲学思想以及水利科技、理论等。比如古代的大禹治水精神即"身执耒锸，以民为先，抑洪水十三年，三过家门而不入"的献身精神，疏堵结合、以疏为主的科学治水方略等，现代的红旗渠精神、"'98抗洪精神""献身、负责、求实"的水利行业精神，"忠诚、干净、担当、科学、求实、创新"的新时代水利精神等，都是中国水利永恒的价值取向和宝贵的精神财富。

在整个水利文化体系中，水利物质文化是基础，制度文化是保证，精神文化是核心和灵魂。三者互相关联、互相作用，构成一个有机的整体。

三、水利行业文化

从狭义的角度说，水文化就是水利行业文化或者说是组织行为文化。

水利行业文化，是指水利行业内部的从业人员在长期的工作实践过程中形成的行业价值观念、行业标准、行业规范、行业道德、行业传统、行业习惯、行业礼仪等。比如"忠诚、干净、担当，科学、求实、创新"的新时代水利精神、行业规范等。

四、水文化与水利文化、水利行业文化的关系

水文化与水利文化、水利行业文化是既有区别又有联系的两个概念。

水利文化以水利实践为载体，主要内容包括水工程、水环境、水景观、水工具的文化内涵；包括水行业的文化教育、科学技术、行为规范；包括与水利事业有关的思想道德、价值观念、行业精神。水利文化是随着社会的进步和社会分工的细化，使水利逐步成为一个行业，并创造了一种以除害兴利为主要内容的文化。

水利行业文化是指水利行业内部的从业人员在长期的工作实践过程中形成的行业价值观念、行业标准、行业规范、行业道德、行业传统、行业习惯、行业礼仪等，是水利行业内部成文或不成文的规定、规则、习惯等。

水文化与水利文化、水利行业文化不是同一概念的不同提法，区别主要有四点：一是形成的时间不同，水文化自人类与水打交道就存在，历史比水利文化更悠久。而水利文化、水利行业文化始于人类萌发"水利"意识的时候，是从人们对水进行治理才开始形成的，根据有关史料的记载，大约只有 4000 年的历史；二是内容有所不同，水文化内容包含一切与水有关的文化，包含水利文化的全部内容，水利文化、水利行业文化的内容是以"除水害、兴水利"为主要内容，以维护人类的生存和发展为目的而创造的一种文化；三是性质不同，水文化是一种社会文化，水利文化、水利行业文化是一种生存文化；四是文化的主体不同，水文化是全社会的人民群众，水利文化、水利行业文化是以广大水利职工为主。

水文化同其他行业文化一样，都是一种社会文化，具有社会性，但应该说，水文化最主要的应该是水利行业的特色文化，因为严格来说，水文化不是一种纯粹的社会性概念，在水文化建设过程中，其主体创造者和经营者都是水利人，主要源泉是历史悠久的水利实践，目的和意义最终也是为了促进水利事业的发展。水利事业与水的关系最为紧密，也最为直接，具有基础性、公益性、战略性三大显著特性，对社会进步和经济发展有特别重大而深远的影响。因此，水利文化、水利行业文化在水文化中居主导地位。广大水利工作者理应是创造、弘扬和创新水文化的主力军。

第四节 党 建 文 化

党建文化是指中国共产党在长期的政治（革命和执政）活动过程中所形成的具有自

身组织特征的思想观念、组织观念、行为观念、价值观念等精神财富的总和。简而言之，党建文化就是党的建设所承载的精神文化现象。

一、党建文化的内涵

党建文化作为一种观念体系，具体来说有以下几个方面的内涵：

（一）中国共产党的思想观念

党的思想观念是党建文化的核心范畴，主要包括党的指导思想、奋斗目标、纲领路线等。中国共产党指导思想的理论基础是马克思主义，党的奋斗目标是实现共产主义。马克思主义和共产主义是中国共产党的信仰，中国共产党党员是信仰马克思主义并为实现共产主义而奋斗终身的人。

中国共产党的党建文化是随着马克思主义中国化的过程而发展的。在这一过程中，中国共产党先后形成了作为自己指导思想的毛泽东思想和中国特色社会主义理论，这些指导思想和马克思主义一起，成为中国共产党思想观念的核心部分。党的纲领路线，是实现党的奋斗目标的具体路径，因而也是党建文化的核心范畴。

（二）中国共产党的组织观念

中国共产党是一个具有高度组织纪律性的政党，这种组织纪律性既建立在制度的基础上，同时又在执行组织纪律的过程中形成为了一种文化观念，包括党的利益高于一切、个人利益服从组织利益、严格遵守党的纪律、严守党的秘密等。这种组织观念成为全党保持步调一致的思想保证。

（三）中国共产党的行为观念

党的行为观念指的是全党在工作作风方面所表现出来的精神状态，其最突出表现就是毛泽东同志所概括的理论联系实际、密切联系群众、批评与和自我批评、谦虚谨慎、不骄不躁、艰苦奋斗等优良作风。这些优良作风，实质上是中国共产党的行为文化，或者说是中国共产党的行为作风。行为观念是思想观念和组织观念的外在表现，通过全体党员和各级党组织直接表现在群众面前，因而也可以说是党的形象的表现。

（四）中国共产党的价值观念

中国共产党的价值取向首先是对人民、对民族的责任心，为了人民的利益和民族的前途，可以牺牲自己的一切，这种价值取向是党的思想观念、组织观念和行为观念在道德层面的升华，已经形成为一种文化传统，深深影响着一代又一代共产党人的情感、兴趣和态度。

（五）中国共产党的标识观念

中国共产党的党旗党徽是党的象征和标志，党的这种标识也同样具有文化的意义。同时，党的光辉历史、党的光荣传统、党的英模人物以及各种歌颂党的标志性文学作品、歌曲、影视等，也都具有标识文化的意义。党的标识文化是对党员的一种教育和召唤，有利于激励党员牢记党的宗旨、纲领和奋斗目标，激发党员的自豪感、责任感、光荣感和使命感，增强党组织的凝聚力、吸引力和影响力。

二、党建文化的特征

与一般的文化现象相比，党建文化具有以下特征：

首先，党建文化不同于一般的社会文化，它是一种组织文化。中国共产党首先是一个组织，党的一切文化现象都是在自身组织的发展过程中发生的，文化传统也是在长期的组织活动中形成的。因此，党建文化不是一种自发的文化现象，而是一种组织行为的文化表现；也不是某个党员或者某些党员的文化现象，而是组织整体即全党绝大多数成员所表现出来的文化取向。

由此，就要注意区别党建文化与党的文化建设的不同。党的文化建设，是在党的领导下，在全社会范围开展的文化建设，其目的是发展国家和民族的文化事业，繁荣全体人民的文化生活；而党建文化是为了加强党的建设，巩固党的执政地位而开展的党内文化建设。当然，党建文化作为具有核心辐射力的主导性文化，对于全民族、全社会的文化建设具有引导、影响和示范的作用，但是二者不是同一个概念，不能混为一谈。

其次，党建文化不同于一般的组织文化，它是一种政治组织的文化。中国共产党是一个政治组织，党建文化是伴随着中国共产党这个政治组织的建立和发展壮大而形成和发展的，是围绕着中国共产党的政治任务而开展的，它属于政治文化系统中的一种文化现象，因而也就具有政治文化的特征。政治有两个突出的特点：其一，政治是一种阶级斗争的行为，如毛泽东同志所说的"政治，不论是革命的和反革命的，都是阶级对阶级的斗争，不是少数个人的行为。"从这个特点而言，中国共产党的党建文化是一种革命的文化。其二，政治是一种国家管理的行为，如列宁所说的："政治就是参与国家事务，给国家定方向，确定国家活动的形式、任务和内容。"由这个特点而言，中国共产党的党建文化又是一种执政的文化。将两个特点概括到一起，党建文化就是党在夺取政权和执掌政权的过程中所形成和体现出来的文化观念。

党建文化的这种政治特征，既显著区别于经济领域里的组织文化如企业文化、商业文化等，这些经济组织的文化观念是为其经济利益服务的，是为了获得经济效益而开展的，并不与政权相联系；同时，也显著地区别于其他政治组织，例如与国家机构等政治组织相比，政党组织要大量地运用信仰和信念这些文化因素来凝聚，而国家机构则更多的是诉诸于法律和设施等制度因素来工作。

再次，党建文化不同于一般的政治组织文化，它是一种对全社会和全民族产生巨大影响力的政治组织文化。中国共产党是新中国的建立者，是长期执政的党，是中国社会主义现代化建设的领导核心，这种强大的政治资源和主导性的政治地位为党建文化提供了巨大的张力，使之成为对全社会和全民族发生重大影响的主导性文化。

在当代中国，党建文化往往引领社会文化的发展方向。例如，中国共产党的指导思想马克思列宁主义、毛泽东思想和中国特色社会主义理论，已成为全社会的主流意识形态；中国共产党人的全心全意为人民服务的宗旨，已成为全社会首要的价值理念；中国共产党人大公无私、襟怀坦白、毫不利己专门利人等优秀品质，已成为全社会效仿的对象；中国共产党人吃苦在前享受在后、勇于冲锋陷阵的先锋模范作用，已成为全社会学习的榜样；等等。所有这些党建文化，实际上已经成为引导全社会的先进文化典范，在用一种既潜移默化又无处不在的影响力，引领社会文化的方向。古今中外，还没有任何一个政治组织的文化，能对社会文化产生如此巨大的影响力。可以说，中国共产党的党建文化，不但是中国共产党人的灵魂，而且已成为整个中华民族的灵魂。

最后，党建文化不同于党建内容的一般要素，它是一种在党的建设全部工作中都发生作用的因素。党的建设的内容，根据党的十七大的提法，包括党的思想建设、组织建设、作风建设、制度建设和廉政建设等五项基本任务。党建文化也是党的建设的一项重要任务，但是，党建文化并不是与五项基本任务相并列的第六项基本任务，而是作为党的建设系统中的非独立要素，能够渗透或释放到党的建设的其他五项基本任务当中，对党的建设发生全面的推动作用。例如，它与党的思想建设相结合，能够强化全党对党的理论、纲领和信仰的认知；它与党的组织建设相结合，能够加强全党的组织纪律观念，保持党的聚合力和凝聚力；它与党的作风建设相结合，能够进一步提高全体党员的修养水平，使全党凝聚在一种具有崇高品质的浩然正气之下；它与党的制度建设相结合，能够将柔性的文化蕴涵附加到刚性的制度中去，保证各级党组织和党员自觉地遵守党的各项制度；它与廉政建设相结合，能够营造良好的廉洁从政的氛围，形成以廉为荣、以贪为耻的党内风尚。

三、党建文化的作用

党建文化在党的自身建设和中国特色社会主义建设事业中具有强大的推动作用，主要表现在以下四个方面。

（一）党建文化是加强党的自身建设和实现党的历史任务的重要保证

党的建设历来是与党的历史任务联系在一起的。中国共产党作为中国革命和建设的领导核心，在不同的历史时期，有不同的中心任务，因而对党的建设也有着不同的要求。在新民主主义革命时期，党的建设紧紧围绕着争取新民主主义革命的胜利而开展，从而党建文化也是从革命运动中产生和形成，并在加强党的自身建设的同时，能动地推动着革命运动的发展。在当代中国，党的建设则是围绕着改革开放和现代化建设条件下建设一个什么样的党、怎样建设党的问题，从而当代的党建文化也同样是从改革开放和现代化建设的实践中产生和形成，并在这一历史条件下推动着党自身的现代化建设。

（二）党建文化是保持党的团结、凝聚党的力量的重要源泉

党建文化能够培养党员的共同心理、意识、行为、习惯，甚至感情和性格，从而实现党员心理的相互认同，进而实现党组织的价值整合，最终使全党拥有强大的凝聚力量，"步调一致"地奔向同一个方向。要做到这一点，最根本的就是全体党员对党的价值观念和意识形态的认同。从党员个体与党组织关系的角度来看，党建文化的主要作用就是培养共同的价值观，实现党内整合，规范和指导党员的行为，协调党员和党组织之间、党员和党员之间的关系。通过价值观念的认同达到思想上的一致，才能够保证全党在行动上团结一心，"拧成一股绳"，为了一个共同的目标而奋斗。

（三）党建文化是培养党的干部、教育全体党员的重要途径

源源不断地培养德才兼备的干部，不断提高全体党员的素质，是保证我们党始终走在时代前列，经受住各种风险考验，领导全国人民把社会主义现代化事业不断推向前进的需要。在培养党的干部和教育党员方面，党建文化起着不可替代的作用：一方面，党建文化会不断吸引社会上的优秀分子加入到党的队伍中来，并在党建文化的长期濡染之下得到锻炼和成长；另一方面，党建文化会激励广大干部和党员充满活力，锐意进取，

有事业心，并提供一个宽松、民主、昂扬向上的环境。在这样一个良好氛围中，干部和党员会不断加强学习，提高自己的素质和能力，把自己锻造成党的优秀人才；还能够用党建文化的先进价值观念和意识形态来教育干部和党员，用党的制度和纪律来约束干部和党员，从而在全社会起到先锋模范作用。

（四）党建文化是加强党的执政地位、保持党的执政合法性的重要基础

政党的合法性主要体现在公众对政党心理上的认同和肯定。这种心理认同体现在对政党意识形态、运作能力、制度规范、行为作风、外在形象等各个方面的认同上，而这些都是党建文化的核心和主要内容。因此，如果我们党能够弘扬党建文化的优良传统，在新的历史条件下进一步加强党建文化的建设，使我们党拥有良好、先进、民主的党建文化，就能获得人民群众的广泛认可和支持，进一步增强党执政的合法性。

四、企业党建文化与企业文化的关系

从定位上讲，企业党建文化与企业文化是统领与被统领的关系，是先进层次与普遍层次的关系，党建文化主导企业文化，企业文化反作用于党建文化，并为党建文化提供丰富的内涵。

首先，企业党建文化同企业文化建设的目标密切相关，相互渗透，存在内在的一致性。企业文化建设的直接目的是通过强化管理激发员工的工作热情，从而增强企业的凝聚力和向心力，塑造良好的企业形象，从各个环节调动企业发展的积极因素，不断提升企业管理水平，增强企业核心竞争力，提高经济效益。企业党建文化建设和基层思想政治工作的根本目的是通过党的基本路线、爱国主义、集体主义和社会主义教育、遵纪守法和职业道德教育，引导广大员工树立正确的理想信念和价值观，培育社会主义"四有"新人，从而达到提高整体士气，最终达到提高企业经济效益的目的。

其次，两者文化建设作用对象的一致性。企业文化和企业党建工作研究的对象都是人，都是以人为本的科学，都是做人的工作。企业文化强调以人为本，基层党建文化强调在实践探索的基础上，对基层党建工作规律认识和把握，对基层党组织和广大党务工作者实践经验提炼与总结。它们都是以尊重人、理解人、关心人、激励人为出发点，都强调和谐的企业内部的人际关系，都重视培养人的集体意识和提高人的思想道德素质，都把最大限度地调动员工积极性和主动性作为自己的重要任务，其着力点都是在以人为本，调动一切积极因素，促进企业提高效益，发展生产力上下功夫。

再者，两者文化建设方向的统一性。企业文化建设必须坚持党的领导，坚持社会主义方向。企业文化是社会主义的企业文化，它必然受党的思想原则、道德规范、行为准则和信仰、价值观的指导，体现社会主义意识形态的要求，不仅与企业党建文化方向是统一的，而且既能发挥企业党建文化优势又能保证企业文化建设的正确方向。因此，党建文化在企业文化建设中，必须发挥统领作用，严格把握好企业文化建设的正确方向，逐步使企业的各项工作走向健康的轨道上。

综上所述，党建文化要着力成为企业文化建设的方向。在企业党建文化建设中，要遵循党的优良传统和作风，全面贯彻落实党的十八届三中全会《中共中央关于全面深化改革若干重大问题的决定》的精神，站在知识经济新文化的潮头，以实事求是、务实创新的作为，规划、设计、展开党建文化建设的每一项工作，着力从文化内涵反映企业党建工作的时代性，从文化信仰增强党建工作的针对性，从文化的视角考量党建工作绩效，从信仰、核心价值、精神家园、行为方式、团队活力、视觉文化等文化视角，审视思想建设、组织建设、作风建设、制度建设、反腐倡廉建设的举措、载体、成效，努力用文化诠释党的意识形态、组织心理、制度规范、行为准则、党的形象，回答党建文化和党的工作与企业先进文化建设的关系。用党建文化的超前性、科学性、先进性，统领企业文化建设的方向。

第二章 企业文化建设

第一节 企业文化建设的作用

先进的企业文化是企业持续发展的精神支柱和动力源泉，是企业核心竞争力的重要组成部分；是企业深化改革、加快发展、做强做大的迫切需要；是建设高素质员工队伍、促进人的全面发展的必然选择；是企业提高管理水平、增强凝聚力和打造核心竞争力的战略举措。

中国共产党十分重视文化建设对经济建设的作用。早在 1940 年 1 月，毛泽东同志在《新民主主义论》一文中就指出"一定的文化（当作观念形态的文化）是一定社会的政治和经济的反映，又给予伟大影响和作用于一定社会的政治和经济。"1944 年 3 月 22 日在《关于陕甘宁边区的文化教育问题》一文中再次指出："文化是反映政治斗争和经济斗争的，但它同时又能指导政治斗争和经济斗争。文化是不可少的，任何社会没有文化就建设不起来。"

"政治工作是一切经济工作的生命线"是 1955 年毛泽东主席为《中国农村的社会主义高潮》中《严重的教训》一文所写的"编者按语"。《严重的教训》记述的是贵州省绥阳县委在试办晨光、农园、杨家寨三个初级合作社过程中，依靠党支部作政治工作，发挥党、团员的骨干带头作用，形成战斗堡垒的做法与经验。当时的农村合作社属于大集体所有制性质。毛主席提出的这一著名论断，实质上是强调了政治工作在经济组织中的重要作用。

中国共产党十一届六中全会通过的《关于建国以来党的若干历史问题的决议》进一步提出"思想政治工作是经济工作和其他一切工作的生命线。"这里讲的政治工作或思想政治工作都是文化建设的重要内容甚至是核心内容。

由此可以看出，中国共产党一以贯之重视文化建设在经济组织中的重要作用。正如2011 年 10 月 18 日中国共产党第十七届中央委员会第六次全体会议通过的《中共中央关于深化文化体制改革推动社会主义文化大发展大繁荣若干重大问题的决定》中指出：中国共产党从成立之日起，就既是中华优秀传统文化的忠实传承者和弘扬者，又是中国先进文化的积极倡导者和发展者。我们党历来高度重视运用文化引领前进方向、凝聚奋斗力量，团结带领全国各族人民不断以思想文化新觉醒、理论创造新成果、文化建设新成就推动党和人民事业向前发展，文化工作在革命、建设、改革各个历史时期都发挥了不可替代的重大作用。

决定还指出：文化建设是中国特色社会主义事业总体布局的重要组成部分。没有文化的积极引领，没有人民精神世界的极大丰富，没有全民族精神力量的充分发挥，一个国家、一个民族不可能屹立于世界民族之林。物质贫乏不是社会主义，精神空虚也不是社会主义。没有社会主义文化繁荣发展，就没有社会主义现代化。在新的历史起点上深化文化体制改革、推动社会主义文化大发展大繁荣，关系实现全面建设小康社会奋斗目标，关系坚持和发展中国特色社会主义，关系实现中华民族伟大复兴。

企业文化建设的重要作用主要体现在以下四方面。

一、企业文化建设是增强企业核心竞争力的关键所在

企业文化具有鲜明的个性和时代特色，是企业的灵魂，它是构成企业核心竞争力的关键所在，是企业发展的原动力。毛泽东同志早就说过，没有文化的军队是愚蠢的军队，而愚蠢的军队是不能战胜敌人的。企业也是一样，没有文化的企业，是愚蠢的企业，而愚蠢的企业是不能在竞争中取胜的。

企业要发展，要真正成为一流企业，就是要借助企业文化强大的推动力。纵观世界上成功的企业必然都有先进的企业文化作支撑，没有卓越的企业价值观、企业精神和企业哲学信仰，再高明的企业经营目标也无法实现。反观世界上一些遭受挫折，甚至破产的著名企业，出问题大都在企业文化建设上面，不是没有建立起先进的企业文化，就是在构建企业的价值观上出了乱子，背离了企业的价值观。面对全球一体化进程加快的形势，企业迫切需要提高自己的内部凝聚力和外部竞争力，从而谋求在新形势下的发展。为实现这一目标，企业必须进行系统性变革，变革的核心就是充分发挥企业文化的力量，提升企业的竞争能力，使企业立于不败之地。

二、企业文化建设可增强企业的凝聚力、向心力，激励员工开拓创新、建功立业

优秀的企业文化为员工提供了健康向上、陶冶情操、愉悦身心的精神食粮，能营造出和谐的人际关系与高尚的人文环境。企业内各种文娱活动的开展，活跃着员工的业余生活，加强了员工之间的团结友谊、沟通合作和团队意识；企业的激励机制，分别从物质、荣誉和个人价值三个方面对员工进行激励，使员工具有奋发向上、开拓创新、建功立业的信心和斗志；各种学习和培训使员工丰富了知识，增长了才干，让他们能更好地在企业里实现个人的价值。员工在良好的企业文化环境下工作生活，在本职岗位上各尽其能，积极进取，这样就能形成一个风气正、人心齐、奋发向上、生动活泼的氛围，有了高素质员工队伍的企业，就能适应日益变化的新经济形势，使企业发展壮大起来。

三、企业文化建设对员工起着内在的约束作用

企业文化是和社会道德一样，都是一种内在价值理念，一种内在约束，即人们在思想理念上的自我约束，因而都是对外在约束的一种补充，只不过社会道德对社会有作用，而企业文化是对企业有作用，它们发生作用的领域不同而已。经营企业首先依靠企业制

度，但制度总是落后于企业的发展，总有需要完善地方，有时也会有失效的时候，那么一旦企业制度失效了靠什么来约束人的行为？这就要靠企业文化来约束，靠企业的价值观来约束，使员工少犯或不犯错误。企业文化在一定程度上潜移默化地影响着企业员工的思维模式和行为模式，引导和牵引着企业员工保持健康的心态，追求精神的富足，树正气、防腐倡廉、洁身自爱、做堂堂正正的人。

企业一旦发展壮大后，如果单靠权力和制度来管理企业有时就显得力不从心，这时就需要有一个在此以外的力量来帮助管理企业，引导或约束员工的行为，这个力量应没有权力的强迫，没有威严的威慑，没有物质的引诱，应能和员工做心灵上沟通、交流和引导，与员工的思想吻合，使员工能时时刻刻自觉约束自己的行为，这个神奇的力量就是企业文化。

四、企业文化建设可促进企业经济效益的提升

企业文化作为一项高级形态的管理职能，它最终的绩效应该体现在企业的经营业绩上。2018年11月2日，湖南日报新湖南客户端发表了唐卓文同志撰写的题为"双牌水力发电以优秀的企业文化助推企业高质量发展"的文章，介绍了湖南省双牌水力发电有限公司在企业文化建设的助推下，从建成运营时的狭窄职工住房、破旧发电厂房、泥泞不堪小路，到如今环抱在风景秀美、环境舒适的"双牌水库景区"，获得200多项荣誉、呈现"一业为主、多业并举、内引外联、滚动发展"新局面的先进事迹。

湖南省双牌水力发电有限公司，坐落在湘南双牌县境内的阳明山五星岭下。公司运营着一座集防洪、灌溉、发电与航运等综合效益于一体的大型国有水利水电枢纽工程。工程于1958年破土动工，1963年建成投产。那时候，公司就如同一个小村落，蜗居在周冲山口，缺少与外界的联络。没有系统的企业文化，就好像没有"根"，丢了"魂"。年轻人耐不住山区的寂寞，外地人受不了背井离乡的孤苦。也有憋的久了主动辞职另谋出路的，山区单调的生活确实留不住人。

公司领导敏锐地感觉到企业文化与职工生活息息相关，必须打造符合双电特色的独有文化，以文化人、以文铸魂。随即，公司党委提出"抓亮点、创特色、上品位"的企业文化创建思路，安全、人本、契约、创业、廉洁、和谐"六位一体"的文化战略第一次被写入了公司的中长期发展规划。

按照规划，公司开展了一系列文化建设：编写《企业文化手册》《职工文明手册》；拍摄专题宣传片，邀请"劳模"上党课，讲述当年双电建设发展的心路历程，激起心底那份对公司的认同和崇敬；为每一名员工量身定制三身镶有公司标志的服装，"省水利投"标识在场区随处可见；根据企业发展需求，组织规范宣讲、知识竞赛、岗位训练、技术比武等一系列活动；组建乐队、书协、棋协、音协、体协，开展文娱体育活动……人人讲文明、处处有歌声、月月有活动已经成为双电公司的一大特色文化"亮景"。企业文化就如同春风化雨，润物无声。大家都真正把双电当作自己的家园，栖身的港湾，成长的驿站，在这里扎下了根。关爱他人、文明有礼、爱岗敬业、奉献社会……企业文化悄然走入职工生活，播撒下文化的种子，诞生了"五好家庭"和"好婆婆""好丈夫""好妻子"，结出了"全国文明单位""全国模范职工之家""全国优秀水利企业"的硕果。

企业文化激励着双电人奋发有为，引领着双电事业的发展，推高了员工助力公司发展的热情和浪潮。按照"省水投"对标转型、提质增效的总体思路，公司开启了"一业为主、多业并举、内引外联、滚动发展"的发展新路，技术输出、工业园区、水利水务、旅游资源、高新产业、服务产业"六大业务板块"逐步拓展。

主业升级了！公司积极挖潜增效，投资 6700 万元对发电机组进行增容改造，年增发电 6000 万度，年增收入达 1500 万元；大力开展四水治理，完成了大坝下游河滩阻水石清理，水能效益明显，每年可多发 1200 万度电，创收 300 多万元；先后创办了 7 家联营企业和两个自营公司，2018 年公司又先后引进 2 个大数据项目，按照差价折算成利润，双电公司每年可增长利润 1000 万元。

业务拓展了！公司大力开展"走出去"战略，开辟新的业务领域。先后承接了五里牌电站、涔天河电站代维代运业务，成立安装分公司积极向外承揽业务，大力推进双牌县"给排水一体化"项目。

环境更美了！公司积极推进企业文化与旅游产业深度融合，拓展企业文化发展空间，大力推进"双牌水库景区"项目。兴建防汛调度中心，做好周边环境的美化，打造企业文化墙，安装企业铭牌石，积极招商引资，对现有景区提质改造，打造集工业旅游、湿地公园、自然风光、红色教育、工业文明于一体的国家 4A 级景区，为发展企业文化注入了新的活力。

投产 50 多年来，公司累计发电约 300 亿千瓦时，创产值 30 多亿元，平均每年上交国家税收 3000 多万元，为社会经济发展作出了突出贡献。

第二节　企业文化建设

一、企业文化建设的指导思想及总体目标

企业文化建设要以习近平新时代中国特色社会主义思想为指导，贯彻落实党的路线、方针、政策，牢固树立以人为本，全面、协调、可持续的科学发展观，在弘扬中华民族优秀传统文化和继承中央企业优良传统的基础上，积极吸收借鉴国内外现代管理和企业文化的优秀成果，制度创新与观念更新相结合，以爱国奉献为追求，以促进发展为宗旨，以诚信经营为基石，以人本管理为核心，以学习创新为动力，努力建设符合社会主义先进文化前进方向，具有鲜明时代特征、丰富管理内涵和各具特色的企业文化，促进企业持续快速协调健康发展，为全面建设社会主义现代化国家、实现中华民族伟大复兴中国梦贡献力量。

企业文化建设的总体目标：建立适应世界经济发展趋势和我国社会主义市场经济发展要求，遵循文化发展规律，符合企业发展战略，反映企业特色的企业文化体系。通过企业文化的创新和建设，内强企业素质，外塑企业形象，增强企业凝聚力，提高企业竞争力，实现企业文化与企业发展战略的和谐统一，企业发展与员工发展的和谐统一，企业文化优势与竞争优势的和谐统一，为企业的改革、发展、稳定提供强有力的文化支撑。

二、优秀企业文化的特征

企业文化建设的先进性原则要求社会主义企业必须致力打造优秀的企业文化。湖南人文科技学院学者认为，优秀企业文化的先进性特征主要体现在以下 10 个方面：

（一）优化的资本结构

优化的资本结构是建立和谐企业利益格局的基础。它能够集资本所有者、科技所有者、劳动力所有者和管理者之长，形成优势企业文化。

（二）科学的企业机制

企业内部资本、人力、技术、品种、主体设备等各部分的构成数量比和质量等级比，必须合理、配套、有效，其相互之间形成紧密的、协调的、有机的、互益的联系，使企业机体产生效益上的"放大"功能、运行中的"免御"功能、发展中的"消化"功能、风险中的"自救"功能和复杂环境中的"应变"功能。让企业文化不断分泌出生命激素，保持企业旺盛的生机与活力。

（三）优质的劳动产品

企业的产品与服务是企业文化的结晶。如今产品和服务已经从满足人们的基本生活需求发展到提高人民的生活水平和质量上，假冒伪劣和落后的产品不可能提升人类文明的档次，不可能给企业带来好的、持久的经济效益，也不可能蕴涵先进的企业文化。优质的劳动成果，它于消费者有利、于公众无害；于当代有益、于后人无弊。新产品新服务的开发生产和应用，引导人们文明、健康、有益、进取的消费潮流，促进人性的解放、人类的进步和社会的发展。

（四）先进的生产工艺

先进的生产工艺蕴涵着优秀的文化，是创造优秀成果的生产资料，是优秀企业文化的母体。优质的劳动成果必然来自先进的生产工艺和服务规程。没有先进工艺做保障的优质产品与服务是不稳定和不长久的，甚至是不可能的。国有企业的改制、改造和所有新企业的建立，特别是非公企业和外资企业，都必须采用先进工艺，禁止低水平的重复建设，坚决取缔淘汰工艺，为提升整个国民经济的水平和企业文化的档次打下物质基础。

（五）优良的管理体系

1. 模式先进

从家长式、家庭式、家族式管理模式向现代化企业管理体制转变，从"一长制"以"我"为核心，居高临下的管理模式向现代企业机制转变。

2. 制度科学

制度宗旨的统一性，母、子制度，子、子制度之间协调一致，互相补充、完善、配套，决不相互矛盾；制度体系的完整性，制度设计横向到边，纵向到底，不留死角与空当；制度量化的可行性，在量化制度指标值时，做到先进与合理相统一，突出重点与综合平衡相统一，原则性与灵活性相统一；制度执行的严谨性，即企业没有不约束任何人与事的制度，也没有不受制度约束的人和事，对同类的人和事没有不统一的调控标准，同质的人和事没有不同的调控结果。

3. 手段先进

运用现代化的管理装备，确保管理信息的准确、快捷、高效。

（六）超前的企业理念

第一，成就观实现由个人主义向集体主义，"官本位、钱本位"向综合社会效应的价值标尺转变。第二，竞争观由"你死我活""损人利己"到协作共赢、利己但不损人、和谐发展转变。第三，管理观由以人为"敌"、我管你服、我说你听、居高临下，向以人为本、双向互动转变。

（七）优秀的员工素质

企业员工是企业文化生动的承载者和能动的创造者。员工素质的高低不但决定单个员工推动生产资料数量的多寡和直接影响劳动生产率的高低，而且从根本上决定企业产品与服务质量的优劣和企业的兴衰成败。企业文化建设要把生产优质产品、创造优良效益、培育优秀员工有机地结合起来，用高素质的职工队伍打造企业品牌，用高品味的氛围塑造更高素质的员工，使人的全面进步和企业的不断发展相得益彰。

（八）高尚的领导风范

企业领导是企业文化的脸谱。企业文化在很大程度上表现为企业家（群体）文化，是企业家理念的升华。企业家是企业文化的倡导者、缔造者、推行者，不仅个人的理念要领先于他人，更重要的是在企业文化建设中先思考，先实践，既要言传更要身教。优秀的企业领导不是传道士，不是空谈家，更不是牧羊人，而是学高为师、品端为范的企业领袖。他们以其自身的人格魅力、管理魅力和知识潜能"征服"和带领企业员工，共同创造和彰显属于自己特有的、其他企业无法拷贝的先进企业文化。

（九）优良的综合效益

企业不仅是资本增值的摇篮，更是先进文化的发祥地。优秀的企业文化全面表现为抢手的产品、丰厚的利润、优秀的人才、先进的技术、良好的作风、和谐的氛围、绿色的环保等效益指标。

（十）积极的社会影响

优秀的企业文化在提升自身品位的同时，通过其辐射功能，能动地反作用于滋养它的社会，积极有效地推动社会物质文明、精神文明、政治文明的发展，引领社会文化进步的方向。

三、企业文化建设应遵循的原则

企业文化建设要遵循以人为本、内外兼修、建章立制、循序渐进、特色鲜明、推陈出新、知行合一、领导垂范八项原则。

（一）以人为本的原则

企业文化应以人为载体，人是文化生成与承载的第一要素。建设的目的是形成团队意识。团队意识是整体配合意识，包括团队的目标、团队的角色、团队的关系、团队的运作过程四个方面。团队是拥有不同技巧的人员的组合，他们致力于共同的目的、共同的工作目标和共同的相互负责的处事方法，通过协作的决策，组成战术小组达到共同目的。团队意识是一种主动性的意识，将自己融入整个团体去思考问题，想团队之所需，从而最大程度地发挥自己的作用。团队意识表现为企业文化中的人不仅仅是指整体的集体力，即 $1+1>2$ 的结合力，或叫"系统效应"；表现为企业全体成员的向心力、凝聚力；表现为企业全体成员的归属感，以自己作为企业的一员而自豪，并以此为自己全部生活、价值的依托和归宿。

企业这个团队是由企业家、管理者，以及全体职工组成的。团队中每个人的相互关系，都对他人起到重要作用。因此，企业文化是全员文化，企业文化建设必须着眼于全员、立足于全员、归属于全员。

企业团体意识的形成，首先是企业的全体成员有共同的价值观念，有一致的奋斗目标，才能形成向心力，才能成为一个具有战斗力的整体。为此，要始终把员工赞成不赞成、拥护不拥护、认同不认同作为检验企业文化成熟度的关键标准。其次，要采取"从群众中来，到群众中去"的方法，从员工的价值观中抽象出基本理念，经过加工、整理、提炼，上升为企业的价值理念，这样的文化才容易被广大员工接受。第三，企业文化要在全体员工中形成共识、产生共鸣，才能产生强大的凝聚力。第四，要使全体员工成为企业文化的积极推行者、自觉实践者，充分发挥企业文化的主体作用。第五，企业文化要能起到"以文化人"的作用，把培养人、提高人、发展人作为立足点，全面提高员工素质，从而增强企业的竞争能力。

以人为本，对于企业领导者，具体表现为要尊重人、理解人和关心人。

（1）尊重人。作为一个企业的领导者，应该懂得员工并不仅仅是为了金钱而工作的，绝不能认为只有工资才是调动人们工作积极性的唯一有效武器，懂得要使人们努力工作，就应该诚心诚意地把他们当作企业的主人予以尊重。

（2）理解人。就是了解、熟悉员工的生理、心理、知识结构、技术能力、家庭生活以及个人需求方面的情况，对其观念行为予以理解。理解的前提是多与员工沟通和交往。为了加强与员工的沟通和联系，企业领导应与员工建立起伙伴式的关系，亲自参加公司举行的各种文体活动。

（3）关心人。就是企业领导要多了解员工的需要和困难，尽可能地帮助职工解决实际问题，给予关怀和体贴，让职工充分感受到企业大家庭的温暖。

（二）内外兼修的原则

企业经济效益是衡量企业文化建设工作的重要指标，企业文化建设的最终目的是提高企业经济效益。为此，企业文化建设不仅要把提高企业职工的思想政治觉悟作为重要目标，而且要把提高企业职工业务技术水平作为重要目标，同时，还必须着力塑造企业良好的外部形象。

提高企业职工的思想政治觉悟和业务技术水平，这是一个练内功的过程，外塑企业良好的外部形象是练外功的过程。

内练硬功指从企业长远利益出发，企业文化建设首先要立足于企业内部，降低成本、减少内耗，生产出更新、更好的产品。外塑形象也就是企业形象设计，是指企业有意识、有计划地将本企业的各种特征向社会公众展示与传播，使公众在市场环境中对企业有一个标准化、差别化的印象和认识，对企业留下良好的印象。企业形象的价值并不只是表现在商品上，还表现在关于商品的文化上，即以品质、服务、价值等方面为内容的经营理念文化上。

（三）建章立制的原则

企业文化必须靠制度强力推行，员工的价值理念和行为规范必须靠制度去灌输和约束。人是有惰性和随意性的，企业倡导的价值理念即使已被员工所认同，但如果没有制度的激励和约束，也难以转化为职工的实际行动，形成自觉习惯。推行企业文化，要有一套规范的制度体系，对自觉奉行企业价值理念的，应给以各种方式的表彰奖励；对违反企业价值理念的，应给以相应的处罚，使职工切身感受到什么是提倡的，什么是禁止的，从而纠正错误的思想和言行，强化符合企业文化要求的言行，达到"文制合一"的境界。

（四）循序渐进的原则

应从四个方面着眼：一要总体设计，分步实施；二要全面推进，重点突出；三要坚持不懈，持之以恒；四要与时俱进，不断创新。要始终保持和增强企业文化建设旺盛的激情，使企业文化建设始终处于巩固、强化、发展的状态。

（五）特色鲜明的原则

企业文化应有鲜明的个性特征。优秀企业文化的个性特征都是十分鲜亮耀眼的，这是其企业文化的精华所在，也是活力源泉所在。在企业文化理念、经营行为、品牌形象和广告推广中突出个性，就会产生文化感召力、亲和力、吸引力和冲击力，能给人以强烈印象，带来良好感受。这就要求企业文化必须从企业精神、价值理念、行为规范等各方面反映出自身特点，进而形成文化特色，达到"文即其企""以文兴企"的效果。

（六）推陈出新的原则

文化传承是文化创新和发展的基础。如果没有传承，割断历史，推倒重来，另起炉灶，就丧失了文化创新和发展的固有主体。文化传承应当是有所批判、有所扬弃的继承。企业在创建新的企业文化时应批判地继承原有的企业文化，剔除其糟粕，吸取其精华。在学习其他企业的文化建设经验时，也要注意吸取他们曾经有过的教训。历史与现实结合，传承与创新并重，才能使企业文化一脉相承、发扬光大。

（七）知行合一的原则

优秀的文化不可能在企业中自然长成，它必须有一个提炼、塑造和精心培育的过程。在这个过程中首先要用企业所倡导的文化来武装职工的头脑，这是"知"的过程；与此同时要在企业的生产经营中尽力地实践企业文化，这是"行"的过程。只有这两个过程的统一才能使企业员工形成共同的文化理念和共同的行为规范。为此，要加大宣传力度，让企业员工熟悉并掌握企业精神、经营理念、价值观、质量观、用人原则等企业文化，获得心理上认同是进行企业文化建设必不可少的环节。要通过板报、标语、会议、企业报刊、广播电视、互联网、文体活动、竞技项目等途径反复宣传，常抓不懈。

企业文化属意识形态的范畴，但它又要通过企业或职工的行为和外部形态表现出来，这就容易形成表里不一的现象。建设企业文化必须首先从职工的思想观念入手，树立正确的价值观念和哲学思想，在此基础上形成企业精神和企业形象，防止搞形式主义，言行不一。形式主义不仅不能建设好企业文化，而且是对企业文化概念的歪曲。

（八）领导垂范的原则

领导干部既是企业文化的设计者，又是文化的承包人，一个企业的文化能否真正建立起来，不仅要看他们设计计划的完美程度，还要看他们执行和维护计划的质量。具体地说，领导干部要做两方面的工作：一是言传，企业领导干部要承担"传教士"的责任，向员工灌输企业文化，使员工认同企业文化；二是身教，企业领导干部要带头践行企业文化，模范执行企业精神、价值观、经营方针、道德准则等文化理念。

企业"一把手"要强力推进企业文化建设。首先，"一把手"应对企业文化建设认识深刻、态度鲜明、信念坚定、决心坚强、热情饱满，能够把建设优秀的企业文化作为对企业管理的最高境界不懈追求。其次，"一把手"要成为企业文化的开创者，在出思路、定纲领、提炼企业理念、升华企业精神、形成企业文化建设方案的过程中，起主导作用。第三，"一把手"要成为企业文化的有力传播者。要运用自身所特有的权威和力量，锲而不舍地使企业文化得到强力推行。第四，"一把手"要成为企业文化的实践者，率先垂范、身体力行，用自己的模范言行、工作作风和精神面貌实践企业文化理念，引导企业风尚，影响员工行动。

四、企业文化建设的标准

2011 年 7 月 8 日，国务院国有资产监督管理委员会（以下简称国资委）宣传工作局《关于开展中央企业企业文化建设示范单位推荐评选工作的通知》中提出的企业文化建设示范单位评选条件，可以作为企业文化建设的标准。

（一）企业价值理念体系完备

有明确的企业使命（宗旨）、企业愿景（战略目标），有鲜明的企业核心价值理念和企业精神，有充满生机的企业经营理念。价值理念体系能体现企业的核心价值追求；企业价值理念转化系统、深入，被企业各级管理者和广大员工高度认同；企业视觉识别系统类型全面、设计独特、使用规范，为提高企业知名度、信誉度和美誉度发挥了积极作用。

（二）企业文化管理体系健全

企业高度重视文化建设，及时、认真、准确贯彻落实集团公司企业文化建设纲要（规划）；企业主要负责人对企业文化建设高度自觉，各级管理者团队带头执行，率先垂范；企业文化建设体制健全、统筹规划、目标明确、措施得力、重点突出、全员参与、经费有保障；企业文化建设相关部门职责清晰，分工明确，专职人员定期参加培训，具备良好的理论基础和专业素养。

（三）企业文化建设纳入企业发展战略

从企业发展战略出发，着眼于企业文化建设长远发展，研究企业文化发展规划；把企业文化建设作为企业发展战略规划的重要组成部分，抓住企业文化观念、制度、物质三个层面建设，制定规划（纲要），提出工作目标；切合实际，着力形成符合企业发展战略，体现文化引领作用和企业特色的文化建设体系。

（四）企业价值理念切实融入企业管理

重视用企业价值理念引领企业管理，武装各级管理者思想；注重把文化理念融入企业的具体管理制度中，渗透到相关管理环节，用价值理念约束、完善、调整企业各项管理制度；建立科学规范的内部管理体系；对企业文化建设工作和文化管理工作有要求、有目标、有评价、有考核，实现文化管理，并形成了优秀的管理文化。

（五）积极开展企业文化主题活动

企业文化建设与党的建设、思想政治工作和精神文明建设有机结合；积极参与上级单位文化建设活动，及时印发员工手册或企业文化手册，对企业价值理念体系进行有效宣贯；积极开展企业文化培训、课题研究和专题研讨；开展丰富多彩的企业文化主题活动；开展企业特色子文化建设；充分利用媒体传播企业文化，树立企业品牌；开展企业文化建设评优表彰活动。

（六）企业全面履行社会责任

企业把认真履行社会责任作为提升企业竞争力的重要途径，始终坚持依法经营、诚实守信、节约资源、保护环境；企业经营现状良好，内外部关系和谐，产品质量、服务水平不断提高，具有较强的自主创新能力；近三年企业未发生重大质量安全、重大违法违纪、重大污染责任事故以及重大负面新闻和群体性上访事件，没有发生"黄赌毒"等丑恶现象。

（七）企业文化建设成效显著

员工对企业价值理念认同度、对企业发展战略的认知度、对与本职工作相关的企业规章制度的认可度、对在企业中实现自身价值的满意度较高；客户对企业品牌、管理、产品或服务满意度较高，企业具有较好的知名度、信誉度和美誉度；企业经营发展状况良好。

五、企业文化建设的着重点

（一）重视企业战略文化

企业要实现可持续发展，必须有一个长远的发展目标和发展规划。企业朝什么方向发展、如何发展等问题都应让全体员工尽快了解。发展战略只有得到全体员工的认同，才能发挥出应有的导向作用，才能成为全体员工的行动纲领。在企业文化建设中，要充分利用网络等载体，采取灵活多样的形式，搞好企业发展战略的宣传和落实。通过积极开展企业战略文化建设，进一步理清工作思路，明确企业的发展方向，激发员工的工作热情。

（二）建设企业人本文化

人才是企业发展的宝贵资源。在新形势下，企业需要一大批不同层次、不同专业的人才。企业必须把人才队伍建设作为企业文化建设的一部分，通过在企业内部营造尊重人、塑造人的文化氛围，增强员工的归属感，激发员工的积极性和创造性。随着科技的不断发展，更新员工知识结构的课题也摆在了企业的面前。企业应努力营造良好的学习氛围，搭建人才成长的平台，使全体员工增强主人翁意识，与企业同呼吸、共成长。要通过对员工进行目标教育，使他们把个人目标同企业发展目标紧密结合在一起，自觉参与到企业的各项工作中。

（三）规范企业制度文化

企业文化与企业制度文化之间是相互支撑、相互辅助的关系，制度文化是企业文化的重要组成部分。在制度文化建设中，要突出创新、严于落实，建立科学的企业决策机制和人力资源开发机制，制定完善的企业运行规则和经营管理制度，构建精干高效的组织架构，使各项工作衔接紧密，保证企业目标顺利实现。员工参与民主管理的程度越高，越有利于调动他们的积极性。企业建立开放的沟通制度，可以及时了解员工的思想动态。同时，要强化监督，规范管理行为，营造和谐的文化氛围，促进企业管理水平的提高。

（四）打造企业团队文化

企业发展目标的实现，离不开员工之间的相互协作。只有通过培养团队精神，企业才能不断创造新业绩，在激烈的市场竞争中立于不败之地。企业文化建设的重要任务，就是在企业内部营造有利于企业发展的良好氛围，使领导与领导、领导与员工、员工与员工之间精诚合作，促进企业目标顺利实现。同时，要恰当处理企业外部各方面的关系，尽可能地减少摩擦和矛盾，争取方方面面的理解和支持。

（五）增强企业创新意识

创新可以为企业文化注入活力，提升企业文化建设水平。要通过创新企业文化，促进企业不断发展。企业文化创新的关键是对企业旧的经营哲学、管理理念等进行创新，让企业文化建设迈上一个新台阶。要创造可以容忍不同思维的环境。如果创新只许成功不许失败，那么企业也很难保持旺盛的创造力和生命力。作为市场竞争主体，企业应具备与现代市场经济相适应的能力，企业文化建设也应反映市场经济的要求。市场竞争形成了新的竞争理念和模式，在企业文化建设过程中，必须充分理解这种理念和模式，以确保企业持续健康发展。

六、企业文化建设的内容

企业文化是一个企业在发展过程中形成的以企业精神和经营管理理念为核心，凝聚、激励企业各级经营管理者和员工，积极性、创造性的人本管理理论，是企业的灵魂和精神支柱。

企业文化建设主要包括：总结、提炼和培育鲜明的企业核心价值观和企业精神，体现爱国主义、集体主义和社会主义市场经济的基本要求，构筑企业之魂；结合企业经营发展战略，提炼各具特色、充满生机而又符合企业实际的，以诚信为核心的经营理念，依法经营，规避风险，推动企业沿着正确的方向不断提高经营水平；进一步完善相关管理制度，寓文化理念于制度之中，规范员工行为，提高管理效能；加强思想道德建设，提高员工综合素质，培育"四有"员工队伍，促进人的全面发展；建立企业标识体系，加强企业文化设施建设，美化工作生活环境，提高产品、服务质量，打造企业品牌，提升企业的知名度、信誉度和美誉度，树立企业良好的公众形象；按照现代企业制度的要求，构建协调有力的领导体制和运行机制，不断提高企业文化建设水平。

企业文化载体与队伍建设也是企业文化建设的重要内容。要进一步整合企业文化资源，完善职工培训中心、企业新闻媒体、传统教育基地、职工文化体育场所、图书馆等企业文化设施。创新企业文化建设手段，丰富和优化企业文化载体设计，注重利用互联网等新型传媒和企业报刊、广播、闭路电视等传统媒体，提供健康有益的文化产品，提高员工文化素养，扩大企业文化建设的有效覆盖面。重视和加强对摄影、书法、美术、文学、体育等各种业余文化社团的管理引导，组织开展健康向上、特色鲜明、形式多样的群众性业余文化活动，传播科学知识，弘扬科学精神，提高广大员工识别和抵制腐朽思想、封建迷信、伪科学的能力，营造健康、祥和、温馨的文化氛围，满足员工求知、求美、求乐的精神文化需求。注意培养企业文化建设的各类人才，加强引导和培训，建立激励机制，充分发挥他们在企业文化建设中的骨干带头作用。注重发挥有关职能部门和工会、共青团、妇女组织的作用，形成企业文化建设的合力，依靠全体员工的广泛参与，保持企业文化旺盛的生机与活力。

（一）提炼企业精神

企业精神指企业员工所共同具有的内心态度、思想境界和精神追求，是企业在长期的经营管理实践中不断总结提炼并逐渐形成的，是现代企业意识与企业个性相结合的一种群体意识，是企业核心理念的概括反映和体现。

企业精神是企业内部最积极、最闪光，也是全体员工共同的一种精神状态。企业要想实现远大使命和美好愿景，就需要企业的全体员工始终坚守一种共同的精神规范。

优秀企业的企业精神体现着自己的个性，简洁生动，与时俱进。企业精神一旦形成，就会产生巨大的有形力量，对企业成员的思想和行为起到潜移默化的作用。因此，通过培育和再塑企业精神，有利于建设一支富有战斗力的、纯洁的员工队伍；有利于塑造优秀的企业形象，增强企业的知名度和社会美誉度，最终达到提高企业核心竞争力的目的。

企业精神如何提炼和表达？一是要导向正确，要体现企业价值观，有利于员工的凝聚和企业的发展方向；二是要个性鲜明，结合企业实际，提炼出企业的特色。最忌人云亦云，鹦鹉学舌；语言有穿透力，能够鼓舞士气。

具体讲，可以从以下几方面入手：

一是分析过去的成功靠的是什么精神。通过追溯企业发展历程，认清"从哪里来"，靠什么成功。通过回顾历史，可以看到精神源头，从中梳理出企业的优秀文化积淀，筛选出助力企业获得成功的关键精神要素，总结归纳出企业的优秀文化基因，对"企业凭什么走到现在"作出明确回答。

二是分析企业发展现状，搞清"现在在哪里"。企业当前的经营管理现状、整体思维模式及行为模式都应该是企业文化理念提炼需要关注的重点，要通过对企业现状的全面系统剖析，找到实现高质量发展"究竟还缺少什么"。

三是着眼企业发展未来，弄清"到哪里去"。通过对企业外部经营环境的变化、企业自身经营策略的调整、企业员工及外部客户对企业的期望、战略的执行与落实对企业当前的启示与指引等一系列问题的思考，归纳出企业的"关键价值驱动要素"，以明确"企业究竟还需要些什么"。

企业精神的提炼既可以是抽象的，是对企业精神的概括，也可以是具象的，用一个形象进行概括。比如华为精神，经常被概括为"狼性精神"，其内涵可以用这样的几个词语来概括：学习，创新，获益，团结。学习和创新代表敏锐的嗅觉，获益代表进攻精神，团结代表群体奋斗精神。

（二）确立企业理念

要想切实建立企业价值观体系，首先要从实际出发。从企业自身所处的地位、环境、行业发展前景以及其经营状况着手，通过大量的调研、分析，结合企业家本身对企业发展的考量，从企业发展众多的可能性中，确认企业的愿景。要依据企业发展必须遵循的价值观，确立企业普遍认同、体现企业自身个性特征的，可以促进并保持企业正常运作以及长足发展的价值体系。确定的企业战略目标和经营理念，必须能够经受社会环境和时间变化的检验。

企业理念提炼与设计的方法步骤：

第一步：让企业找 10 位从创业到发展全过程都参加的人，让他们每一个人讲三个故事。

第二步：把重复率最高的故事整理出来，进行初步加工，形成完整的一个故事。

第三步：找十个刚来企业一年左右的员工，最好是大中专学生，把整理好的故事讲给他们听。

第四步：把专家和有关企业领导集中封闭起来，对记录的内容进行研究、加工，从中提炼出使用率最高的代表故事精神的词。这些词经过加工，就是企业精神或企业理念。

第五步：按照提炼出来的反映精神或理念的核心词，重新改编故事，在尊重历史的前提下，进行文学创作，写出集中反映核心词的企业自己的故事。

诊断企业确立的理念是否符合企业实际的方法如下：将企业中层以上干部集中起来，把企业的理念逐句念出来，请大家在听到理念后，把所想到的能代表这种理念的人物、事件说出来或写出来。如果大部分人都能联想到代表人物或事件，且事件相对集中，就说明企业的理念得到了大家的认同；如果大部分人不能说出或写出代表性的人物或事件，就说明企业理念没有得到员工的认同，就更谈不上对员工行为有指导作用了。

（三）建设行为文化

制定企业理念，不是把它形式化，只停留在口号、标语层次。而是需要贯彻它，需要它对员工的理想追求进行引导。怎么样引导、规范企业员工的思想、行为，就需要建设行为文化。

行为的规划应依附于总体目标之上，综合运用相关学科的知识与技巧，进行整体策划。着眼于具有长期性且可操作性强，细致甚至强制性的企业行为规范，才可能将企业理念落实下去。需要着力从以下几个方面落实。

（1）制定并执行规章制度。企业理念能够落实，最重要的应该表现在企业的规章制度中，使员工的行为能够体现出企业理念的要求。如员工行为规范、公共关系规范、服务行为规范、危机管理规范、人际关系规范等。

（2）在日常工作与决策中贯彻落实。企业理念必须反映到企业的日常工作和决策中，企业领导应该以身作则，使员工有效仿的榜样。

（3）举办有意义的典礼、仪式。必不可少的各类典礼和仪式可以有效推广企业理念，丰富生动地贯彻到各个方面。如企业各类会议、展览、庆典以及企业内部外部节日等。

（4）树立典范和优秀人物。为了实施和贯彻企业理念，需要有各个部门及员工学习的榜样。开展评比活动，树立典范或优秀人物可以给员工树立一种形象化的行为标准和观念标志，通过典型员工可形象具体地明白"何为工作积极""何为工作主动""何为敬业精神""何为成本观念""何为效率高"，从而提升员工的行为。上述的这些行为都是很难量化描述的，只有具体形象才可使员工充分理解。

（5）利用各种传播途径加强宣传。要建立畅通而多样化的途径，如网站、报刊、论坛等宣传阵地，传播企业理念，共享价值体系，广泛动员员工切实参与到企业文化建设中来。

（6）深入开展教育培训。教育培训的方式既要严肃认真，又要生动活泼。既可以采取常规的会议、培训班的形式，也更应采取寓教于理、寓教于文和寓教于乐的形式，如知识竞赛、技术比武、故事会等。

（7）设立企业创业、发展史陈列室。陈列一切与企业发展相关的物品，对员工特别是新员工进行企业发展史的教育。

（8）组织外出考察参观学习。学习先进企业的先进经验。

（四）打造视觉形象

在企业形象的三个子系统中，理念形象是最深层次、最核心的部分，也最为重要的，它决定行为形象和视觉形象；而视觉形象是最外在、最容易表现的部分，它和行为形象都是理念形象的载体和外化；行为形象介于上述两者之间，它是理念形象的延伸和载体，又是视觉形象的条件和基础。

企业视觉形象是由企业的基本标识及应用标识、产品外观包装、厂容厂貌、机器设备等构成的企业形象子系统。其中，基本标识指企业名称、标志、商标、标准字、标准色，应用标识指象征图案、旗帜、服装、口号、招牌、吉祥物等，厂容厂貌指企业自然环境、店铺、橱窗、办公室、车间及其设计和布置。

1. 视觉形象的作用

（1）在明显地将该企业与其他企业区分开来的同时又确立该企业明显的行业特征或者其他重要特征，确保该企业在经济活动中的独立性和不可替代性；明确该企业的市场定位，属企业的无形资产的一个重要组成部分。

（2）传达该企业的经营管理理念和企业文化，以形象的视觉形式宣传企业。

（3）以自己特有的视觉符号系统吸引公众的注意力并产生记忆，使消费者对该企业所提供的产品或服务产生最高的品牌忠诚度。

（4）提高该企业员工对企业的认同感，提高企业士气。

2. 企业视觉形象的类型

（1）物质形象：指反映企业精神文化的物化形态，而不是指物质本身。比如企业的店徽、店旗、商标和特定的店面装饰、布置等可以反映企业个性和精神面貌的直观形象。

（2）人品形象：指企业人员后天学习的待人接物和工作上的行为态度等方面的表现。

（3）管理形象：指管理行为的表现形式。如组织形态、工作程序、交接班制度、奖惩方式、领导指挥方式等。

（4）礼仪礼节：指企业中人际关系的礼貌格式和庆典集会上的礼节规范。

（5）社会公益形象：为社会服务和赞助公益事业，包括支持关心文教、科研、慈善、卫生等事业的具体表现。

3. 视觉形象的规划设计

基本元素确定后，就可以依据企业需求，进行应用系统的规划与设计。应用系统一般包括以下部分：

（1）导视系统（户外、户内）：包括欢迎牌、企业标牌、导视水牌、企业整体平面图、建筑指示牌、道路行车指示、门牌等。

（2）户外展示、广告、宣传系统：包括霓虹灯、灯箱、灯杆刀旗、阅读栏、车体展示、大型广告牌、旗帜、海报、报刊等。

（3）办公用品系统：包括国内外信封、信纸、传真纸、便签、格式文件、文件袋、文件夹、笔记本、工作证等。

（4）服装、识别系统：包括门店统一形象识别、产品包装、员工制服、工作服、胸牌等。

（5）礼品系统：包括企业形象礼品、赠品、手提袋、文化衫、台历、挂历等。

七、企业文化建设步骤

（一）制定企业文化建设规划

根据本企业的行业特征和自身特点，确定企业的使命、愿景和发展战略。总结本企业多年形成的优良传统，挖掘企业文化底蕴，了解企业文化现状，在广泛调研、充分论证的基础上，制定符合企业实际、科学合理、便于操作、长远目标与阶段性目标相结合的企业文化建设规划。在制定规划时要着眼于企业文化的长远发展，避免走过场。在实施过程中必须与时俱进，常抓常新，随着企业内外部环境的变化，及时对企业文化建设的具体内容和项目进行充实和完善，促进企业文化的巩固与发展。

（二）实施企业文化建设规划

要根据企业文化建设的总体规划，制订工作计划和目标；深入进行调查研究，根据企业实际，找准切入点和工作重点，确定企业文化建设项目；提炼企业精神、核心价值观和经营管理理念，进一步完善企业规章制度，优化企业内部环境，导入视觉识别系统，进行企业文化建设项目的具体设计；采取学习培训、媒体传播等多种宣传方式，持续不断地对员工进行教育熏陶，使全体员工认知、认同和接受企业精神、经营理念、价值观念，并养成良好的自律意识和行为习惯；在一定时间内对企业文化建设进行总结评估，及时修正，巩固提高，促进企业文化的创新。

（三）企业文化载体建设

企业文化的实现，必须通过各种有效的载体来完成。企业文化载体是指以各种物化和精神的形式承载、传播企业文化的媒介体和传播工具，它是企业文化得以形成与扩散的重要途径与手段。企业文化的载体和产品息息相关，和企业追求的目标紧紧相连。企业文化的载体是企业文化的表象，它并不等于企业文化。企业文化的载体种类繁多，大致可分为两大类：内部企业文化的载体和外部企业文化的载体。

1. 内部企业文化载体

内部企业文化载体主要是对员工进行企业文化宣传教育的各类企业文化的载体，具体又可分为物质文化载体和行为文化载体两种。

物质文化载体主要是网络阵地。网络阵地是企业文化重要的体现形式，是培育企业精神、传播企业文化、塑造企业形象的重要手段，也是企业文化建设必要的硬件投入。企业文化网络阵地主要有：企业的文化室、俱乐部、图书馆、企业刊物、企业网站、企业制服、企业宣传栏、企业宣传标语等；文协、书协、影协、美协等群众文化组织活动园地；基层党校、职工夜校。

行为文化载体主要是围绕企业生产、经营等中心工作开展各种有益的活动，逐渐提高职工业务技术水平和积极向上的品德。如文体活动、文艺晚会、培训、表彰会、员工沙龙、总裁接待日、企业内部组织的各种协会和研究会的活动，以及技术比武、岗位练兵等。此外，还可以围绕企业改革和发展等工作，开展知识竞赛、演讲、问答活动，增强职工参与支持企业改革和发展的积极性、主动性。

行为文化载体还包括企业领导行为、各类先进人物的先进事迹，以及企业优良的、传统的风气。

企业领导者的品质结构，应是体、美、德、识、才、学的统一。领导者非权力影响力，即日常的处世行事、待人接物中体现出优良的学识水平、品德修养、工作能力、个性风格、领导作风等能直接影响带动职工思想行为。

各类先进典型是企业文化的人格化，是企业职工学习效仿的榜样和示范。宣传先进事迹和人物，必将在职工中产生很大的激励作用。在建设企业文化过程中，企业应大力宣传好人好事，培养和树立各方面的典型，掌握闪光点，以点带面，在企业内部形成"比、学、赶、帮"的良好风气，使职工学有榜样，从而在企业职工中形成奋发向上的风气。

企业优良的、传统的风气，长期影响并规范着职工的行为。企业文化建设要继承和发扬传统文化，同时，应借鉴吸收一切中外优秀传统文化，从中吸取营养，来培养本企业精神。为此，企业应大力开展爱国主义教育活动，同时在生产经营方式上大胆借鉴吸收一切先进经验和方式，在职工中组织学习中外优秀文化知识等。

2. 外部企业文化载体

外部企业文化载体是向外部公众进行企业形象与口碑宣传的企业文化载体。如企业识别系统新闻发布会、新产品发布会、企业赞助活动、企业公益广告、撰写新闻报道、向专业机构提供研究成果、组织或参与社会公益活动、参加行业展览、接待社会公众和学习考察团体参观企业等。

在市场经济激烈竞争下，新闻媒介的作用日益显得重要。一个有声望的企业，通过报社、电台、电视台新闻媒体来宣传，为企业文化建设尤其是企业形象的培养开辟了新的途径。

广告文化是企业文化的重要组成部分。广告不仅是语言艺术，还是一种很有影响力的宣传方式，不少企业舍得投资，在做广告上下大气力，既提高了企业信誉又增加了企业效益。

中国是礼仪之邦。企业的会议、公文、庆典活动、待人接物等礼仪是企业文化的一部分，培养和确立良好的礼仪方式赋予企业浓厚的人情味，有利于强化企业共同的价值观，树立良好的企业形象，对此应加以重视和探索。

八、企业文化建设存在的误区

（一）注重企业文化的形式而忽略了内涵

在中国企业文化建设过程中最突出的问题就是盲目追求企业文化的形式，而忽略了企业文化的内涵。企业文化活动和企业 CI 形象设计都是企业文化表层的表现方式。企业文化是将企业在创业和发展过程中的基本价值观灌输给全体员工，通过教育、整合而形成的一套独特的价值体系，是影响企业适应市场的策略和处理企业内部矛盾冲突的一系列准则和行为方式，其中渗透着创业者个人在社会化过程中形成的对人性的基本假设、价值观和世界观，也凝结了在创业过程中创业者集体形成的经营理念。将这些理念和价值观通过各种活动和形式表现出来，才是比较完整的企业文化，如果只有表层的形式而未表现出内在价值与理念，那么这样的企业文化是没有意义的、难以持续的，故而不能形成文化推动力，对企业的发展产生不了深远的影响。

（二）将企业文化等同于企业精神而脱离企业管理实践

有些企业家认为，企业文化就是要塑造企业精神，而与企业管理没有多大关系。这种理解是片面的。有学者曾指出，企业文化就是以文化为手段，以发展为目的，这种理解是有一定道理的，因为企业组织和事业性组织都属于实体性组织，它们不同于教会的信念共同体，它们是要依据生产经营状况和一定的业绩来进行评价的，精神因素对企业内部的凝聚力、生产效率及企业发展固然有着重要的作用，但这种影响不是单独发挥作用的，它是渗透于企业管理的体制、激励机制、经营策略之中，并协同起作用的。企业的管理理念和企业的价值观是贯穿在建筑企业管理的每一个环节，并与企业环境变化相适应的，因此不能脱离企业管理。

（三）将企业文化视为传统文化在企业管理中的直接运用

这种观点认为企业文化就是用文化来管理企业，如有些企业家认为应该用儒家学说来管理企业，还有些企业家认为应该用老子学说来管理企业。这些学说作为中国文化的思想代表用于指导企业管理和企业经营理念，应该说是具有中国特色，但问题的关键在于如何用传统文化来把握当代人的心理，来把握迅速变化的市场需求，来调整对员工的工作激励，这需要找到适当的切入点，找准中间具体的联系。如中国传统文化中强调对家庭的归属、对权力的依赖，重感情、重面子，突出以人为本、知人善用等，将这些文化因素和传统思想应用于企业管理，营造一个充满情感、和谐共存的文化氛围，在这样的氛围中实现对人性的超越，实现人与社会的共存，人与自然的和谐，这应该说突出了中国特色。但是，中国的传统文化的思想中充满了哲理与思辨，可谓左右逢源，在用于指导企业管理实践中时，需要将其操作化为具体的行为准则和经营理念。

（四）忽视企业文化的创新和个性化

企业文化是某一特定文化背景下该企业独具特色的管理模式，是企业的个性化表现，不是标准统一的模式，更不是迎合时尚的标语。纵观许多企业的企业文化，方方面面都大体相似，但是缺乏鲜明的个性特色和独特的风格。其实，每一个企业的发展历程不同，企业的构成成分不同，面对的竞争压力也不同，所以其对环境作出反应的策略和处理内部冲突的方式都会有自己的特色，不可能完全雷同。企业文化是在某一文化背景下，将企业自身发展阶段、发展目标、经营策略、企业内外环境等多种因素综合考虑而确定的独特的文化管理模式，因此，企业文化的形式可以是标准化的，但其侧重点应各不相同，其价值内涵和基本假设应各不相同，而且企业文化的类型和强度也应都不同，正因如此才构成了企业文化的个性化特色。

第三节　企业安全文化建设

2008 年 11 月 19 日，国家安全生产监督管理总局发布了国家行业标准《企业安全文化建设导则》（AQ/T 9004—2019），规范了企业安全文化建设的有关问题。

一、安全生产文化有关术语和定义

企业安全文化：被企业组织的员工群体所共享的安全价值观、态度，道德和行为规范组成的统一体。简称为安全文化。

企业安全文化建设：通过综合的组织管理等手段，使企业的安全文化不断进步和发展的过程。

安全绩效：基于组织的安全承诺和行为规范，与组织安全文化建设有关的组织管理手段的可测量结果。安全绩效测量包括安全文化建设活动和结果的测量。

安全自我约束：通过组织管理手段实现非被动服从的、高于法律和政府监管要求的安全生产保障条件。

安全承诺：由企业公开做出的代表了全体员工在关注安全和追求安全绩效方面所有的稳定意愿及实践行动的明确表示。

安全价值观：被企业的员工群体所共享的、对安全问题的意义和重要性的总评价和总看法。

安全愿景：用简洁明了的语言所描述的企业在安全问题上未来若干年要实现的志愿和前景。

安全使命：简要概括出的为实现企业的安全愿景而必须完成的核心任务。

安全目标：为实现企业的安全使命而确定的安全绩效标准，该标准决定了必须采取的行动计划。

安全志向：在企业组织和个人的安全绩效上追求卓越的意愿和决心。

安全态度：在安全价值观指导下，员工个人对各种安全问题所产生的内在反应倾向。

安全事件：导致或可能导致事故的情况。

安全异常：可导致安全事件的不正常情况。

安全缺陷：可被识别和改进的对组织和个人追求卓越安全绩效造成阻碍的不完善之处。

不安全实践：由于计划，指挥控制行为人自身的差错面产生的不安全过程。

不符合：任何与工作标准、惯例、程序、法规、管理体系绩效等的偏离，其结果能够直接或间接导致伤害或疾病、财产损失、工作环境破坏或这些情况的组合。

保守决策：在企业进行生产经营决策时，从多个备选行动方案中选取伤害风险为最小的方案的过程。

相关方：与组织的安全绩效有关的或受其安全绩效影响的个人或团体。

战略规划：指导企业全局的较为长远的安全计划。

二、企业安全文化建设总体要求

企业在安全文化建设过程中，应充分考虑自身内部和外部的文化特征，引导全体员工的安全态度和安全行为，实现在法律和政府监管要求之上的安全自我约束，通过全员参与实现企业安全生产水平持续进步。企业安全文化建设的总体模式如图 2-1 所示。

三、企业安全文化建设基本要素

（一）安全承诺

（1）企业应建立包括安全价值观、安全愿景、安全使命和安全目标等在内的安全承诺。安全承诺应做到：

1）切合企业特点和实际，反映共同安全志向。

2）明确安全问题在组织内部具有最高优先权。

3）声明所有与企业安全有关的重要活动都追求卓越。

图 2-1　企业安全文化建设的
总体模式

4）含义清晰明了，并被全体员工和相关方所知晓和理解。

（2）企业的领导者应对安全承诺做出有形的表率，应让各级管理者和员工切身感受到领导者对安全承诺的实践。领导者应做到：

1）提供安全工作的领导力，坚持保守决策，以有形的方式表达对安全的关注。

2）在安全生产上真正投入时间和资源。

3）制定安全发展的战略规划以推动安全承诺的实施。

4）接受培训，在与企业相关的安全事务上具有必要的能力。

5）授权组织的各级管理者和员工参与安全生产工作，积极质疑安全问题。

6）安排对安全实践或实施过程的定期审查。

7）与相关方进行沟通和合作。

（3）企业的各级管理者应对安全承诺的实施起到示范和推进作用，形成严谨的制度化工作方法，营造有益于安全的工作氛围，培育重视安全的工作态度。各级管理者应做到：

1）清晰界定全体员工的岗位安全责任。

2）确保所有与安全相关的活动均采用了安全的工作方法。

3）确保全体员工充分理解并胜任所承担的工作。

4）鼓励和肯定在安全方面的良好态度，注重从差错中学习和获益。

5）在追求卓越的安全绩效、质疑安全问题方面以身作则。

6）接受培训，在推进和辅导员工改进安全绩效上具有必要的能力。

7）保持与相关方的交流合作，促进组织部门之间的沟通与协作。

（4）企业的员工应充分理解和接受企业的安全承诺，并结合岗位工作任务实践这种安全承诺。每个员工应做到：

1）在本职工作上始终采取安全的方法。

2）对任何与安全相关的工作保持质疑的态度。

3）对任何安全异常和事件保持警觉并主动报告。

4）接受培训，在岗位工作中具有改进安全绩效的能力。

5）与管理者和其他员工进行必要的沟通。

（5）企业应将自己的安全承诺传达到相关方，必要时应要求供应商、承包商等相关方提供相应的安全承诺。

（二）行为规范与程序

（1）企业内部的行为规范是企业安全承诺的具体体现和安全文化建设的基础要求。企业应确保拥有能够达到和维持安全绩效的管理系统，建立清晰界定的组织结构和安全职责体系，有效控制全体员工的行为。行为规范的建立和执行应做到：

1）体现企业的安全承诺。

2）明确各级各岗位人员在安全生产工作中的职责与权限。

3）细化有关安全生产的各项规章制度和操作程序。

4）行为规范的执行者参与规范系统的建立，熟知自己在组织中的安全角色和责任。

5）由正式文件予以发布。

6）引导员工理解和接受建立行为规范的必要性，知晓由于不遵守规范所引发的潜在不利后果。

7）通过各级管理者或被授权者观测员工行为，实施有效监控和缺陷纠正。

8）广泛听取员工意见，建立持续改进机制。

（2）程序是行为规范的重要组成部分。企业应建立必要的程序，以实现对与安全相关的所有活动进行有效控制的目的。程序的建立和执行应做到：

1）识别并说明主要的风险，简单易懂，便于实际操作。

2）程序的使用者（必要时包括承包商）参与程序的制定和改进过程，并应清楚理解不遵守程序可导致的潜在不利后果。

3）由正式文件予以发布。

4）通过强化培训，向员工阐明在程序中给出特殊要求的原因。

5）对程序的有效执行保持警觉，即使在生产经营压力很大时，也不能容忍走捷径和违反程序。

6）鼓励员工对程序的执行保持质疑的安全态度，必要时采取更加保守的行动并寻求帮助。

（三）安全行为激励

（1）企业在审查和评估自身安全绩效时，除使用事故发生率等消极指标外，还应使用旨在对安全绩效给予直接认可的积极指标。

（2）员工应该受到鼓励，在任何时间和地点，挑战所遇到的潜在不安全实践，并识别所存在的安全缺陷。对员工所识别的安全缺陷，企业应给予及时处理和反馈。

（3）企业宜建立员工安全绩效评估系统，应建立将安全绩效与工作业绩相结合的奖励制度。审慎对待员工的差错，应避免过多关注错误本身，而应以吸取经验教训为目的。应仔细权衡惩罚措施，避免因处罚而导致员工隐瞒错误。

（4）企业宜在组织内部树立安全榜样或典范，发挥安全行为和安全态度的示范作用。

（四）安全信息传播与沟通

（1）企业应建立安全信息传播系统，综合利用各种传播途径和方式，提高传播效果。

（2）企业应优化安全信息的传播内容，将组织内部有关安全的经验、实践和概念作为传播内容的组成部分。

（3）企业应就安全事项建立良好的沟通程序，确保企业与政府监管机构和相关方、各级管理者与员工、员工相互之间的沟通。沟通应满足：

1）确认有关安全事项的信息已经发送，并被接受方所接收和理解；

2）涉及安全事件的沟通信息应真实、开放；

3）每个员工都应认识到沟通对安全的重要性，从他人处获取信息和向他人传递信息。

（五）自主学习与改进

（1）企业应建立有效的安全学习模式，实现动态发展的安全学习过程，保证安全绩效的持续改进。安全自主学习过程的模式如图2-2所示。

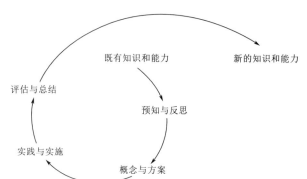

图2-2　企业安全自主学习过程模式

（2）企业应建立正式的岗位适任资格评估和培训系统，确保全体员工充分胜任所承担的工作。应做到：

1）制定人员聘任和选拔程序，保证员工具有岗位适任要求的初始条件。

2）安排必要的培训及定期复训，评估培训效果。

3）培训内容除有关安全知识和技能外，还应包括对严格遵守安全规范的理解，以及个人安全职责的重要意义和因理解偏差或缺乏严谨而产生失误的后果。

4）除借助外部培训机构外，应选拔、训练和聘任内部培训教师，使其成为企业安全文化建设过程的知识和信息传播者。

（3）企业应将与安全相关的任何事件，尤其是人员失误或组织错误事件，当作能够从中汲取经验教训的宝贵机会与信息资源，从而改进行为规范和程序，获得新的知识和能力。

（4）企业应鼓励员工对安全问题予以关注，进行团队协作，利用既有知识和能力，辨识和分析可供改进的机会，对改进措施提出建议，并在可控条件下授权员工自主改进。

（5）经验教训、改进机会和改进过程的信息宜编写到企业内部培训课程或宣传教育活动的内容中，使员工广泛知晓。

（六）安全事务参与

（1）全体员工都应认识到自己负有对自身和同事安全做出贡献的重要责任。员工对安全事务的参与是落实这种责任的最佳途径。

（2）员工参与的方式可包括但不局限于以下类型：

1）建立在信任和免责备基础上的微小差错员工报告机制。

2）成立员工安全改进小组，给予必要的授权、辅导和交流。

3）定期召开有员工代表参加的安全会议，讨论安全绩效和改进行动。

4）开展岗位风险预见性分析和不安全行为或不安全状态的自查自评活动。

企业组织应根据自身的特点和需要确定员工参与的形式。

（3）所有承包商对企业的安全绩效改进均可做出贡献。企业应建立让承包商参与安全事务和改进过程的机制，包括：

1）应将与承包商有关的政策纳入安全文化建设的范畴。

2）应加强与承包商的沟通和交流，必要时给予培训，使承包商清楚企业的要求和标准。

3）应让承包商参与工作准备、风险分析和经验反馈等活动。

4）倾听承包商对企业生产经营过程中所存在的安全改进机会的意见。

（七）审核与评估

（1）企业应对自身安全文化建设情况进行定期的全面审核，包括：

1）领导者应定期组织各级管理者评审企业安全文化建设过程的有效性和安全绩效结果。

2）领导者应根据审核结果确定并落实整改不符合、不安全实践和安全缺陷的优先次序，并识别新的改进机会。

3）必要时，应鼓励相关方实施这些优先次序和改进机会，以确保其安全绩效与企业协调一致。

（2）在安全文化建设过程中及审核时，应采用有效的安全文化评估方法，关注安全绩效下滑的前兆，给予及时的控制和改进。

四、企业安全文化建设推进与保障

（一）规划与计划

企业应充分认识安全文化建设的阶段性、复杂性和持续改进性，由最高领导人组织制定推动本企业安全文化建设的长期规划和阶段性计划。规划和计划应在实施过程中不断完善。

（二）保障条件

企业应充分提供安全文化建设的保障条件，包括：

（1）明确安全文化建设的领导职能，建立领导机制。

（2）确定负责推动安全文化建设的组织机构与人员，落实其职能。

（3）保证必需的建设资金投入。

（4）配置适用的安全文化信息传播系统。

（三）推动骨干的选拔和培养

企业宜在管理者和普通员工中选拔和培养一批能够有效推动安全文化发展的骨干。这些骨干扮演员工、团队和各级管理者指导老师的角色，承担辅导和鼓励全体员工向良好的安全态度和行为转变的职责。

五、企业安全文化建设评价指标

2008 年，国家安全生产管理总局制定和发布了国家行业标准《企业安全文化建设评价准则》（AQ/T 9005—2008）。准则提出了安全生产文化建设评价指标和减分指标。评价指标包括基础特征、安全承诺、安全管理、安全环境、安全培训与学习、安全信息传播、安全行为激励、安全事务参与、决策层行为、管理层行为、员工层行为共 11 项。减分指标包括死亡事故、重伤事故和违章记录 3 项。

（一）评价指标

1. 基础特征

（1）企业状态特征。企业自身的成长、发展、经营、市场状态，主要从企业历史、企业规模、市场地位、盈利状况等方面进行评价。

（2）企业文化特征。企业文化层面的突出特征，主要评估企业文化的开放程度，员工凝聚力的强弱，学习型组织的构建情况，员工执行力状况等。

（3）企业形象特征。员工、社会公众对企业整体形象的认识和评价。

（4）企业员工特征。充分明确员工的整体状况，总体教育水平、工作经验和操作技能、道德水平等。

（5）企业技术特征。企业在工程技术方面的使用、改造情况，比如技术设备的先进程度、技术改造状况、工艺流程的先进性，以及人机工程建设情况。

（6）监管环境。企业所在地政府安监及相关部门的职能履行情况，包括监管人员的业务素质、监管力度、法律法规的公布及执行情况。

（7）经营环境。主要反映企业所在地的经济发展、市场经营状况等商业环境，诸如人力资源供给程度、信息交流情况、地区整体经济实力等。

（8）文化环境。反映企业所在地域的社会文化环境，主要包括民族传统、地域文化特征等。

2. 安全承诺

（1）安全承诺内容。综合考量承诺内容的涉及范围，表述理念的先进性、时代性，与企业实际的契合程度。

（2）安全承诺表述。企业安全承诺在阐述和表达上应完整准确，具有较强的普适性、独特性和感召力。

（3）安全承诺传播。企业的安全承诺需要在内部及外部进行全面、及时、有效的传播，涉及不同的传播方式，选择适当的传播频度，达到良好的认知效果。

（4）安全承诺认同。考察企业内部对企业安全承诺的共鸣程度，主要包括：安全承诺能否得到全体员工特别是基层员工的深刻理解和广泛认同，企业领导能否做到身体力行、率先垂范，全体员工能否切实把承诺内容应用于安全管理和安全生产的实践当中。

3. 安全管理

（1）安全权责。企业的安全管理权责分配依据的原则、权责对应或背离程度，以及在实际工作当中的执行效果。

（2）管理机构。企业应设置专人专职专责的安全管理机构，并配备充足的、符合要求的人力、物力资源，保障其独立履职的管理效果。企业安全管理部门及人员应当具有明确的管理权力与责任，在权责的分配上应充分考虑企业安全工作实际，有效保证管理权责的匹配性、一致性和平衡性。

（3）制度执行。企业安全管理的制度执行力度与障碍情况。

（4）管理效果。结合企业实际，从安全绩效改善程度、应急机制完善程度、事故与事件管理水平等方面，客观评估企业安全管理工作在一定时期内的实施效果。

4. 安全环境

（1）安全指引。企业应综合运用各种途径和方法，有效引导员工安全生产。主要从安全标识运用、安全操作指示、安全绩效引导、应激调适机制等方面进行评估。

（2）安全防护。企业应依据生产作业环境特点，做好安全防护工作，安装有效的防护设施和设备，提供充足的个体防护用品。

（3）环境感受。环境感受是员工对一般作业环境和特殊作业环境的综合感观和评价，是对作业环境的安全保障效果的主观性评估。主要从作业现场的清洁、安全、人性化等方面，考察员工的安全感、舒适感和满意度。

5. 安全培训与学习

（1）重要性体现。企业各级人员对安全培训工作重要性的认识程度，直接体现在培训资源投入力度，培训工作的优先保证程度，及企业用人制度等方面。

（2）充分性体现。企业应向员工提供充足的培训机会，根据实际需要和长远目标规范培训内容，科学设置培训课时，竭力开发、运用员工喜闻乐见的有效培训方式。

（3）有效性体现。科学判断企业安全培训的实施效果，主要从员工安全态度的端正程度、安全技能的提升幅度、安全行为和安全绩效的改善程度等方面进行评估。

6. 安全信息传播

（1）信息资源。根据安全文化传播需要，企业应分别建立和完善安全管理信息库、安全技术信息库、安全事故信息库和安全知识信息库等各种安全信息库，储备大量的安全信息资源。

（2）信息系统。企业围绕安全信息传播工作，设置专职操作机构，建立完备的管理机制，搭建稳定的信息传播与管理平台，创造完善齐全的信息传播载体。

（3）效能体现。根据员工获取和交流企业安全信息的便捷程度，企业安全信息传播的有效到达率、知晓率和开放程度，综合衡量企业安全信息传播的实际效果。

7. 安全行为激励

(1) 激励机制。围绕安全发展这一激励目标，企业应建立一套理性化的管理制度以规范安全激励工作，实现安全激励制度化，保证安全绩效的优先权。

(2) 激励方式。根据企业实际兼顾精神和物质两个层面，采取最可靠、最有效的安全激励方式。

(3) 激励效果。员工对企业安全激励机制、激励方式的响应体现为绩效改善与行为改善的正负效应。

8. 安全事务参与

(1) 安全会议与活动。企业应根据实际需要，定期举办以安全为主题的各种会议和活动，鼓励并邀请相关员工积极参与。

(2) 安全报告。企业应建立渠道通畅的各级安全报告制度，确保报告反馈的及时、高效，注重各种报告、处理等信息的公开、共享。

(3) 安全建议。企业应建立科学有效的安全建议制度，疏通各种安全建议渠道，以及时反馈、择优采纳等实际行动鼓励员工积极参与安全建议。

(4) 沟通交流。在企业内部和外部创造良好的安全信息沟通氛围，实现企业各层级员工有效的纵向沟通和横向交流，同时及时与企业不同层面的合作伙伴互通安全信息。

9. 决策层行为

(1) 公开承诺。企业决策层应适时亲自公布企业相关安全承诺与政策，参与安全责任体系的建立，做出重大安全决策。

(2) 责任履行。在企业人事政策、安全投入、员工培训等方面，企业决策层应充分履行自己的安全职责，确保安全在各工作环节的重要地位。

(3) 自我完善。企业决策层应接受充分的安全培训，加强与外部进行安全信息沟通交流，全面提高自身安全素质，做好遵章守制、安全生产的表率。

10. 管理层行为

(1) 责任履行。企业管理层应明确所担负的建立并完善制度、加强监督管理、改善安全绩效等重要安全责任，并严格履行职责。

(2) 指导下属。企业管理层应对员工进行资格审定，有效组织安全培训和现场指导。

(3) 自我完善。企业管理层应注重安全知识和技能的更新，积极完善自我，加强沟通交流。

11. 员工层行为

(1) 安全态度。主要从安全责任意识、安全法律意识和安全行为意向等方面，判断员工对待安全的态度。

(2) 知识技能。除熟练掌握岗位安全技能外，员工还应具备充分的辨识风险、应急处置等各种安全知识和操作能力。

(3) 行为习惯。员工应养成良好的安全行为习惯，积极交流安全信息，主动参与各种安全培训和活动，严格遵守规章制度。

(4) 团队合作。在安全生产过程中，同事之间要增进了解，彼此信任，加强互助合作，主动关心、保护同伴，共同促进团队安全绩效的提升。

（二）减分指标

1. 死亡事故

在进行安全评价的前一年内，如发生死亡事故，则视情况（事故性质、伤亡人数）扣减安全文化评价得分 515 分。

2. 重伤事故

在进行安全评价的前一年内，如发生重伤事故，则视情况扣减安全文化评价得分 310 分。

3. 违章记录

在进行安全评价的前一年内，企业的"违章指挥、违章操作、违反劳动纪律"记录情况，视程度扣减安全文化评价得分 18 分。

第四节　企业党建文化建设

一、党建文化建设的内涵

党建文化建设具有鲜明的政治性、思想性和导向性，必须深刻把握其内涵要求，确保党建文化科学发展、富有成效。

（一）深刻把握加强党建文化建设的重要原则

（1）遵循党章。《中国共产党章程》是我们党的最高行为规范，集中体现了党的基本理论、政治主张和整体意志，为党建文化建设指明了根本方向。

（2）服务中心。认真贯彻"围绕中心抓党建，抓好党建促发展"的思路，增强大局意识和服务意识，开展生动活泼的党建文化活动，为中心工作的科学发展提供有力保证。

（3）以人为本。注重以文聚人、以文悦人、以文化人，着力营造关心人、尊重人、理解人、培养人的文化氛围，最大限度激发广大党员的聪明才智和工作热情，最大限度把广大群众团结在党的周围。

（4）创新发展。既要把继承我党光荣传统作为党建文化之根源，又要紧扣时代脉搏，在改革创新中丰富内涵，拓展方法，精心打造党建文化品牌，不断焕发党建文化的生机活力。

（5）注重实效。充分发挥"党建＋"的功能，把握规律，务实推进，使党建文化与单位各项工作相互促进、协调发展，不断增强党建文化建设的针对性和实效性。

（二）深刻把握加强党建文化建设的主要内容

（1）加强党的思想理论教育。党建文化要始终把思想理论建设作为根本建设，注重把弘扬党的优良传统与弘扬时代精神相结合，坚持用党的创新理论成果武装头脑，坚持把弘扬社会主义核心价值观贯穿始终，使党建文化具有鲜明的政治性和时代性，引导党员干部永葆共产党人的政治本色，在各项工作中走前头、作表率。

（2）加强党建文化阵地建设。按照"主题鲜明、设施规范、因地制宜、氛围浓厚"的要求，因地制宜建好一个规范化党政会议室、一个"党员之家"（党员活动室）、一个党务政务公开栏、一个学习宣传橱窗、一个单位历史和荣誉展示室（墙）、一个党建网络平台等，构建多种形式、多种渠道的党建文化阵地，为开展党建活动提供有力保障。

（3）加强党建主题实践活动。结合实际定期组织主题党日、主题党课，开展"我为党旗添彩""时代先锋、岗位建功"等主题实践活动，设立"党员示范岗""党员先锋岗""党员责任区"，制作标识牌和服务承诺；并通过围绕重要时间节点开展庆祝纪念大会、开展主题征文、组织参观学习等活动，使党员进一步感知和体悟党建文化的深刻内涵。

（4）加强党建品牌建设。针对行业岗位特点，在融入中上求实效、服务发展上创品牌，认真实践和总结党建工作的好做法，打造特色鲜明、内涵丰富、充满活力、富有成效的党建工作品牌，充分发挥品牌建设的辐射和带动效应，不断增强党建文化建设的活力和效果。

（5）加强党建文化环境建设。以党建思想文化为基调，因地制宜设置法治文化、廉政文化、德育文化、安全文化和行业先进文化等内容，营造积极向上的单位文化环境。同时，注重运用现代信息文化传播平台加强文化氛围建设，办好党建网和党建微信公众号，建立党员微信群，形成立体与多元、线上与线下相结合的党建文化环境。

（三）深刻把握加强党建文化建设的基本要求

（1）突出精神文化建设，着力铸魂固本。加强党建文化建设的核心是引导广大党员坚定理想信念，保持高尚情操，铸牢共产党人的精神之魂。通过理论学习教育、文化环境设置、主题实践活动、红色参观学习等，充分发挥党建文化的灌输教育、寓教于乐和潜移默化作用，引导党员坚定对马克思主义的信仰，坚定对共产主义的信念，坚定对中国特色社会主义的信心，坚定对以习近平同志为核心的党中央的信赖。

（2）突出行为文化建设，着力崇尚先进。行为文化，即广大党员在日常学习、生活和工作过程中的动态表现，是党员队伍精神风貌、素质修养的现实体现。加强党建文化建设就是要促进党员平常工作"看得出"、关键时刻"站得出"、危难关头"豁得出"。在党建文化建设中，要注重加强先进模范宣扬力度，设立单位荣誉室（墙），积极营造浓厚的教育激励和行为导向氛围。

（3）突出制度文化建设，着力规范自觉。制度建设的过程实际就是文化塑造的过程，就是将柔性的文化蕴涵附加到刚性的制度中去，使党建工作规范化、制度化、效能化。党组织要组织党员对我们党经过长期实践形成的一系列规章制度进行认真学习落实；同时，要结合实际创新制度机制，努力形成规范有序、科学管用的制度体系。制定制度是基础，执行制度是关键。要在提高制度执行力上下功夫，提升党建文化工作效能。

二、加强对党建文化建设的组织领导

（一）提高认识，形成合力

思想是行为的导向。各级党组织要加强对党建文化重要性的认识理解，坚决破除"抓党建文化是虚的，中看不中用"和"抓党建文化是形式主义"等片面认识，把党建文化建设列入党委支部重要议事日程，使之由"软指标"变成"硬任务"。要建立抓建工作责任制，主要领导特别是党组织书记要牢固确立"抓好党建文化是本职、不抓党建文化是失职、抓不好党建文化是不称职"的责任意识，班子成员要积极支持。坚持党建带工建带团建，以党建文化引领群团文化，形成生动活泼的良好局面。要建立健全党建文运行机制和长效工作机制,确保党建文化持续健康发展。

(二)抓好结合,强化功能

党建文化建设不是孤立的,也不是一项独立建设任务,而是作为党建系统中的重要要素,渗透或释放到党的建设基本任务中,对党建产生全面的推动作用。如果单纯就党建文化抓党建文化,就会形成"两张皮"现象,丧失党建文化的生机和活力。抓党建文化建设要确立相互联系、相辅相成和相互发展的融合理念,围绕"服务中心,建设队伍"两大任务,把党建文化渗透到党的思想建设、组织建设、作风建设、制度建设和反腐倡廉建设等方方面面,不断加强党组织的战斗堡垒作用和党员的先锋模范作用。同时,要注重把党建文化与阶段性党建重要工作活动相结合,促进工作提质增效。

(三)坚强队伍,加强保障

各级党组织要按照规定配强专职党务干部,广大党务干部要带头在党爱党、在党言党、在党忧党、在党为党,努力成为抓党建文化建设的行家里手。同时,把抓党建文化队伍与抓群团文化队伍有机结合起来,建立一支专兼职相结合的党建文化骨干队伍,通过培训使他们了解党建文化的内涵要求,掌握开展党建文化的方法和途径,为单位开展好党建文化提供智力和人才支撑。要加强党建文化建设的财力保障,确保党建文化落实到基层、开展到一线,为确保单位全面建设的科学发展提供有力保证。

三、"五微管理"党建工作新模式

中水北方勘测设计研究有限责任公司张彦斌在《探索"五微管理"新模式激发党建工作新活力》一文中介绍了中水北方勘测设计研究有限责任公司在基层党建工作中创新"五微管理"党建工作新模式的实践经验,有推广价值。

中水北方勘测设计研究有限责任公司主要经验是立足于"微时代"的现代元素,积极推动系列"微"举措,实现符合信息时代特色的"五微管理"。

(一)形成"微组织"

公司利用和建立了一系列以企业微信、党建客户端、学习强国为代表的新型党建平台,通过微时代党建体系的新构架,让党建工作更上了一层楼,逐步形成了具有强烈时代气息的"微组织"特征,夯实了水利勘测设计企业党建工作的优势基础。"微组织"是党建工作实现五微管理的核心。微组织的形成是党的组织结构与时代变化相结合的尝试,组织机能因为微组织的性质更加趋于灵活,覆盖面的合理是扩大化、形式多样化让微组织的工作更扎实,更接地气。

(二)推行"微课堂"

微组织以微信、微博、党建论坛、网上学习园地等信息平台,推行"微课堂"。利用"微课堂",随时随地开展党建教育;进行"微榜样"的发布,鼓励党员干事创业;时刻的"微警示"提醒,让反腐倡廉的观念在党员的意识中得以奠基,做到警钟长鸣;同时通过一对一的组织交流加强个人思想政治工作,以新型的组织谈话方式发现个人的思想动态,从而实现发现和解决"微问题"。

"微课堂"广泛的普及性、良好的互动性,实现了党员教育管理的无缝隙和全天候。广大党员在允许的条件内积极参与"微讨论",发表"微发言",彼此交流"微体会""微心得"，使党员教育管理生动活泼。

（三）树立"微榜样"

用微渠道建立多种形式的榜样宣传栏，进行"微榜样"的事迹宣传，是根据公司实际情况实施的另一"微举措"，让榜样的力量在传播中得到彰显，弘扬正能量的同时，也在全体党员中间起到了同频共振的带动作用。

（四）重视"微警示"

公司把"微警示"作为反腐倡廉教育的重要手段之一。党中央的反腐决策、触目惊心的反腐案例、"反四风"的动态在微平台上实时发布，党纪国法的严肃性没有时间区隔地在党员干部中间得到重申，微警示对党员干部保持了实时提醒，触碰红线的法律后果在党员干部头脑中形成深刻烙印，节假日等关键节点适时发布信息，党员干部面对诱惑时，微平台的警示成了长鸣头脑的警钟。

在微警示的时刻提醒下，党员干部的纪律意识和规矩意识不断增强，廉政文化建设在微警示的持续作用下取得成效。

（五）解决"微问题"

在业余时间利用微渠道在微平台上进行谈心，随时随地发现了解党员的思想倾向，掌握"微"动态，发现"微"问题，做到随时扭转党员群众的不良情绪，也使潜在性，苗头性问题的防范能力增强。

第五节　企业文化建设与精神文明建设

一、社会主义精神文明建设

（一）社会主义精神文明建设的根本任务

1986 年 9 月 28 日中国共产党第十二届中央委员会第六次全体会议通过的《关于社会主义精神文明建设指导方针的决议》指出：社会主义精神文明建设的根本任务，是适应社会主义现代化建设的需要，培育有理想、有道德、有文化、有纪律的社会主义公民，提高整个中华民族的思想道德素质和科学文化素质。

人的素质是历史的产物，又给历史以巨大影响。在社会主义条件下，努力改善全体公民的素质，必将使社会劳动生产率不断提高，使人和人之间在公有制基础上的新型关系不断发展，使整个社会的面貌发生深刻的变化。这是我国社会主义现代化事业获得成功的必不可少的条件。

精神文明建设，包括思想道德建设和教育科学文化建设两个方面，渗透在整个物质文明建设之中，体现在经济、政治、文化、社会生活的各个方面。加强精神文明建设，不单是思想文教部门的任务，而且是各条战线和一切部门的任务，是全党全军和全国各族工人、农民、知识分子和其他劳动者、爱国者的共同的长期的任务。

（二）创建文明单位是文明建设的重要内容

创建文明单位是群众性精神文明创建活动的重要内容，是新时代党的群众工作的重要载体，是加强和改进基层思想政治工作的重要抓手，是基层单位干部群众共建共治共享、建设美好生活的重要形式。

1996 年 10 月，党的十四届六中全会通过《中共中央关于加强社会主义精神文明建设若干重要问题的决议》，把文明城市与文明村镇、文明行业并称为"三大"群众性精神文明建设创建活动，写进党的《决议》。从此，我国文明城市、文明村镇、文明单位的创建活动蓬勃兴起。

1. 全国文明单位评选标准

2003 年中央精神文明建设指导委员会印发了《关于评选表彰全国文明城市、文明村镇、文明单位的暂行办法》。就全国文明单位提出了六条评选标准：①组织领导有力，创建工作扎实；②思想教育深入，道德风尚良好；③学习风气浓厚，文体卫生先进；④加强民主管理，严格遵纪守法；⑤内外环境优美，环保工作达标；⑥业务水平领先，工作实绩显著。

2020 年 2 月 13 日中央精神文明建设指导委员会印发的《关于深化新时代文明单位创建工作的意见》，提出了 9 项进一步深化拓展文明单位创建内容：

（1）深化职业道德建设。把提高职工职业道德素养放在创建工作重要位置，推动践行以爱岗敬业、诚实守信、办事公道、热情服务、奉献社会为主要内容的职业道德。广泛开展职业道德教育，把职业道德要求贯穿单位各项工作始终，着力教育培养干部群众树立崇高的职业理想，弘扬高尚的职业精神，掌握精湛的职业技能，遵守严格的职业纪律，养成规范的职业行为。坚持职业道德教育和工作实践相结合，组织开展多种形式的主题实践活动，引导干部群众自觉履行职业道德要求，塑造良好职业形象。推动各行业制定体现自身特点的职业道德规范和职业守则，健全完善职业道德规范体系，把职业道德要求融入行业管理和服务之中，引导干部群众涵养职业操守、践行职业道德。

（2）激励职工干事创业。坚持把开展文明单位创建活动与推动企业改革发展、激发职工创新创造活力结合起来，广泛开展"中国梦·劳动美""向奋斗者致敬""巾帼心向党·奋进新时代"等主题宣传教育活动，开展向劳动模范、自强模范、最美奋斗者、大国工匠等先进典型学习宣传活动，大力弘扬改革开放精神、劳动精神、劳模精神、工匠精神、优秀企业家精神、科学家精神，倡导幸福源自奋斗、成功在于奉献、平凡造就伟大的价值理念。积极搭建职工发展平台，深入开展"当好主人翁、建功新时代"主题劳动和技能竞赛活动，引导广大干部群众立足本职作贡献、建功立业新时代，共同创造幸福生活和美好未来。

（3）注重涵育单位文化。发挥中华优秀传统文化和革命文化、社会主义先进文化的影响力和感染力，打造健康文明、昂扬向上、全员参与的职工文化，培养团结协作、勇于创新、奋发有为的团队精神，增强单位的凝聚力、向心力和竞争力。结合企业发展战略，继承发扬优良传统，培育提炼各具特色、符合实际、充满生机的企业精神，建立企业标识体系。加强学习型机关、学习型企业、学习型班组、学习型员工建设，大力开展岗位培训和职业教育。完善企业文化体系，开展质量文化、诚信文化、安全文化、品牌文化等专项文化提升工作，丰富企业文化内涵。广泛开展法治宣传和普法教育，引导干部群众提升法治素养、增强法治观念，推动形成尊法学法守法用法的法治环境。弘扬科学精神，普及科学知识，提高干部群众科学文化素质，消除封建迷信、伪科学、极端思想土壤，坚决抵制违法违规宗教活动。加强单位宣传思想文化阵地建设，培育职工文化骨干队伍，广泛开展文艺演出、职工运动会等形式多样、健康有益的文体活动。

（4）突出抓好诚信建设。加强政务诚信、商务诚信、社会诚信和司法公信建设，引导干部群众践行诚信准则，恪守每一条规范、严把每一道工序、做好每一件产品，做到诚信服务、诚信执法、诚信生产、诚信经营。加强诚信宣传教育，弘扬中华民族重信守诺传统美德，普及与市场经济和现代治理相适应的诚信理念、规则意识、契约精神，以诚信文化丰富单位文明内涵。推动各单位积极参与诚信缺失突出问题集中治理，严肃查处失信行为，支持信用体系建设，促进诚信建设制度化。培育树立诚信典型，开展创建诚信单位、诚信行业、诚信示范街区、诚信经营示范店等主题活动。

（5）提供文明优质服务。围绕服务人民、奉献社会，突出文明、优质、高效服务，切实加强窗口单位的文明创建工作。组织开展窗口单位文明素质提升工程，大力倡导以人为本的服务理念，引导行业职工增强文明服务意识，促进优质规范服务。积极开展政务窗口单位文明创建，创新行政管理和服务方式，推动线上"一网通办"、线下"只进一扇门"、现场办理"最多跑一次"，建立政务服务"好差评"制度，提高政府执行力和公信力，建设人民满意的服务型机关。大力深化市政、公用、交通、电力、卫生、银行、电信等与群众生活密切相关的服务性行业窗口单位文明创建工作，进一步创新服务理念，规范服务标准，深化"一站式"服务，完善应急服务机制，推行错时延时服务等制度，尽力方便群众。选树优质服务典型，争创最美政务大厅、文明窗口、服务名牌、服务明星等，发挥示范带动作用，提升优质服务水平。不断改善提升窗口单位服务条件，拓展服务功能，建设方便残疾人、老年人的无障碍设施。

（6）认真履行社会责任。把履行社会责任作为文明单位创建的重要任务，大力发挥单位自身优势，服务社会、造福人民。发挥行业扶贫优势，综合运用资金扶贫、项目扶贫、就业扶贫、文化扶贫、科技扶贫、教育扶贫、健康扶贫、公益扶贫等多种方式，助力脱贫攻坚，巩固脱贫成果。大力支持、积极服务新时代文明实践中心建设，广泛组织参与多种形式的文明实践活动，为丰富农村文化生活、建设文明乡风、促进乡村振兴作出贡献。深入开展学雷锋志愿服务，建立志愿服务队伍，广泛开展保护环境、社区服务、公共文明引导等志愿服务活动，积极参与慈善捐助、支教助学、志愿助残、义务献血、义演义诊、植绿护绿等社会公益活动，引导干部群众在帮助他人、服务群众、回报社会的过程中提升道德境界。

（7）培育生态价值观念。强化生态文明教育，牢固树立和践行绿水青山就是金山银山的理念，倡导勤俭节约、绿色环保，反对奢侈浪费和不合理消费，切实增强干部群众生态文明意识。广泛开展"美丽中国——我是行动者"主题实践活动，推动节约型机关（单位）创建，开展绿色生活创建行动，培养简约适度、绿色低碳生活方式。结合实际开展净化、绿化、美化和亮化工程，扎实推进爱国卫生运动，努力建设整洁优美环境。推动工业企业建立健全切实有效的环境管理制度和环境保护体系。

（8）解决职工实际问题。推动基层单位党组织切实履行主体责任，发挥工会、共青团、妇联组织联系群众的桥梁纽带作用，多做组织群众、宣传群众、凝聚群众、服务群众的工作，多做统一思想、凝聚人心、化解矛盾、激发动力的工作，创造严谨团结、融洽和谐的工作环境。针对干部群众普遍关心的教育、医疗、养老、就业等问题，深入细致加强引导，及时回应群众关切。坚持既解决思想问题又解决实际问题，关心干部群众日常生活，加强对困难职工的思想引领、关爱帮扶、法律援助等，引导职工依法理性表达利益诉求，帮助解决后顾之忧。注重人文关怀和心理疏导，积极开展心理健康教育。加强安全生产和职业健康工作，改善劳动条件，提高干部群众健康素质。

（9）加强单位内部管理。完善行业规章、服务标准、管理制度、工作流程，促进单位管理规范化。充分尊重职工的主人翁地位，落实政务公开、厂务公开，健全以职工代表大会为基本形式的企事业民主管理制度，探索企业职工参与管理的有效方式，保障职工的知情权、参与权、表达权、监督权，维护职工合法权益。

2. 全国水利文明单位评选标准

2021 年 10 月 12 日水利部精神文明建设指导委员会印发的《全国水利文明单位创建管理办法》中提出全国水利文明单位七条标准：

（1）政治方向正确，政治效果良好。充分发挥党组织在文明单位创建中的领导作用，发挥党员在创建工作中的先锋模范作用，强化单位党组织的政治功能，发挥群团组织政治作用。把深入学习贯彻习近平新时代中国特色社会主义思想作为首要政治任务，牢固树立"四个意识"、坚定"四个自信"、做到"两个维护"。大力加强基层党建工作，坚持党建先行，建立健全"党建＋文明创建"机制，推动文明单位创建与基层党建工作实现融合发展，形成以党建带创建、创建促党建的良好局面。

（2）组织领导有力，创建工作扎实。认真贯彻落实中央和水利部党组各项决策部署，自觉坚持"两手抓、两手都要硬"的方针，把精神文明建设工作列入重要议事日程，目标明确、制度健全、措施得力、成效明显，做到组织人员、资金投入、管理举措、监督激励均到位。领导班子团结协作、作风民主、开拓创新、勤政廉政，在群众中具有较高威信，群众满意度高。单位内部层层落实创建工作责任制，全体职工普遍参与创建活动，认同率高。

（3）思想教育深入，道德风尚良好。强化理想信念教育，深化中国特色社会主义和中国梦宣传教育，加强党史、新中国史、改革开放史和社会主义发展史教育，加强爱国主义、集体主义、社会主义教育，加强中华优秀传统文化教育，弘扬民族精神和时代精神。持续深化社会主义核心价值观宣传教育，深入实施公民道德建设工程，加强社会公德、职业道德、家庭美德和个人品德教育，大力推进水利职业道德建设和诚信建设，广泛开展弘扬时代新风行动，开展道德模范学习宣传活动，积极开展深入细致的思想政治工作，引导职工做崇高道德的践行者、文明风尚的维护者、美好生活的创造者。

（4）文化建设活跃，职工素质提高。发挥中华优秀传统文化、革命文化、社会主义先进文化和水文化的影响力和感染力，打造健康文明、昂扬向上、全员参与的职工文化。加强学习型组织建设，大力开展岗位培训和业务技能培训。广泛开展法治宣传和普法教育，提升职工法治素养。加强节水宣传教育，增强职工节水意识。弘扬科学精神，提高职工科学文化素质。开展倡导文明健康、绿色环保生活方式活动，引导职工培养文明行为习惯、养成健康生活方式、增强生态文明意识。加强单位宣传思想文化阵地建设，广泛开展健康有益的文体活动，职工精神文化生活丰富多彩。

（5）履行社会责任，单位形象优良。加强单位与所在地方的联创共建，积极参与单位所在地方的各种文明创建活动，为当地文明创建工作作出有力贡献。大力推进军民共建活动，增进军政军民关系。深入开展学雷锋志愿服务，建立志愿服务队伍，积极开展"关爱山川河流"水利志愿服务活动。水行政机关和执法部门依法行政，办事公道，廉洁高效，群众满意率高；事业单位工作规范，优质高效；窗口服务单位周到细致，优质服务；生产经营单位改革进取，诚信经营，科学管理，经济效益和社会效益良好。

（6）内部管理规范，内外环境优美。完善管理制度、工作流程，促进单位管理规范化。落实政务公开，健全以职工代表大会为基本形式的企事业民主管理制度，保障职工的合法权益。社会治安综合治理措施落实，治安防范网络健全，单位内部治安状况良好，工作纪律严明，安全生产落实。扎实推进爱国卫生运动，内外环境清洁整齐、绿化美化，无脏、乱、差现象。环保制度健全、措施落实，节水型单位建设成效优良，在建设资源节约型、环境友好型社会中起到表率作用。

（7）业务水平领先，工作实绩显著。深入贯彻落实习近平总书记关于治水重要讲话指示批示精神，深入贯彻落实"节水优先、空间均衡、系统治理、两手发力"治水思路，认真贯彻落实党中央、国务院关于水利工作的决策部署，紧密结合本地区、本部门、本单位实际，着力推动新阶段水利高质量发展，主要工作指标居本地同行业或同类型单位前列。

二、企业文化建设和精神文明建设的关系

优秀的企业文化是企业精神风貌的重要体现，在很大程度上反映了企业精神文明建设的成果。现代企业文化与精神文明建设相融合，对提高员工素质和经济效益具有重要的作用，二者具有很多的共同特征。

首先，二者都以人为本。企业文化本身是一种以人为本的发展，不仅要重视物质层面的管理，还要重视人精神层面的东西，不断凝聚职工的力量。精神文明建设的主体也是企业的全体员工。

其次，建设内容高度一致。全国文明单位和全国水利文明单位标准中的具体创建内容，以及《关于深化新时代文明单位创建工作的意见》提出的进一步深化拓展文明单位创建的九项内容，都是企业文化建设的重要内容。

最后，建设目标一致。都是树立正确的企业价值观，培育企业精神，塑造企业形象，提升企业整体员工的思想意识和道德观念，为企业的发展提供精神动力和智力支持。

在实际工作中，企业文化与精神文明建设相互渗透和补充，逐渐融合，以企业的共同价值观和企业精神为主体，形成很强的企业凝聚力和向心力。建立良好的社会关系和行为规范，提高员工的科学文化素质，对企业的发展和运营具有重要的意义。

企业文化和精神文明是企业在运营中逐渐形成的基本精神、共同的价值观念和行为准则，是体现企业内部和谐关系的重要方面，是建设物质和精神利益的共同体。

三、企业文化建设对精神文明建设的作用

（一）有利于增强精神文明的感染力

企业的精神文明建设需要营造具有强大感染力的环境和氛围，企业文化具有导向、

规范、凝聚和激励四种功能，其依据一定的原则约束和规范人们行为，更注重营造一种积极健康的，同时被全体员工认可的内部文化氛围。企业文化可以帮助职工有效地增强使命感，提高自我约束的能力和自我控制力。在和谐的企业文化的熏陶下，建立属于企业自己的文化氛围和环境，帮助把员工培养成为道德高尚的人，有利于把企业文化与精神文明建设紧密结合在一起，有效增强工作的感染力。

（二）有利于扩大精神文明建设的范围

企业文化强调人的作用，重视人的价值和精神，强调员工对企业发展的重大作用，不断提高员工工作的积极主动性；同时，企业文化也是一种员工共有的文化，是企业群体意识的外在表现，使企业员工之间形成很大的凝聚力和向心力，形成共同的理想和目标；企业文化形式的多样化不断满足企业发展的需要和职工实际的需求，企业精神文明的建设可以借助企业文化为载体，丰富精神文明建设的形式，不断扩大精神文明的覆盖范围，促使更多的员工积极参与到活动中去。

（三）有助于提升企业精神文明建设的实效性

企业文化既包括物质文明，又包括精神文明，二者是紧密相连的，缺一不可，是企业文化最重要的两个方面。企业文化作为现代管理思想，最大的特点就是促进企业与文化的结合，不断从企业的经营文化和治理文化上探索完善企业发展经营的方法。而精神文明建设与企业文化的融合，可以塑造良好的企业内部氛围和舆论环境，形成强大的文化力量，更好地为企业的快速发展服务，更好地促进精神文明建设。

企业文化中的思想、观念和道德内容也是精神文明建设重要的内容，企业文化和精神文明的有机结合具有物质和精神方面的双重作用，能在实际的工作中达到预期的目标。

四、企业文化与精神文明建设融合的方法

企业文化与精神文明建设的融合，能不断为企业的发展提供精神动力、思想保证和智力支持，有利于促进企业的良性运营和正常发展。因此，必须采取有效的办法，通过合理的途径促进二者相融共建，实现最佳结合和共同发展。

（一）要有明确的企业价值观

企业的根本指导思想，决定着企业发展的方向和行为，是企业能否取得成功的关键，是建立健全企业文化的基石，它关系到企业物质、政治和精神文明建设的协调可持续的发展，是整个企业生存的思想基础和精神指南。要以"培养高素质员工、建设学习型企业"为目标，为员工创造专业的氛围和文化环境，为员工的技能提升搭建平台，不断促进员工各方面的成长，不断奉献，为企业和社会创造出更多的财富，实现自己的个人价值和社会价值。要采用报纸、板报和网络等进行全方位和多层次的宣传，科学合理地诠释企业的价值观，使精神文明建设深入人心，保证员工能够耳熟能详，把精神文明建设落实到实际工作中去。

（二）要不断锤炼企业精神

企业精神是企业文化的重要方面，是企业文化最精髓的部分，是整个企业的精神支柱和发展动力，能够很好地凝聚人心，鼓舞员工的斗志，对企业的经营理念、管理制度和道德风尚等方面起着决定性的作用。锤炼企业精神体现了企业文化以"以人为本"的

最根本的特点，是促进企业精神文明的客观要求。企业要不断在实际运行过程中，不断积累精神财富，并要做好宣传，使企业精神成为员工的自觉行为，成为企业发展的动力源泉，有力地促进企业的精神文明建设。

（三）要不断增强团体的意识

良好的团体意识对企业形成内部凝聚力具有重要的作用，它可以促进员工把自己的工作和行为看成是实现企业发展的组成部分，从而对企业产生很强的优越感和自豪感，把企业看成是实现自己利益的共同体。为了更好地培养员工的团体意识，还应该建立相应的激励功能，充分调动广大员工的积极性，并要制定合理的精神文明建设规划，明确建设的指导思想和建设目标，增强企业员工的使命感、责任感和紧迫感，动员企业全体员工积极地投身于精神文明的创建活动中去，不断激发员工的团体意识，营造良好的环境氛围。

第六节　企业文化建设与思想政治工作

思想政治工作是党的优良传统、鲜明特色和突出政治优势，是一切工作的生命线。加强和改进思想政治工作，事关党的前途命运，事关国家长治久安，事关民族凝聚力和向心力。

一、思想政治工作与企业文化建设的关系

思想政治工作与企业文化建设之间有着相辅相成的关系，它们有很多共同点，处于互为依存的状态。

一是具有相同的目标。它们所围绕的中心都是经济建设，都是努力使企业实现效益最大化，使全体员工的积极性、主动性和创造性得到充分调动，凝心聚力为实现企业的目标而共同服务。

二是具有相同的受众。企业的全体员工是企业文化和企业思想政治工作的对象，"以人为本"是企业文化的核心内容，思想政治工作始终强调企业主人翁地位，两者均有提出要对员工尊重、理解、关心和爱护。

三是具有相似的内容。在企业发展过程中，精神层的内容属于企业文化的核心层，思想政治工作具有较为广泛的范围，其中包括企业目标、企业宗旨、企业精神以及企业道德等内容。而制度层的形成和贯彻属于企业文化的中间层，思想政治工作对其发挥着保障和促进作用。

四是具有相同的手段。在企业长期实践中，摸索出了一整套行之有效的思想政治工作方法，例如开展丰富多彩的寓教于乐的文体活动，建设良好的人际关系，树立和宣传先进典型，领导人倡导、率先垂范等。这些方法思想政治工作和企业文化基本上能够共同使用。

思想政治工作与企业文化建设之间也略有区别。

思想政治工作在企业中以做好企业员工思想工作为内容，功能主要侧重于政治思想方面，重点解决信仰问题；另外还要保证党的路线、方针、政策在企业中的落实。思想

政治工作中许多政策性、政治性的内容和任务具有社会的共性。

　　企业文化涵盖的面比思想工作宽，还包括经营管理方面的理念、企业的制度文化、行为文化、物质文化等。企业文化更多地注重企业的特色和个性，侧重于提高管理水平方面。

　　因为企业文化建设更注重经营管理和企业责任，思想政治工作是企业党组织对职工进行思想政治教育的重要方式，所以它不能涵盖企业文化。企业文化除了做好人的教育引导工作、探讨研究人的精神意识动态及其形成，还要涉及更加广泛的范围，如它要研究企业的企业形象识别系统的构建、企业的内外部形态定位、企业的经营管理模式以及深层次的企业发展模式等。而在这些所涉及的领域方面，思想政治工作是无论如何也不能企及的。在企业文化建设过程中，思想政治工作不可能大包大揽，更不可能代替企业文化的所有工作，它不可能起全程组织作用，只能依靠企业文化部门去组织实施，这就是思想政治工作的局限性所在。

二、思想政治工作在企业文化建设的主导作用

　　（1）为企业文化建设提供正确向导。在企业文化建设中加强思想政治教育，能够引导教育全体员工以经济效益为中心，坚持以人为本，统筹兼顾社会效益，保证企业文化建设发展的正确方向。

　　（2）为企业文化建设提供强大的思想保证。思想是行动的先导，思想政治工作做到了位，有助于企业文化发挥其引导、激励的作用。强化思想建设有利于职工树立正确的世界观、人生观、价值观，使广大职工能够正确认识和处理集体与个人的利益的关系，认清自身担负的责任，凝心聚力将企业文化建设工作搞好。

　　（3）为企业文化建设营造优良的环境。思想政治工作引导职工自觉抵制不良风气的侵蚀和影响，让职工们形成高尚的道德和良好的品质，增强团结协作的能力，营造优良的氛围，从而推动企业文化建设的发展。

第七节　企业文化建设与生态文明建设

　　生态文明是人类文明的一种形态，以尊重和维护自然为前提，以人与人、人与自然、人与社会和谐共生为宗旨，以建立可持续的生产方式和消费方式为内涵，以引导人们走上持续、和谐的发展道路为着眼点。生态文明是人类对传统文明形态进行深刻反思的成果，是人类文明形态和文明发展理念、道路和模式的重大进步。

一、建设生态文明的重大意义

（一）生态文明建设是人类可持续发展的必然趋势

　　工业文明改变了人类的生产、生活方式，给人类带来了巨大的财富。但是，工业文明也给人类带来了无穷的烦恼，甚至是巨大的灾难。一些公害和污染事故，都对自然环境造成了极大污染，给人类和生态环境带来灾难性后果。随着人类生存危机越来越严重，"推进生态文明建设"成为人类可持续发展的必然趋势。

（二）生态文明建设是国家可持续发展的必然要求

由于中国的经济增长基本建立在高消耗、高污染的传统发展模式上，出现了比较严重的环境污染和生态破坏，发达国家上百年工业化过程中分阶段出现的环境问题在中国集中出现，环境与发展的矛盾日益突出。如果中国不改变传统的经济增长方式，不把节约资源和保护环境放到突出的位置，不加大保护环境的力度，不改变先污染后治理、边治理边破坏的状况，生产生活环境会越来越恶化，这不仅将直接影响全面建成小康社会宏伟目标的顺利实现，而且关系到中华民族生存和长远发展的根本大计。因此，"大力推进生态文明建设"是国家可持续发展的必然要求。

二、推进生态文明建设需要遵守的原则

我国生态文明建设处于压力叠加、负重前行的关键期，已进入提供更多优质生态产品以满足人民日益增长的优美生态环境需要的攻坚期，也到了有条件有能力解决生态环境突出问题的窗口期。在推进生态文明建设时，还要遵守几项原则。

（1）以"坚持人与自然和谐共生"为基本要求。坚持人与自然和谐共生，坚持节约优先、保护优先、自然恢复为主的方针，像保护眼睛一样保护生态环境，像对待生命一样对待生态环境，让自然生态美景永驻人间，还自然以宁静、和谐、美丽。

（2）以"绿水青山就是金山银山"为基本发展要义。绿水青山就是金山银山，贯彻创新、协调、绿色、开放、共享的发展理念，加快形成节约资源和保护环境的空间格局、产业结构、生产方式、生活方式，给自然生态留下休养生息的时间和空间。

（3）以"良好生态环境是最普惠的民生福祉"为宗旨精神。良好生态环境是最普惠的民生福祉，坚持生态惠民、生态利民、生态为民，重点解决损害群众健康的突出环境问题，不断满足人民日益增长的优美生态环境需要。

（4）以"山水林田湖草是生命共同体"为系统方法。山水林田湖草是生命共同体，要统筹兼顾、整体施策、多措并举，全方位、全地域、全过程开展生态文明建设。

（5）以"用最严格制度最严密法治保护生态环境"为根本保障。用最严格制度最严密法治保护生态环境，加快制度创新，强化制度执行，让制度成为刚性的约束和不可触碰的高压线。

（6）以"共谋全球生态文明建设"彰显大国担当。共谋全球生态文明建设，深度参与全球环境治理，形成世界环境保护和可持续发展的解决方案，引导应对气候变化国际合作。

三、企业文化建设与生态文明建设的关系

文化与自然紧密相连，文化是在一定自然中形成的文化，自然是在一定文化下形成的自然。自然的多样性孕育了文化多样性，文化的多样性守护着自然多样性。

文化与自然的辩证关系，一定意义上说，就是文化建设与生态文明建设的关系。一方面，建设生态文明影响文化建设。一是扩大文化建设的新视野，生态文明建设要求文化建设生态化，文化建设不能漠视生态问题的存在，必须反映生态文明建设理念和要求，强调文化的生态文明价值取向。二是注入文化建设的新内涵，建设生态文明要求树立生

态世界观、生态自然观、生态人生观、生态价值观、生态生产观、生态发展观、生态道德观、生态消费观等新观念。三是丰富文化建设的新内容，建设生态文明创新了中华民族传统生态文明思想，完善了马克思主义生态文明理论，丰富了中国特色社会主义理论体系等。

另一方面，文化建设影响生态文明建设。文化建设可以发挥引领生态文明风尚、生态文明教育人民、服务生态文明建设、推动生态文明发展的作用。加强生态文明宣传教育，增强全民节约意识、环保意识、生态意识，形成合理消费的社会风尚，营造爱护生态环境的良好风气。文化建设既要为经济建设、政治建设、社会建设服务，更要为生态文明建设服务，发挥生态功能是当前文化建设的重要任务。文化建设可以为生态文明建设提供思想保证、精神动力、思想引导和智力支持。总之，文化建设与生态文明建设相互影响、相互促进，我们必须推动两大建设协调和谐发展，大力推进生态文化发展，努力实现文化生态化。

四、推进文化建设生态化

将生态文明理念融入文化建设，就是文化建设各方面都要以生态为导向，生态导向是文化建设按生态方向，即人与自然和谐发展的方向发展，即中国语境中的"生态化"。

（一）核心价值体系生态化

社会主义核心价值体系包括坚持马克思主义指导地位、坚定中国特色社会主义共同理想、弘扬民族精神和时代精神、树立和践行社会主义荣辱观。核心价值体系是一个开放体系，建设生态文明对其提出了新要求。生态文明观念是社会主义核心价值体系的重要内容，在全社会牢固树立生态文明观念，有利于形成符合生态文明的伦理道德观，从根本上消除生态危机，把人类文明带上正确的轨道。而生态文化建设的根本目标，是要将生态价值纳入社会主义核心价值体系。也就是核心价值体系生态的一个重要内容就是生态核心价值体系。

（二）坚定生态文明的共同理想

共同理想是社会主义核心价值体系的主题，是推进社会主义核心价值体系的重点内容。理想是对未来事物的美好想象和希望，中国特色社会主义共同理想就是实现中华民族伟大复兴的中国梦。不同时期具有不同的理想信念，从最初的四个现代化，到后来的富强民主文明的现代化，再到如今的富强民主文明和谐的现代化；从生态文明是现代化建设的一个领域，到生态文明是现代化发展方向，充分体现出中国特色社会主义共同理想的开放特征。

不同时代的人们，面临不同的历史课题，承担不同的历史使命。当前，建设生态文明，实现美丽中国梦，走向生态文明新时代，应该成为当代中国人的共同理想。但不少人认识中国梦仅局限于物质富裕方面，美丽中国梦尚未成为社会公众的共同理想。针对这一情况，必须广泛而深入地开展生态文明理想、生态文明国情、生态文明形势、生态文明政策、生态文明理论与实践等教育。只有牢固树立生态文明、美丽中国梦的共同理想，才能为我国率先走向生态文明新时代提供强大精神力量。

（三）弘扬生态民族与时代精神

以爱国主义为核心的民族精神、以改革创新为核心的时代精神是社会主义核心价值体系的主要内容。生态文明融入民族精神和时代精神，一个重要表现就是弘扬生态民族精神和生态时代精神。中华民族精神中内含着丰富的生态智慧，"天人合一"就是其重要组成部分。

尽管"爱祖国的大好河山"是我国爱国主义的基本要求，但长期以来爱国主义主要强调处理与其他国家的关系，人与自然关系的内容却没有得到很好的体现。其实，爱国主义具有鲜明的时代特征，在生态安全成为国家安全新内涵的今天，爱国主义理应加入生态文明内容，建设生态文明就是当前爱国主义具体行动，必须大力弘扬生态爱国主义精神。

时代精神是一个社会最新的精神气质和精神风貌的综合体现。21世纪是生态文明的时代，尊重自然、顺应自然、保护自然的生态文明理念就是其时代精神。建设生态文明必须树立改革创新的时代精神，改革创新是生态文明建设的根本动力。必须广泛开展生态文明时代精神教育，引导人民与时俱进、开拓创新、解放思想，不断推动生态文明建设事业向前发展。

（四）树立与践行生态荣辱观

荣辱观是人们对荣辱的基本看法，体现了社会主义道德的根本要求，是社会主义核心价值体系的基础。协调人与自然关系的生态道德是道德的重要类型，建设生态文明必须树立并践行生态荣辱观。事实上，在"八荣八耻"荣辱观中蕴含着丰富的生态道德要求：热爱祖国，包括热爱祖国的山山水水；服务人民，包括服务与满足人民的生态需要；崇尚科学，包括崇尚生态科学与生态技术；辛勤劳动，包括生态文明领域的辛勤劳动；团结互助，包括推己及物、不能损害自然；艰苦奋斗，包括节约生产与绿色消费；遵纪守法，包括遵守生态纪律与生态法律等。

社会主义生态荣辱观是社会主义荣辱观对人与自然关系的彰显，是社会主义社会对人们处理人与自然关系的行为方式的"荣"与"耻"的判断。生态文明新时代的荣辱观，还应增加"以爱护生态环境为荣，破坏生态环境为耻"新要求。树立和践行生态荣辱观就要广泛开展生态道德教育，帮助公民树立生态道德观和价值观；大力开展生态法制教育，让人们懂得各种保护自然环境的法规与条例，自觉地遵循自然生态法则，自觉约束自己的行为，做到懂法、守法、用法。

（五）培育生态文明核心价值观

文化的核心是价值观问题。党的十八大报告明确提出，倡导富强、民主、文明、和谐，倡导自由、平等、公正、法治，倡导爱国、敬业、诚信、友善，积极培育社会主义核心价值观。一个民族、一个国家的核心价值观必须同这个民族、这个国家的历史文化相契合，同这个民族、这个国家的人民正在进行的奋斗相结合，同这个民族、这个国家需要解决的时代问题相适应。

核心价值观与生态文明紧密相关，核心价值观需要贯穿于生态文明建设，生态文明理念需要融入核心价值观中。建设生态文明的现代化中国，走向社会主义生态文明新时代，需要为核心价值观注入生态元素，形成生态文明新时代的核心价值观。生态富强、生态民主、生态文明、生态和谐是国家价值观的生态维度，是建设生态国家、培育生态国家价值观的目的；生态爱国、生态敬业、生态诚信、生态友善是个人价值观的生态维度，是培养生态公民、培育生态个人价值观的目的。生态文明的核心价值观回答了建设什么样生态国家、什么样生态社会、什么样生态公民，这是我国建设生态文明、实现美丽中国梦、走向生态文明新时代的重要思想基础和精神动力。

第三章 水利行业企业文化建设

第一节 水 利 行 业 概 述

一、水利行业单位类别

从中华人民共和国行业标准《水利系统行业分类代码》（SL/T 200.02—1997）可以看出我国水利系统行业主要有机关团体、水文水资源勘测业、生产供应业、修造业、建筑业、工程管理业、教育文化、科学研究和科技服务、水土保持、物资经销十大类。渔业和交通运输因主管部门为农业农村部和交通运输部，没有列入。

在2011年第一次全国水利普查确定调查对象时，将水利行业的单位分为水利机关法人单位、水利事业法人单位、水利企业法人单位、乡镇水利管理单位和社会团体法人单位。

水利机关法人单位是指在各级行政区域内行使水行政管理职能，具备机关法人资格的单位。既包括国务院水行政主管部门和地方各级人民政府水行政主管部门，也包括行使某项或几项水行政管理职能的机关法人单位，如部分地方具有机关法人资格的防汛抗旱办公室，以及在特殊区域内（如农垦、森工、县级及以上经济开发区、保护区等）内行使水行政管理职能的机关法人单位等。按单位隶属关系，水利机关法人单位可分为中央级、省级、地级和县级4级。

水利事业法人单位是为了实现社会公益目的，由水利机关法人单位或其管理的法人单位，利用国有资产依法设立的从事水利活动的组织。水利事业法人单位在水资源管理、水利工程管理、水利科研和后勤服务等各项事业中发挥着重要作用。按照隶属关系分中央、省（自治区、直辖市）、地（区、市、州、盟）、县（区、市、旗）、乡（镇、街道）5级。

按照单位类型，水利事业法人单位可分为水文单位、水土保持单位、水资源管理与保护单位、水政监察单位、水利规划设计咨询单位、水利科研咨询机构、防汛抗旱管理单位、河道、堤防管理单位、水库管理单位、灌区管理单位、水利工程综合管理单位等。

水利企业法人单位是指由水利机关法人或水利事业法人单位出资成立或控股的企业法人组织。水利企业法人单位具有多种类型，按照隶属关系，有中央级企业、省级企业、地级企业、县级企业等；按水利企业法人单位业务活动范围分，有水利技术咨询、水利（水电）投资、滩涂围垦管理、水利建设项目管理、水利工程建设监理、水利工程建设施工、水利工程维修养护、水利工程供水服务、城乡供水、排水和污水处理、再生水生产、水力发电等多种类型。

乡镇水利管理单位是最基层的水利管理和服务机构。目前，承担乡镇水利管理职能的机构有：乡镇水利站、乡镇水利服务中心、乡镇水利所、乡镇农技水利服务中心、乡镇水利电力管理站、乡镇水利水产林果农技站、乡镇水利工作站、具有乡镇水利管理和服务职能的乡镇农业综合服务中心等。根据水利行业能力普查实施方案，乡镇水利管理单位按照机构类型，可分为法人单位和非法人单位；按照主管部门不同，可分为县水利部门的下属机构和乡镇政府下属机构。

社会团体法人单位指按照《社会团体登记管理条例》，经国务院民政部门和县级以上地方人民政府民政部门登记注册或备案，领取社会团体法人登记证书的社会团体，以及依法不需要办理法人登记、由机构编制管理部门管理其机关机构编制的群众团体。列入水利行业的社会团体法人单位是业务主管单位为水行政主管部门或其管理单位的社会团体法人单位，包括以学术性和专业性为主的水利社会团体法人单位，承担水利信息交流、情况调查、培训和咨询服务的水利社会团体法人单位，以及领取了社团法人证书的农民用水户合作组织等。

据第一次全国水利普查，2011 年年底我国共有水利法人单位 52447 个，其中各级水利机关法人单位 3586 个，占全 6.9%；水利事业法人单位 32370 个，占 61.7%；水利企业法人单位 7676 个，占 14.6%；社会团体法人单位 8815 个，占 16.8%；乡镇水利管理单位共有 29416 个，其中，县级水利部门派出机构 8913 个，占 30.3%；乡镇政府的管理单位 20503 个，占 69.7%。

各级水利机关法人单位 3586 个，其中省级以上单位 51 个、地级单位 408 个、县级单位 3127 个，分别占全国水利机关法人单位总量的 1.42%、11.38% 和 87.20%。

全国水利事业法人单位共有 32370 个，占全部水利法人单位总数的 61.72%。其中省级及以上单位 1627 个、地级单位 3715 个、县级及以下单位 27028 个，分别占全国水利事业法人总量的 5.03%、11.48% 和 83.50%。

全国水利企业法人单位共有 7676 个，其中中央级、省级、地级、县级及以下企业分别有 388 个、611 个、920 个和 5757 个，分别占全国水利企业法人总量的 5.05%、7.96%、11.99% 和 75.00%。按照国家统计局《国民经济行业分类》（GB/T 4754—2017），国民经济行业分为 98 个行业大类。我国水利企业法人单位涉及多个行业大类，主要集中在水的生产部门和供应业，电力、热力生产部门和供应业。上述两个行业的水利企业法人单位分别为 2195 家和 1643 家，占企业总数的 50%。水利系统行业分类代码见表 3-1。

表 3-1　　　　　　　　　　　　水利系统行业分类代码

大　类	子类	类别名称	说　明
A 农、林、 牧、渔业	1	农业	包括农作物种植和农业生产服务活动
	2	林业	包括林木的种植、采集、运输和林业生产服务活动
	3	畜牧业	包括牲畜饲养、放牧和各种畜牧服务活动
	4	渔业	包括水生动、植物的养殖、捕捞和各种服务活动

续表

大　类	子类	类别名称	说　明
B 采掘业			
C 修造业	1	水利设备修造	
	2	电力设备修造	
	9	其他修造	
D 电力和水的 生产供应业	1	火力发电	
	2	水力发电	
	3	核力发电	
	4	其他发电	包括太阳能、地热、风力、潮汐、沼气发电等
	5	电力供应	
	6	自来水生产供应	
	9	其他	
E 建筑业			包括国内外水利、电力等工程的勘测、设计、施工、安装和监理活动。各项筹建、在建工程的管理机构不列入本类
	1	工程勘测	包括工程地质的勘查、监测、评价等活动
	2	规划设计	
	3	工程施工	包括水电工程施工和设备安装
	9	其他	
F 工程管理业	1	水库管理	
	2	灌排工程管理	包括灌溉、排涝工程管理
	3	河道堤防管理	
	4	引水工程管理	
	9	其他工程管理	不包括水电站。水电站应列入 D 类
G 交通运输	1	公路运输	包括汽车、畜力车、人力车等运输工具进行的公路客货运输活动和有关辅助业
	2	水上运输	包括在海洋、河、湖等水域上进行货运、客运活动和有关辅助业
	9	其他运输	
I 金融保险业			
J 房地产业			包括房地产管理和经营
K 社会服务业	1	饮食业	
	2	旅游业	
	3	旅馆业	
	9	其他	

大 类	子类	类别名称	说 明
L 卫生、体育和 社会福利	1	医院	
	2	疗养院	
	3	其他卫生	
	4	体育	
	5	社会福利	包括干部休养所、福利收容院等
M 教育、 文化艺术	1	高等教育	包括普通高校教育、成年高等教育
	2	中等教育	包括普通中学教育和各种中等技术学校、职工技校的教育活动
	3	初等教育	包括小学和学前教育活动，不包括托儿所
	4	其他教育	包括党校、团校和各种培训活动
	5	出版业	包括书、报、杂志、音像制品的出版活动
	6	图书馆业	包括由图书馆进行的各种资料管理活动
	7	档案馆业	包括由档案馆进行的各种档案、文件管理活动
	9	其他文化、艺术业	
N 科学研究和 科技服务	1	自然科学研究	包括自然科学和应用技术的研究、开发
	2	其他科学研究	包括社会科学研究和管理、技术经济、情报、环境、档案等边缘学科的研究
	3	综合科技服务	包括电子信息技术服务、科技推广、科技情报、技术监督、工程监测等活动
O 机关团体	1	党政机关	包括水利部机关、流域机构、各省（自治区、直辖市）水利（水电）厅（局）及地（地级市）、县（县级市）、乡级水行政主管部门
	2	准机关	包括主要行使水行政管理职能的事业单位和执行行政事业单位会计制度的行政性公司（企业）
	3	社会团体	包括各类学术团体、文化团体和其他团体
P 水文水资源 勘查业	1	水文观测	包括各种自然水体、人工水体的水文测站、资料整编和水文水情预报
	2	水质监测	
	3	水资源勘测	
	9	其他	
R 水土保持			
U 物资经销		包括水利、电力和防汛抗旱等重要物资的仓储和经销	
Z 其他		以上各行业未包括的行业	

二、机关团体（O 大类）

机关团体包括党政机关、准机关、社会团体。

（一）党政机关

党政机关包括水利部机关、流域机构、各省（自治区、直辖市）水利（水电）厅（局）及地（地级市）、县（县级市）、乡级水行政主管部门。

下面主要介绍水利部及流域机构。

2018 年 7 月 30 日起施行的《水利部职能配置、内设机构和人员编制规定》明确"水利部是国务院组成部门，为正部级"。规定要求"水利部贯彻落实党中央关于水利工作的方针政策和决策部署，在履行职责过程中坚持和加强党对水利工作的集中统一领导"。

规定明确水利部的主要职责是：

（1）负责保障水资源的合理开发利用。拟订水利战略规划和政策，起草有关法律法规草案，制定部门规章，组织编制全国水资源战略规划、国家确定的重要江河湖泊流域综合规划、防洪规划等重大水利规划。

（2）负责生活、生产经营和生态环境用水的统筹和保障。组织实施最严格水资源管理制度，实施水资源的统一监督管理，拟订全国和跨区域水中长期供求规划、水量分配方案并监督实施。负责重要流域、区域以及重大调水工程的水资源调度。组织实施取水许可、水资源论证和防洪论证制度，指导开展水资源有偿使用工作。指导水利行业供水和乡镇供水工作。

（3）按规定制定水利工程建设有关制度并组织实施，负责提出中央水利固定资产投资规模、方向、具体安排建议并组织指导实施，按国务院规定权限审批、核准国家规划内和年度计划规模内固定资产投资项目，提出中央水利资金安排建议并负责项目实施的监督管理。

（4）指导水资源保护工作。组织编制并实施水资源保护规划。指导饮用水水源保护有关工作，指导地下水开发利用和地下水资源管理保护。组织指导地下水超采区综合治理。

（5）负责节约用水工作。拟订节约用水政策，组织编制节约用水规划并监督实施，组织制定有关标准。组织实施用水总量控制等管理制度，指导和推动节水型社会建设工作。

（6）指导水文工作。负责水文水资源监测、国家水文站网建设和管理。对江河湖库和地下水实施监测，发布水文水资源信息、情报预报和国家水资源公报。按规定组织开展水资源、水能资源调查评价和水资源承载能力监测预警工作。

（7）指导水利设施、水域及其岸线的管理、保护与综合利用。组织指导水利基础设施网络建设。指导重要江河湖泊及河口的治理、开发和保护。指导河湖水生态保护与修复、河湖生态流量水量管理以及河湖水系连通工作。

（8）指导监督水利工程建设与运行管理。组织实施具有控制性的和跨区域跨流域的重要水利工程建设与运行管理。组织提出并协调落实三峡工程运行、南水北调工程运行和后续工程建设的有关政策措施，指导监督工程安全运行，组织工程验收有关工作，督促指导地方配套工程建设。

（9）负责水土保持工作。拟订水土保持规划并监督实施，组织实施水土流失的综合防治、监测预报并定期公告。负责建设项目水土保持监督管理工作，指导国家重点水土保持建设项目的实施。

（10）指导农村水利工作。组织开展大中型灌排工程建设与改造。指导农村饮水安全工程建设管理工作，指导节水灌溉有关工作。协调牧区水利工作。指导农村水利改革创新和社会化服务体系建设。指导农村水能资源开发、小水电改造和水电农村电气化工作。

（11）指导水利工程移民管理工作。拟订水利工程移民有关政策并监督实施，组织实施水利工程移民安置验收、监督评估等制度。指导监督水库移民后期扶持政策的实施，协调监督三峡工程、南水北调工程移民后期扶持工作，协调推动对口支援等工作。

（12）负责重大涉水违法事件的查处，协调和仲裁跨省、自治区、直辖市水事纠纷，指导水政监察和水行政执法。依法负责水利行业安全生产工作，组织指导水库、水电站大坝、农村水电站的安全监管。指导水利建设市场的监督管理，组织实施水利工程建设的监督。

（13）开展水利科技和外事工作。组织开展水利行业质量监督工作，拟订水利行业的技术标准、规程规范并监督实施。办理国际河流有关涉外事务。

（14）负责落实综合防灾减灾规划相关要求，组织编制洪水干旱灾害防治规划和防护标准并指导实施。承担水情旱情监测预警工作。组织编制重要江河湖泊和重要水工程的防御洪水抗御旱灾调度及应急水量调度方案，按程序报批并组织实施。承担防御洪水应急抢险的技术支撑工作。承担台风防御期间重要水工程调度工作。

（15）完成党中央、国务院交办的其他任务。

（16）职能转变。水利部应切实加强水资源合理利用、优化配置和节约保护。坚持节水优先，从增加供给转向更加重视需求管理，严格控制用水总量和提高用水效率。坚持保护优先，加强水资源、水域和水利工程的管理保护，维护河湖健康美丽。坚持统筹兼顾，保障合理用水需求和水资源的可持续利用，为经济社会发展提供水安全保障。

规定明确水利部设下列内设机构：办公厅、规划计划司、政策法规司、财务司、人事司、水资源管理司、全国节约用水办公室、水利工程建设司、运行管理司、河湖管理司、水土保持司、农村水利水电司、水库移民司、监督司、水旱灾害防御司、水文司、三峡工程管理司、南水北调工程管理司、调水管理司、国际合作与科技司等。

规定明确长江水利委员会、黄河水利委员会、淮河水利委员会、海河水利委员会、珠江水利委员会、松辽水利委员会、太湖流域管理局为水利部派出的流域管理机构，在所管辖的范围内依法行使水行政管理职责。具体机构设置、职责和编制事项另行规定。

（二）准机关

准机关包括主要行使水行政管理职能的事业单位和执行行政事业单位会计制度的行政性公司（企业）。

目前水利部所属的准机关性质的事业单位主要如下。

水利部综合事业局、水利部国际经济技术合作交流中心、水利部水土保持监测中心、水利部信息中心（水利部水文水资源监测预报中心）、水利部南水北调规划设计管理局、水利部水利水电规划设计总院（水利部水利规划与战略研究中心）、中国水利水电科学研究院、水利部宣传教育中心、水利部发展研究中心、中国灌溉排水发展中心（水利部农村饮水安全中心）、水利部建设管理与质量安全中心、水利部预算执行中心、水利部水资源管理中心、南水北调工程政策及技术研究中心南水北调工程建设监管中心、南水北调工程设计管理中心、南水北调中线干线工程建设管理局等。

（三）社会团体

社会团体包括各类学术团体、文化团体和其他团体。目前由水利部主管的社会团体主要有：中国水利学会、中国水利经济研究会、中国水利职工思想政治工作研究会、中国水利工程协会、中国水利勘测设计协会、中国水利企业协会。

三、水文水资源勘测业（P大类）

水文水资源勘测业包括水文观测、水质监测、水资源勘测。其中水文观测包括各类自然水体、人工水体的水文测站、资料整编和水文水情预报。

目前，水利部设水文司组织指导全国水文工作，负责水文水资源（含水位、流量、水质等要素）监测工作，负责国家水文站网建设和管理。组织实施江河湖库和地下水监测。发布水文水资源信息、情报预报。

流域机构设置情况：长江水利委员会水文局、黄河水利委员会水文局、淮河水利委员会水文局、海河水利委员会水文局、珠江水利委员会水文水资源局、松辽水利委员会水文局、太湖流域管理局水文局。

各省（自治区、直辖市）新疆生产建设兵团机构设置情况：北京市水文总站、天津市水文水资源管理中心、河北省水文勘测研究中心、山西省水文水资源勘测总站、内蒙古自治区水文水资源中心、辽宁省水文局、吉林省水文水资源局、黑龙江省水文水资源中心、上海市水文总站、江苏省水文水资源勘测局、浙江省水文管理中心、安徽省水文局、福建省水文水资源勘测中心、江西省水文监测中心、山东省水文局、河南省水文水资源局、湖北省水文水资源中心、湖南省水文水资源勘测中心、广东省水文局、广西壮族自治区水文中心、海南省水文水资源勘测局、重庆市水文监测总站、四川省水文水资源勘测局、贵州省水文水资源局、云南省水文水资源局、西藏自治区水文水资源勘测局、陕西省水文水资源勘测中心、甘肃省水文水资源局、青海省水文水资源测报中心、宁夏回族自治区水文水资源监测预警中心、新疆维吾尔自治区水文局、新疆生产建设兵团水利局水资源管理处、陕西省地下水管理监测中心。

四、生产供应业（D大类）

生产供应业包括水力发电（含水电站管理）、自来水生产供应。

目前，我国已建成的大型水力发电站主要有：三峡（总装机容量1820万千瓦＋420万千瓦），溪洛渡（总装机容量1260万千瓦），白鹤滩（总装机容量1200万千瓦），乌东德（总装机容量750万千瓦），向家坝（总装机容量600万千瓦），龙滩（总装机容量630万千瓦），糯扎渡（总装机容量585万千瓦），锦屏二级（总装机容量480万千瓦），小湾（总装机容量420万千瓦），两家人（总装机容量400万千瓦），拉西瓦（总装机容量372

万千瓦)、锦屏一级(总装机容量360万千瓦)。其中三峡电站最大，其由国资委直属的中央企业三峡总公司管理。其他电站由中国华能集团公司、中国大唐集团公司、中国华电集团公司、国家能源投资集团有限公司、中国电力投资集团公司五大发电集团管理。

流域机构、省水利部门管理的水利枢纽工程的发电厂还由水利管理部门管理。地方水利部门管理的只是一些农村小水电站。

五、修造业(C大类)

修造业包括水利设备修造。

水利设备生产企业主要有塑料管材管件、节水灌溉设备、水泵及阀门、水处理、水生态保护与修复材料设备、水计量、闸门及启闭机等生产企业。

(一)北京新华节水产品认证有限公司

北京新华节水产品认证有限公司是由新华水利控股集团有限公司控股、由水利部综合事业局发起、水利部推荐、国家认证认可监督管理委员会批准、通过中国合格评定国家认可委员会(CNAS)认可、具有独立法人资格的第三方认证机构，是专业从事节水产品认证工作及节水评价工作的非营利性质的服务实体。

1. 塑料管材管件认证情况

塑料管材管件已有近300家企业生产的产品通过认证，主要有：广东联塑科技实业有限公司、永高股份有限公司、浙江中财管道科技股份有限公司、浙江中元枫叶管业有限公司、安徽国通高新管业股份有限公司、福建亚通新材料科技股份有限公司、福建振云塑业股份有限公司、上海上塑控股(集团)有限公司、金德管业集团有限公司、河北建投宝塑管业有限公司、河北宝硕管材有限公司、重庆顾地塑胶电器有限公司、四川森普管材股份有限公司、康泰塑胶科技集团有限公司、崇州市岷江塑胶有限公司、山东巨王管业有限公司、山东华信塑胶股份有限公司、山东东宏管业有限公司、山东群升伟业塑胶科技有限公司、华亚东营塑胶有限公司、南亚塑胶工业(郑州)有限公司等。

2. 节水灌溉设备认证情况

节水灌溉设备已有近50家企业通过了认证。主要有：北京绿源塑料有限责任公司、大禹节水(天津)有限公司、吉林喜丰节水科技股份有限公司、江苏新格灌排设备有限公司、石河子天露节水设备有限责任公司、新疆方兴塑化有限责任公司新疆塔农节水器材有限公司、新疆阿克苏新农通用机械有限责任公司、唐山润农节水科技有限公司、吉林省节水灌溉发展有限公司、江苏旺达喷灌机有限公司、广东达华节水科技股份有限公司、北京东方润泽生态科技股份有限公司、河北华微节水设备有限公司、田恒(唐山)塑业集团有限公司等。

3. 水泵及阀门企业认证情况

水泵及阀门已经通过认证的企业(排名不分先后)有：南方泵业股份有限公司、山西天海泵业有限公司、安徽三联泵业股份有限公司、浙江利欧股份有限公司、上海连成(集团)有限公司、上海东方泵业(集团)有限公司、上海凯泉泵业(集团)有限公司、宁波巨神制泵实业有限公司、辽宁营源泵业有限公司、永秀阀门有限公司、株洲南方阀门股份有限公司。

闸门启闭机生产厂家较多，从网上搜索就有四五百家。

4. 水处理设备认证情况

生活饮用水净化设备、消毒设备、膜处理设备（微滤、超滤、反渗透）等水处理设备通过认证的企业有：苏州立升净水科技有限公司、浙江华晨环保有限公司、中科洁力（福州）环保技术有限公司、广州中科华康水处理技术有限公司、厦门环净水处理工程设备有限公司。

水生态保护与修复材料设备、水计量等领域已经通过认证的企业（排名不分先后）有：重庆华正水文仪器有限公司、南京水利水文自动化研究所防汛设备厂、北京万方程科技有限公司。

（二）三门峡新华水工机械有限责任公司

三门峡新华水工机械有限责任公司（原水利部三门峡水工机械厂）成立于1957年，2004年改制成为国有独资公司。公司主要经营水工金属结构、大型火电钢结构、起重设备、建筑钢结构、铸件等产品的加工制造；水火风核电装备防腐施工；水电站设备检修运行维护等。它是大中型水、火电工程产品的专业化生产企业，是水利电力系统的重点骨干企业。

公司取得了质量管理体系、环境体系和职业健康安全管理体系认证，现有各种设备1000余台（套），年生产能力3万吨；拥有一支实力雄厚的科研、设计、技术管理队伍，历年来根据用户需要自行设计了多种参数的闸门启闭设备、起重设备及非标机电产品，并与美国、德国、法国、日本等国外公司进行过成功的合作。公司先后荣获河南省质量管理奖和企业管理先进奖，多次被河南省工商银行评定为"金融信用AAA企业"、地方政府"重合同、守信用"企业，被水利部授予"先进企业"称号。

公司生产的产品广泛用于国内外百余个重点大中型水利、电力工程项目，水工钢闸门、火电钢结构产品先后荣获"国家质量银质奖""中国钢结构金奖""中国建筑工程鲁班奖"，公司取得了水工金属结构制作与安装专业承包资质、防腐保温专业承包一级资质、水利部水工金属结构防腐蚀专业施工能力证书。在水工金属结构防腐领域开发应用多项先进技术，荣获"河南省科普成果二等奖"，更是成功进入海上风电和核电高端防腐领域。

公司始终秉承"谈一个合同，交一批朋友；干一个项目，树一座丰碑"的经营宗旨，坚持"诚信、优质、创新"的质量方针，重视与国内知名科研院所的合作关系，形成了完善的研发设计、生产制造、防腐施工、维修维护的营销合作服务体系。公司愿以先进的技术，卓越的品质、科学的管理、温馨的服务，与社会各界优势互补、共创双赢！

（三）郑州水工机械有限公司

郑州水工机械有限公司（简称：郑州水工）前身为"郑州水工机械厂"，成立于1955年。郑州水工由水利部综合事业局新华水利控股集团有限公司（简称新华控股）和中国三峡集团中国长江电力股份有限公司（简称长江电力）共同出资，兼具中央企业管理优势和水利部行业专业优势。公司注册资本19803.92万元，注册商标为"郑水（ZS）牌"。

郑州水工是专注水利水电、城建交通、金属结构、永久设备、施工机械、防腐保温等设备和服务的设计、制造、安装运维、改造的专业厂家。郑州水工严抓产品质量，注重技术创新，产品获得国家质量金质奖一枚、银质奖四枚，1999 年被中国质协评为全国推行全面质量管理先进企业，2007 年荣获水利部"大禹奖"一等奖，2013 年荣获"2011—2012 年度全国优秀水利企业"光荣称号，2019 年被认定为河南省环保型混凝土及机制砂成套设备工程技术研究中心、高新技术企业。

（四）重庆华正水文仪器有限公司

重庆华正水文仪器有限公司（原水利部重庆水文仪器厂），具有悠久的历史，前身可追溯至 1940 年，是我国唯一一家专业生产陆地水文流速、流量监测仪器的企业，具有独立法人资格，隶属于水利部综合事业局新华水利控股集团有限公司。主要从事水文仪器和环保监测仪器的技术开发、生产经营。经过多年的产品结构调整，公司流速流量流向仪器、水位雨量仪器、环保监测仪器、采样仪器及水工实验仪器等产品已广泛用于水文、水利、环保、气象海洋、地震、农业排灌、科研以及大专院校等部门。公司具备较好的技术力量，完善的国家一级精度的流速、流量检定设施，先后完成水利水电工程项目百余项。公司研发的 LS 系列五种流速仪被世界气象组织统一编号载入《HOMS》手册，向世界各国推荐使用。

根据水文行业发展需求推出的 LS25 - 3A 型旋桨式流速仪等多项产品五次获国家质量银质奖，公司还荣获国家质量保证体系（QAS）优质产品奖旗，并于 2007 年获得重庆市人民政府颁发的"重庆华正都市工业园区"，于 2008 年通过《ISO 9001：2008 质量管理体系认证》，2012 年获得"节能环保产品认证证书"，2013 年取得"水文水资源调查评价乙级证书"，2013 年获流速流向仪、旋桨式流速仪、一种用于明渠流速流量监测的系统等多项"实用新型专利证书"，2019 年获得重庆市"高新技术企业"，2020 年获得"质量管理体系认证证书""职业健康安全管理体系认证证书""环境管理体系认证证书"等认证证书。

为环保污水排放计量而研制的 WML 型微电脑明渠流量计曾获国家专利，填补国内空白，近三十年来一直以优质的服务和可靠的信誉领先市场，三次获得国家环境保护总局质量认证和最佳实用技术推广，并荣获《国家级环保产品质量信得过》等证书。

近年来公司在参与水库防洪监测系统项目建设、水土保持监测系统项目建设、山洪预警项目建设、中小河流水文监测系统项目建设的过程中，通过公司不懈的努力完成了新疆、安徽、江西、重庆、陕西、吉林、内蒙古、贵州等省（自治区、直辖市）的工程项目，并得到了各地业主的好评和认可。

六、建筑业（E 大类）

建筑业含国内外水利水电工程的勘测、设计、施工、安装和监理活动，包括工程勘测、规划设计、工程施工。其中，工程勘察包括工程地质的勘察、监测、评价等活动；工程施工包括水电工程施工和设备安装。

（一）水利水电施工企业

截至 2018 年年底，全国水利水电工程施工总承包特级资质企业有 27 家：安徽水安建设集团股份有限公司（安徽省）、广东水电二局股份有限公司（广东省）、浙江省第一水电建设集团股份有限公司（浙江省）、中国安能建设总公司（北京市）、中国电力建设股份有限公司（北京市）、中国葛洲坝集团股份有限公司（湖北省）、中国葛洲坝集团第一工程有限公司（湖北省）、中国葛洲坝集团第二工程有限公司（四川省）、中国葛洲坝集团第三工程有限公司（陕西省）、中国葛洲坝集团第五工程有限公司（湖北省）、中国葛洲坝集团三峡建设工程有限公司（湖北省）、中国水电基础局有限公司（天津市）、中国水电建设集团十五工程局有限公司（陕西省）、中国水利水电第八工程局有限公司（湖南省）、中国水利水电第九工程局有限公司（贵州省）、中国水利水电第六工程局有限公司（辽宁省）、中国水利水电第七工程局有限公司（四川省）、中国水利水电第三工程局有限公司（陕西省）、中国水利水电第十二工程局有限公司（浙江省）、中国水利水电第十工程局有限公司（四川省）、中国水利水电第十六工程局有限公司（福建省）、中国水利水电第十四工程局有限公司（云南省）、中国水利水电第十一工程局有限公司（河南省）、中国水利水电第四工程局有限公司（青海省）、中国水利水电第五工程局有限公司（四川省）、中国水利水电第一工程局有限公司（吉林省）、中铁十八局集团有限公司（天津市）。

从事水利建筑业的企业有很多是原来水利部门的施工队伍，从事业单位转型而来。有一定规模的施工企业在体制改革时已经划出水利部门，有的划归国资委，有的被大型企业兼并。在社会主义市场经济发展大潮中，还有一些新注册的民营施工企业，比起上面那些特级企业，不仅仅是资质等级低，规模也小得多，但在中小型水利工程中常见到他们的身影。

据第一次全国水利普查，由水利机关法人或水利事业法人单位出资成立或控股的土木工程建筑业企业有1212个，属事业法人单位的水利规划设计咨询单位1134个，总计2346个，占企、事业单位总数的5.8%。说明从事建筑业的单位很少，从事施工的企业单位略多于从事设计的事业单位。

（二）水利水电勘测设计企业

全国具有甲级设计资质的水利水电勘测设计企业有69个：中水东北勘测设计研究有限责任公司、中水北方勘测设计研究有限责任公司、长江勘测规划设计研究院、黄河勘测规划设计有限公司、河南黄河勘测设计研究院、山东黄河勘测设计研究院、中水淮河规划设计研究有限公司、中水珠江规划勘测设计有限公司、广西珠委南宁勘测设计院、北京市水利规划设计研究院、天津市水利勘测设计院、河北省水利水电勘测设计研究院、河北省水利水电第二勘测设计研究院、邯郸市水利水电勘测设计研究院、山西省水利水电勘测设计研究院、太原市水利勘测设计院、内蒙古自治区水利水电勘测设计院、辽宁省水利水电勘测设计研究院、吉林省水利水电勘测设计研究院、黑龙江省水利水电勘测设计研究院、佳木斯市水利水电勘测设计研究院、江苏省水利勘测设计研究院有限公司、江苏省工程勘测研究院有限责任公司、南京市水利规划设计院有限责任公司、江苏省太湖水利规划设计研究院有限公司、淮安市水利勘测设计研究院有限公司、镇江市工程勘测设计研究院、徐州市水利建筑设计研究院、盐城市水利勘测设计研究院、浙江省水利水电勘测设计院、浙江广川工程咨询有限公司、安徽省水利水电勘测设计院、安徽省阜阳市水利规划设计院、福建省水利水电勘测设计研究院、江西省水利规划设计院、山东省水利勘测设计院、山东省临沂市水利勘测设计院、河南省水利勘测设计研究有限公司、郑州市水利建筑勘测设计院、河南省豫北水利勘测设计院、洛阳水利勘测设计有限责任公司、湖北省水利水电勘测设计院、武汉市城市防洪勘测设计院、湖南省水利水电勘测设计研究总院、岳阳市水利水电勘测设计院、广东省水利电力规划勘测设计研究院、广州市水利水电勘测设计研究院、中山市水利水电勘测设计咨询有限公司、广西水利电力勘测设计研究院、广西南宁水利电力设计院、柳州水利电力勘测设计研究院、桂林市水利电力勘测设计研究院、广西玉林水利电力勘测设计研究院、海南省水利电力建筑勘测设计院、重庆市水利电力建筑勘测设计研究院、四川省水利水电勘测设计研究院、成都市水利电力勘测设计院、四川省内江水利电力建筑勘察设计研究院、贵州省水利水电勘测设计研究院、云南省水利水电勘测设计研究院、昆明市水利水电勘测设计院、陕西省水利电力勘测设计研究院、陕西水环境工程勘测设计研究院、甘肃省水利水电勘测设计研究院、宁夏水利水电勘测设计研究院有限公司、青海省水利水电勘测设计研究院、新疆水利水电勘测设计研究院、深圳市水务规划设计院、新疆生产建设兵团勘测设计院。

七、工程管理业（F大类）

工程管理业包括水库管理、灌排工程管理、河道堤防管理、引水工程管理。其中灌排工程管理包括灌溉、排涝工程管理。

新中国成立以来，我国新建了一大批水利水电工程，大中型水利工程都设置了管理机构，属事业单位。据第一次全国水利普查，全国有水利工程综合管理单位5879个，水库管理单位4331个，灌区管理单位2181个，防汛抗旱管理单位2045个，河道堤防管理单位2003个，泵站管理单位958个，水闸管理单位478个，引调水管理单位514个。总计18389个，占事业单位总数56.8%。

八、教育、文化艺术（M大类）

教育、文化艺术主要包括高等和中等教育、出版业。

教育部和水利部共建的有河海大学、武汉大学、清华大学、中国农业大学、天津大学、大连理工大学、四川大学、西北农林科技大学8所高校。水利部和有关省共建的有华北水利水电大学、三峡大学、河北工程大学、南昌工程学院4所高校。2017年12月28日，教育部公布了第四轮全国水利工程学科评估结果（表3-2），参加第四轮评估的共有34所开设水利工程学科的大学，比较好的学校有清华大学、河海大学、天津大学、武汉大学、中国农业大学、大连理工大学、郑州大学、四川大学、西安理工大学。

各省（自治区、直辖市）还兴办一些水利专科学校和水利职业学校。如荣获全国文明单位的浙江同济科技职业学院、广东水利电力职业技术学院，荣获全国水利文明单位的浙江水利水电学院、安徽水利水电职业技术学院、山东水利技师学院、河南水利与环境职业学院、四川水利职业技术学院、云南水利水电职业学院、黑龙江省水利学校、吉林省长春水利电力学校、贵州省水利电力学校。

水利系统的出版社主要有三家，即中国水利水电出版社、黄河出版社和长江出版社。

表 3－2   第四轮全国水利工程学科评估结果

序号	学校代码	学校名称	评选结果	序号	学校代码	学校名称	评选结果
1	10003	清华大学	A＋	18	10712	西北农林科技大学	B－
2	10294	河海大学	A＋	19	11075	三峡大学	B－
3	10056	天津大学	A－	20	10027	北京师范大学	C＋
4	10486	武汉大学	A－	21	10112	太原理工大学	C＋
5	10019	中国农业大学	B＋	22	10749	宁夏大学	C＋
6	10141	大连理工大学	B＋	23	10758	新疆农业大学	C＋
7	10459	郑州大学	B＋	24	11117	扬州大学	C＋
8	10610	四川大学	B＋	25	10079	华北电力大学	C
9	10700	西安理工大学	B＋	26	10129	内蒙古农业大学	C
10	10078	华北水利水电大学	B	27	10247	同济大学	C
11	10423	中国海洋大学	B	28	10558	中山大学	C
12	10487	华中科技大学	B	29	10710	长安大学	C
13	10491	中国地质大学	B	30	10005	北京工业大学	C－
14	10618	重庆交通大学	B	31	10359	合肥工业大学	C－
15	10183	吉林大学	B－	32	10403	南昌大学	C－
16	10284	南京大学	B－	33	10422	山东大学	C－
17	10536	长沙理工大学	B－	34	10561	华南理工大学	C－

九、科学研究和科技服务（N 大类）

科学研究和科技服务包括自然科学研究、综合科技服务。据第一次全国水利普查，全国水利科研咨询机构有 206 家，均为事业单位。

水利部直属有中国水利水电科学研究院、南京水利科学研究院；流域机构有长江科学院、黄河水利科学研究院、珠江水利科学研究院、安徽省水利部淮河水利委员会水利科学研究院、太湖流域水科学研究院；除上海市、陕西省、海南省、西藏自治区外，其余 27 省（自治区、直辖市）和新疆生产建设兵团水利厅（局）都设有水利科研单位。

十、水土保持（R 大类）

水利部设水土保持司。在综合事业局设水土保持监测中心。各省（自治区、直辖市）设水土保持监测总站 31 家，设水土保持分站 186 家。据第一次全国水利普查，全国共有水土保持单位 1859 个，占水利事业法人单位总数的 5.7％。

十一、物资经销（U大类）

物资经销包括水利和防汛抗旱等重要物资的仓储和经销。

十二、其他（Z大类）

在上述12类行业以外，水利部有2家国家级专业水务投资和运营管理公司，即中国水务投资有限公司和新华水利控股集团有限公司。

（一）中国水务投资有限公司

中国水务投资有限公司（HHO）是由水利部综合事业局联合战略投资者发起成立的国家级专业水务投资和运营管理公司，注册资本金12亿元人民币。公司主要从事原水开发和供应、区域间调水、城市供排水、污水处理、污泥处理、苦咸水淡化和固废处理等水务与环保行业投资运营管理及相关增值服务。

公司以为社会提供清洁安全水源和为股东创造最大价值为宗旨，将HHO打造成水务行业最具影响力的卓越品牌。公司成立以来，积极开拓水务市场，扩大资产规模，先后在北京、上海、山东、江苏、浙江、贵州、湖南、内蒙古、安徽、东北等地投资控股成立了20家水务公司，并控股参股多家上市公司。

公司总资产241亿元，日水处理能力约1000万吨，公司多次被中国水利企业协会评为"全国优秀水利企业"，连续多年蝉联"中国水业十大影响力企业"和"中国水业知名水务企业"，HHO中国水务品牌已经在业内打响，取得了令人瞩目的业绩。

（二）新华水利控股集团有限公司

新华水利控股集团有限公司（以下简称新华控股或集团）前身为经水利部批准，于2002年组建的新华水利水电投资公司，2013年5月完成集团企业登记。2019年4月改制为有限责任公司（法人独资），变更为现名称。集团现拥有成员单位14家，其中上市公司3家（钱江水利、三峡水利、国网信通），集团资产规模350亿元，清洁能源装机660万千瓦，日供水能力800万吨，日污水处理能力200万吨。目前，新华控股已成功转型为以股权管理为主，立足水利、服务民生的控股集团公司，成员单位业务涵盖水电、水务、机电装备、新兴水利业务等领域。自成立以来，新华控股一直以发展水利、造福于民为己任，立足水利水电、城乡供排水等涉及国计民生的基础设施领域，坚持诚信合作、互利共赢，走出了一条有特色的健康发展之路，并在水电、水务行业积聚了一定的影响力和品牌效应。

第二节　水利行业文化建设

一、水利行业文化的特点

我国幅员辽阔，不仅纬度跨度大（从低纬到高纬），经度跨度也大（从沿海到内陆），加上地处大陆季风气候，气候类型多样，包括热带季风气候、亚热带季风气候、温带季风气候、温带大陆性气候和高山高寒气候五种类型，降雨量时间和地区都分布不均。水旱灾害一直是中华民族的心腹之患。兴水利、除水害是中华民族的千秋大业。

在长期的水利实践活动中，人们逐步形成了一些与之有关的制度、思想、观念、标准与风俗等，这就是水利文化的表现。水利文化既是水利历史的积累与沉淀，又是水利历史的提炼与升华。从有文字记载的大禹治水至今已有4000多年的历史。因治水而产生的水利行业文化也有其鲜明的特点。

（一）源远流长，世代传承

自"大禹治水"开始，中华民族兴水利、除水害的活动经久不息，取得了辉煌的成就。例如，在黄河治理上，既有以西汉"贾让三策"、明代潘季驯"束水攻沙"为代表的治河规划与治河理论，又有以东汉王景治河、元代贾鲁堵口、明清潘季驯和靳辅治河为代表的大规模黄河治理活动。在农田水利方面，先秦时期兴建的都江堰、引漳十二渠、芍陂、秦汉时期的郑国渠、漕渠、鉴湖以及南阳的陂塘水利，唐宋时期的江南圩田、它山堰、长渠、木渠，明清时期的长江中游垸田，当代珠江三角洲地区的基围水利、河套灌区建设以及江浙沿海一带的海塘等，均对当时的社会、政治、经济发挥过重要的推进作用。人工运河，从先秦的区域性运河如邗沟、鸿沟等发展到隋唐大运河，再到明清的京杭大运河，每一个历史时期都有一次大的飞跃，对于不同历史时期物质的交流、文化的沟通、国家的稳固等都起着至关重要的作用。

在历史上的治水实践中，涌现了一批治水名人。水利部精神文明建设指导委员会办公室组织开展了"历史治水名人"推选工作。经过网络投票、专家审核，并报部党组审定，2019年12月公布了12位"历史治水名人"，分别为大禹、孙叔敖、西门豹、李冰、王景、马臻、姜师度、苏轼、郭守敬、潘季驯、林则徐、李仪祉。

1. 大禹

禹，相传生于公元前2000多年，姓姒、名文命，又称大禹、帝禹。大禹治水被誉为中华文明的起源，为夏王朝的开创奠定了基础。

相传，禹所在的年代发生了全国规模的特大洪水。《尚书·尧典》载："汤汤洪水方割，荡荡怀山襄陵，浩浩滔天，下民其咨。"滔天的洪水使百姓苦不堪言，于是帝尧先令鲧（禹之父）治理洪水，鲧采用"壅防百川，堕高堙庳（低）"的方法，历时九年未能成功。禹子承父业，受命继续担当治水重任，他总结吸取了鲧治水的经验教训，提出了改堵为疏、因势利导的治水策略，前后历时十三年，终于治水成功。禹在治水的同时，还将天下划分为九州、整理山川名录，并根据不同地区的风俗物产制定了贡赋制度。《尚书·禹贡》载："禹别九州，随山浚川，任土作贡"，这也是对古代中国最早的地理认知。

大禹治水体现了中华民族不畏艰险、艰苦奋斗的精神和水利工作公而忘私、创新求实的精神。几千年来，大禹治水一直是中华文明的重要精神图腾之一，在世界范围也有广泛影响。

2. 孙叔敖

孙叔敖（约公元前630—前593年），姓芈、名敖、字孙叔，河南淮滨县期思镇人，曾任楚国令尹，春秋时期著名的水利家、政治家和军事家。

公元前605年，孙叔敖主持修建了期思雩娄灌区，后世称之为"百里不求天灌区"；

公元前597年，主持修建了我国最早的蓄水灌溉工程——芍陂，使今寿县一带成为楚国的粮仓，清代学者顾祖禹称芍陂为"淮南田赋之本"。《孙叔敖庙碑记》中评价："宜导川谷，陂障源泉，溉灌沃泽，堤防湖浦，以为池沼。钟天地之美，收九泽之利。"

孙叔敖的一生为国为民、鞠躬尽瘁、科学治水、勇于创新，毛泽东曾称其为"了不起的水利专家"。

3. 西门豹

西门豹（生卒年不详），姓西门，名豹，战国时期魏国人，著名的水利家和政治家。

西门豹任邺（今河北省临漳县）令期间，见此地田园荒芜、人烟稀少，决定引漳水溉田、发展农业。通过调查，西门豹了解到那里的官绅和巫婆勾结、编造河伯娶亲的故事危害百姓。因此，工程修建前西门豹决心首先破除迷信、惩凶除恶、动员群众，随后查勘地形、科学规划，组织开凿十二渠，引漳河水淤灌改良农田、增加粮食产量，对区域社会经济发展影响深远，这就是著名的"引漳十二渠"。《史记·河渠书》记载："西门豹引漳水溉邺，以富魏之河内。"

西门豹治水秉持科学精神，充分考虑漳水多泥沙的特性，遵循河流规律并加以引导利用，至今依然具有十分重要的借鉴意义。

4. 李冰

李冰（生卒年不详），战国时期著名的水利家，约公元前256—前250年任蜀郡太守。

李冰任蜀守期间主持修建了著名的都江堰水利工程。《史记·河渠书》载："蜀守冰凿离碓，辟沫水之害，穿二江成都之中"，使成都平原变为"水旱从人""沃野千里"的天府之国。据《华阳国志·蜀志》记载，李冰除兴建都江堰水利工程外，还在今宜宾、乐山境内开凿滩险、疏通航道，又修建文井江、白木江、洛水、绵水等灌溉和航运工程，为四川地区的水利发展做出了开创性的贡献。

李冰修建都江堰充分体现了尊重自然、因势利导、因地制宜的理念，通过工程合理布局，以最小的工程量成功解决了分水、引水、泄洪、排沙等一系列技术难题，体现了人与自然和谐共生的传统治水哲学，都江堰也因此成为世界上最伟大的水利工程和生态水利工程的典范。

5. 王景

王景（约公元30—85年），字仲通，山东即墨县人，东汉时期著名的水利专家，历任河堤谒者、徐州刺史、庐江太守等。

自公元11年黄河第二次大改道后，黄河泛流数十年。公元69年，明帝同意了王景提出的方案，发兵卒数十万，由王景主持治河。王景系统修建了荥阳至千乘入海口长达千余里的黄河两岸大堤，并将汴渠和黄河分离。王景治河之后，黄河相对安澜近八百年。后任庐江太守期间，王景还修复芍陂、发展农业，不久后境内富饶、五谷丰足。

王景忠于热爱的水利事业，科学规划，详细调查，实事求是，制定出了一套完备而可行的治河方案并取得较好的实施效果。王景治河的历史贡献，长期以来得到很高的评价，有"王景治河、千载无恙"之说。

6. 马臻

马臻（公元88—141年），字叔荐，陕西兴平人，东汉时期著名水利专家。

马臻任会稽（今浙江省绍兴市）太守期间，详考农田水利，科学谋划，于公元140年主持兴建了鉴湖工程，它是由西起浦阳江，东至曹娥江长达127里的湖堤拦蓄南侧会稽山麓发源的众多河溪之水，形成周围约310里的鉴湖水库，又辅以斗门、闸、涵、堰等工程设施，使鉴湖水利工程具有防洪、灌溉、航运和城市供水等综合效益。鉴湖的修建是绍兴平原水利发展史上的里程碑。《越中杂识》一书曾如此评价道："（绍兴）向为潮汐往来之区，马太守筑坝筑塘之后，始成乐土。"但因创湖之始，多淹豪宅，为豪强所诬，马臻被刑。

马臻在浙东平原上首次兴建了具有全局意义的水利工程。鉴湖的建成全面改造了山会平原，效益巨大，流芳后世。

7. 姜师度

姜师度（约公元653—723年），河北魏县人，历任丹陵尉、龙岗令、易州、沧州、同州等地刺史，水利成就显著。

《旧唐书》载："师度勤于为政，又有巧思，颇知沟洫之利。"公元705年，姜师度在蓟州沿海开平虏渠运粮；公元707年，在贝州经城县开张甲河排水，随后又在沧州清池县引浮水开渠分别注入毛氏河和漳河；公元714年，在华州华阴县开敷水渠排水；公元716年，在郑县修建利俗、罗文两灌渠并筑堤防洪；公元719年，在朝邑、河西二县修渠引洛水和黄河水灌通灵陂，灌田二千顷。

姜师度每到一地都注重兴修水利，为官一地、治水一方，有力推动了当时水利事业发展。

8. 苏轼

苏轼（公元1037—1101年），字子瞻、号东坡居士，四川眉山市人，北宋时期著名文学家、政治家。

公元1077年，黄河决澶州曹村，洪水包围徐州城，时任徐州知州的苏轼领导军民抵御洪水，增筑城墙，修建黄河木岸工程。公元1089年，苏轼任杭州太守期间主持修缮六井，解决杭州居民用水问题；同时率领军民大力疏浚西湖，并将挖出来的葑根、淤泥筑成一条贯穿西湖的长堤，后人称之为"苏堤"。苏轼在不同任上主持或参与的水利工程不胜枚举，除积极参与治水实践之外，还撰写水利著述《熙宁防河录》《禹之所以通水之法》《钱塘六井记》等。

苏轼把水利事业与国家的兴衰联系在一起。在长期的治水实践中，实事求是、因地制宜，坚持科学治水，为当时水利建设事业做出了重要贡献。

9. 郭守敬

郭守敬（公元1231—1316年），字若思，河北邢台人，元代杰出的科学家，尤其擅长水利和天文历算。

郭守敬一生治理河渠沟堰几百所，尤其以修复宁夏引黄灌区和规划沟通京杭大运河最为著称。公元1264年，郭守敬赴宁夏，修复了黄河灌区唐徕、汉延及其他10条干渠、68条支渠，溉田9万余顷，使宁夏平原成为"塞外江南"。公元1271年，郭守敬升任都水监，掌管全国水利建设。为实现京杭运河贯通，他进行系统勘测、科学规划，先后主持建成会通河、通惠河，南自宁波、北至大都的元明清大运河至此基本成形。

郭守敬尊重科学、因法而治,勇于担当奉献,注重实地勘察,在原有水利基础上不断创新,一生在水利事业上成就斐然。

10. 潘季驯

潘季驯(公元1521—1595年),字时良、号印川,浙江湖州市人,明代著名水利学家,历任工部尚书、总理河道都御史等职。

潘季驯在嘉靖、万历年间曾四次出任总理河道都御史,负责治理黄河、运河长达十余年。总理河道期间,他一改明代前期"下游分流杀势,多开支河"的治河方略,重点针对黄河多沙特点,提出了"束水攻沙""蓄清刷黄"的理论,并相应规划了一套包括缕堤、遥堤、格堤等在内的黄河防洪工程体系,以及"四防二守"的防汛抢险的修守制度,以期达到"以水治水""以水治沙",综合解决黄、淮、运问题,这也成为清代奉行的治河方略,一定程度上发挥了显著功效。潘季驯还著有《两河管见》《河防一览》等水利著作。

潘季驯以治水为己任,大胆创新、系统谋划,总结了前人对黄河水沙关系的认识,对后世治黄具有重要历史影响。

11. 林则徐

林则徐(公元1785—1850年),字元抚,晚号俟村老人,福建福州人,清代著名的政治家、思想家和治水人物。

林则徐仕途近40年历官13省,从北方的海河到南方的珠江,从东南的太湖流域到西北的伊犁河,都留下了他治水的足迹。公元1820年,林则徐出任杭嘉湖兵备道,上任之初便认识到海塘工程乃保障滨海地区生产生活之关键,着手加固海塘,还特别要求"新塘采石,必择坚厚";公元1837年,在湖广总督任上,着重维修长江中游荆江段和汉水下游堤防。公元1841年,林则徐被谪戍伊犁,又领导水利屯田,在惠远城水利建设中负责最艰巨的渠首工程建设,在托克逊大力推广"坎儿井"。

林则徐认识到水利是农业的命脉,水利兴废攸关国家命运和人民生计,每到一地、治水一方。林则徐治水注重深入实际,因地制宜,科学施策,为水利事业发展做出了突出贡献。

12. 李仪祉

李仪祉(公元1882—1938年),名协,字宜之,陕西省蒲城县人,我国近代著名水利学家和水利教育家,历任南京河海工程专门学校教授、陕西省水利局局长、华北委员会委员长、黄河水利委员会委员长等职。

李仪祉先生在德国留学期间,目睹欧洲各国水利之发达,对我国当时水利的颓废十分感慨,立志振兴水利事业、服务国家发展。民国四年(公元1915年)学成回国之初,李仪祉先任河海工专教授,专注培养水利人才。民国十一年(公元1922年)李仪祉任陕西省水利局局长,先后提出建设关中八惠工程计划。民国二十一年(公元1932年)泾惠渠建成,当年灌溉农田50万亩,郑国渠焕发新生,八惠等其他工程此后也陆续实施。李仪祉长期致力于黄河治理研究,他主张治理黄河要上中下游并重,防洪、航运、灌溉和水电兼顾,把我国治理黄河的理论和方略向前推进了一大步,对水利科技发展也做出了突出贡献。

李仪祉先生是中国水利从传统走向现代过渡阶段的关键人物之一，被誉为"中国近现代水利奠基人"。

（二）内容丰富，经久不衰

在 4000 多年兴水利、除水害的活动中形成的水利文化，无论是精神、制度，还是物质层次，内容都十分丰富。

从物质层次上，一批历史上兴建的水利工程如都江堰、京杭大运河、宁夏引黄古灌区等至今还在发挥作用。其中都江堰、京杭大运河被列入世界文化遗产名录；宁夏引黄古灌区入选灌溉工程遗产名录。截至 2021 年，我国有 26 项水利工程入选世界灌溉工程遗产名录。它们是：2014 年入选的四川乐山东风堰、浙江丽水通济堰、福建莆田木兰陂、湖南新化紫鹊界梯田；2015 年入选的诸暨桔槔井灌工程、寿县芍陂、宁波它山堰；2016 年入选的陕西泾阳郑国渠、江西吉安槎滩陂、浙江湖州溇港；2017 年为宁夏引黄古灌区、陕西汉中三堰、福建黄鞠灌溉工程；2018 年入选的四川都江堰、广西灵渠、浙江姜席堰和湖北襄阳长渠；2019 年入选的内蒙古河套灌区、江西抚州千金陂；2020 年入选的福建省福清天宝陂、陕西省龙首渠引洛古灌区、浙江省金华白沙溪三十六堰、广东省佛山桑园围；2021 年入选的江苏里运河-高邮灌区、江西潦河灌区、西藏萨迦古代蓄水灌溉系统。

与我国水利建设史一样悠久的水利科技，在历史时期中同样取得了巨大的成就，在相当长的时期里一直遥遥领先于世界其他各国，也得到继承和发扬。《管子》中对于水跃等水力学现象的认识、解释与应用；《水经注》中对于河流与流域的全面了解与把握、西汉时期就已成功应用的水工测量；唐代时期就比较成熟的对流量的计算；汉代以来不同历史阶段对于黄河泥沙特性、泥沙运动规律的认识与把握以及建立在泥沙规律认识基础之上的对黄河河道冲淤、演变规律的认识等，这些无不反映出我国历史上水利科学理论的先进性。同时，先秦的井田沟洫、蓄引灌排功能齐全的农田水利体系，各种有坝和无坝取水的灌溉工程，出现于北宋时期的复式船闸与节水船闸；以渡槽、涵闸、阴沟、虹吸管、井灌等为代表的多种农田水利工程附属建筑物；以龙骨水车、水转筒车、高转筒车、水碓、水排、水磨等为代表的各种水能机械；明清时期日益完善与复杂化的堤防涵闸引排水系统，以桑基鱼塘为代表的生态农业水利形式；新疆的坎儿井等，这些不胜枚举的各类工程和机械等，都是不同历史时期我国先进的传统水利技术的代表。

在精神层次上，历史上的治水人物及其光辉业绩、崇高精神流芳百世，被人民歌颂、敬仰和学习。如以自己的智慧和胆识带领人民开山凿渠、成功创建都江堰工程的李冰，关心民生、足迹踏遍南阳各地山山水水的召信臣，以勤奋和严厉著称、写成著名水利著作《水经注》的郦道元，开创西湖水利的白居易，改善西湖水利的苏轼，反对盲目回河的欧阳修与苏辙，敢为天下先、在黄河暴涨的汛期堵口并一举成功的贾鲁，一生中四起四落、充满坎坷却痴情于治河、事迹感人肺腑的明代治河家潘季驯，把兴修水利、解民于困苦之中作为实现其人生理想手段的林则徐等。他们都只是无以数计的水利历史人物的代表，无论是他们的生平事迹，还是他们在治水活动中所体现出来的水利精神，都深深地震撼历代人的心灵，并激励人们不断进取。

在制度层次上，我国历史典籍汗牛充栋，浩如烟海，其中不乏大量的水利典籍，除

《二十五史》河渠志、沟洫志外，还有专著、集子。此外，大量的不同时期的地方志中保留了不同地区水利开发的详细记载。这些典籍是我国水利历史文化的直接载体。如《汉书·沟洫志》《宋史·河渠志》等，是正史水利专志的代表；《水经注》《河防一览》《河防通议》《治江图说》《导江三议》等，是关于水利的专著；《天下郡国利病书》《梦溪笔谈》《农书》等则是涉及水利历史文化的集子的代表。至于各地的方志，如明清以来各省通志以及数以千计的各府、州、县地方志，就更是举不胜举。

水利制度是我国历史上水利建设、管理的重要保障。广义的水利制度既包括国家的水利管理框架体系、水利管理的法律法规，也包括工程管理的具体规定。例如，西汉以来我国政府就设有专门管理水利的机构与专职官员；从《秦律》到《大清律》，每一个朝代的基本法律中都有水利方面的条款；唐代的《水部式》则开创了我国历史上制定专门水利法规的先河；宋代《农田水利条约》、元代的《农桑之制十四条》等都是水利法规的代表。此外，从汉代开始，对灌溉工程（灌区）、黄河治理和运河管护等，都制定有不同的规范性文件，典型的如西汉召信臣的《均水约束》、金代的《河防令》以及明清时期京杭大运河沿线各省、府、州、县制定的关于运河航道维护与水量保持的规定等。其中很多的制度对于当今所面临的水问题的解决仍有借鉴和启发作用。

（三）与时俱进、推陈出新

水利行业文化随着水利事业的发展也与时俱进、推陈出新。以水利精神为例说明。从古到今，人们公认的水利精神有大禹精神、都江堰精神、红旗渠精神、九八抗洪精神、三峡精神、水利行业精神和新时代水利精神。

1. 大禹精神

三皇五帝时期，黄河泛滥，鲧、禹父子二人受命于尧、舜二帝，任崇伯和夏伯，负责治水，大禹从鲧治水的失败中汲取教训，改变了"堵"的办法，对洪水进行疏导，大禹为了治理洪水，长年在外与民众一起奋战，置个人利益于不顾，"三过家门而不入"。大禹治水 13 年，耗尽心血与体力，终于完成了治水的大业。

大禹治水在中华文明发展史上起重要作用。在治水过程中，大禹依靠艰苦奋斗、因势利导、科学治水、以人为本的理念，克服重重困难，终于取得了治水的成功。由此形成以公而忘私、民族至上、民为邦本、科学创新等为内涵的大禹治水精神。大禹治水精神是中华民族精神的源头和象征。

2. 都江堰精神

都江堰精神指李冰父子修建都江堰水利工程中形成的水利精神。

两千年前，李冰父子面对桀骜不驯的岷江水，火攻玉垒化为离堆。鱼嘴堤分水、飞沙堰溢洪、宝瓶口引水，将逢雨必涝的西蜀平原，化作了水旱从人，不知饥馑的天府之国。

都江堰的创建，以不破坏自然资源，充分利用自然资源为人类服务为前提，变害为利，使人、地、水三者高度协合统一，是全世界迄今为止仅存的一项伟大的生态工程，开创了中国古代水利史上的新纪元，标志着中国水利史进入了一个新阶段，在世界水利史上写下了光辉的一章。都江堰水利工程，是中国古代人民智慧的结晶，是中华文化划时代的杰作。与之兴建时间大致相同的古埃及和古巴比伦的灌溉系统，以及中国陕西的郑国渠和广西的灵渠，都因沧海变迁和时间的推移，或湮没、或失效，唯有都江堰独树一帜，由兴建起便源远流长，至今还滋润着天府之国的万顷良田。

都江堰精神也被称为匠人精神、李冰精神。其内涵，有"选址科学合理，不辞辛苦、不畏艰难，坚持不懈的精神"之说，也有"为民造福、务实求真、淡泊名利、贴近苍生"之说。

3. 红旗渠精神

河南省林县（今林州市）位于太行山东麓，历史上属于严重干旱地区。20世纪60年代，在党的领导下，林县人民在万仞壁立的太行山上修建了举世闻名的"人工天河"——红旗渠，彻底改变了世世代代贫穷缺水的命运，为经济发展和社会稳定做出重要贡献。在红旗渠建设过程中孕育形成的"自力更生，艰苦创业，团结协作，无私奉献"的红旗渠精神，不仅记载了林县人民那段战天斗地的奋斗历程，而且成为我们党和中华民族宝贵的精神财富，至今仍然激励着广大干部群众奋发进取，开拓创新，不断创造更加辉煌的业绩。

4. 三峡精神

举世瞩目的三峡水利枢纽工程，是在原本荒芜之地崛起的世界水电的标杆工程，彰显了"科学民主、求实创新、团结协作、勇于担当、追求卓越"的三峡精神。

作为中国自主设计、自主建造的世界上最大的水利枢纽工程，三峡工程的兴建，承载了中华民族的治水梦想。从进行工程可行性论证，到民主表决通过方案，再到开展施工、建设，"科学民主"的三峡精神贯穿始终，并成为工程建设顺利推进以及保持平稳运行的重要保障。

"求实创新、团结协作"的三峡精神，同样闪耀在三峡工程建设的每一个细微之处。为了兴建三峡工程，从20世纪20年代至今，我国几代科技人员进行了艰苦卓绝的研究与勘探，倾注了大量心血、克服了重重困难。基层建设者们削山截岭，在极端艰苦的施工条件下奋战不懈，确保了工程建设的速度与质量。

一项项创新，一次次突破，举世瞩目的三峡工程揽获得100多项"世界之最"，体现了锐意创新，亦体现了"勇于担当、追求卓越"的三峡精神，创新往往与风险相伴，离不开担当的勇气以及对于卓越的不懈追求。得益于三峡精神的引领，新技术、新创举层出不穷，并应用于工程建设之中，也将国内水电建设技术和管理提升到新的层次。由此形成的三峡模式，也已走出国门，走向世界，在全球水电工程建设领域成为样板。

巍然屹立的三峡工程，已是世界水电领域的一面旗帜；而与之相伴的三峡精神，已然成为决策者、设计者、工程建设者与库区人民共同缔造的一座新的大坝。

5. '98抗洪精神

1998年夏，我国江南、华南大部分地区及北方局部地区普降大到暴雨。长江干流及鄱阳湖、洞庭湖水系，珠江、闽江和嫩江、松花江等江河相继发生了有史以来的特大洪水。党中央领导人民开展一场规模大、气势壮、斗争严酷激烈的抗洪抢险斗争，谱写了一曲又一曲气吞山河的抗洪壮歌。在这场伟大的抗洪抢险斗争中，上下一心、干群一心、党群一心、军民一心、前方后方一心。在这场伟大的抗洪抢险斗争中，形成了万众一心、众志成城、不怕困难、顽强拼搏、坚韧不拔、敢于胜利的伟大抗洪精神，这是无比珍贵的精神财富。

6. 水利行业精神

1998年，在总结"'98洪水"经验教训时，时任国务院副总理温家宝送给即将上任水利部部长的汪恕诚六个字："献身、负责、求实"。1999年初，水利部党组经过慎重研究，决定将"献身、负责、求实"作为引领全行业职工牢记使命、担当责任、推动工作的行业精神。"献身、负责、求实"的水利行业精神应运而生。2007年11月12日，时任水利部党组书记、部长陈雷在全国水利精神文明建设工作会议上对"献身、负责、求实"的水利行业精神进行具体阐述：

献身就是水利人要积极倡导献身事业、服务人民、报效祖国的胸怀、情操和精神，在关键时刻勇于挺身而出，在风口浪尖敢于生死搏击，在平凡岗位甘于默默奉献。

负责就是水利人要积极倡导对国家、对人民、对历史高度负责的态度，戒慎恐惧、如履薄冰、严谨扎实地做好每一项工作，干好每一件事情，履行好每一份职责，努力创造经得起历史检验、经得起大自然考验的业绩。

求实就是水利人要积极倡导实事求是、求真务实的工作作风，深入基层，深入实际，了解国情，体察民情，关注下情，熟悉水情，勇于追求真理，敢于坦陈直言，善于纠正错误。

7. 新时代水利精神

2018年9月开始，水利部组织开展了新时代水利精神总结凝练工作，历时四个多月广泛调研、征求意见、酝酿讨论，先后召开43次座谈会，直接听取400多位干部职工代表的意见建议，共收集整理以往可资借鉴的精神表述语252条、新时代水利精神表述语建议289条。经部长专题办公会、部党组会两次审议研究后，将"忠诚、干净、担当，科学、求实、创新"作为新时代水利精神表述语，提交2019年1月15日召开的全国水利工作会议审定。

2019年2月13日，《水利部关于印发新时代水利精神的通知》（以下简称《通知》）发布，要求全国水利系统抓好贯彻落实，文件明确了新时代水利精神表述语："忠诚、干净、担当，科学、求实、创新"，并进行了权威诠释。

《通知》指出，在中华民族悠久治水史中，孕育了大禹精神、都江堰精神、红旗渠精神、九八抗洪精神等优秀治水传统和宝贵精神财富。党的十八大以来，在习近平总书记治水重要论述指引下的生动实践中，催生了具有新时代特征的水利精神品质。五千年精神传承、新时代实践创新，彰显了水利人"忠诚、干净、担当"的可贵品质，厚植了水利行业"科学、求实、创新"的价值取向。在治水矛盾发生深刻变化、治水思路需要相应调整转变的新形势下，迫切需要进一步传承和弘扬"忠诚、干净、担当，科学、求实、创新"的新时代水利精神，为不断把中国特色水利现代化事业推向前进提供精神支撑。

二、水利行业企业文化建设

企业文化建设工作，是提升企业管理水平、彰显企业品牌价值、增强企业影响力的重要途径，也是打造与一流企业相匹配的文化软实力的必然要求。10多年来，水利行业的企（事）业单位以党中央关于建设社会主义文化强国方针为指导，以提升管理水平、增强核心竞争力、促进可持续发展为目标，不断建立健全文化工作机制，不断完善价值理念体系，将文化纳入发展战略、融入生产经营管理全过程，积极创新文化活动载体，深入挖掘品牌价值，为单位的改革发展提供了有力的文化支撑、坚强的思想保障和强大的精神动力，取得了许多宝贵的经验。认真、全面、系统地总结这些经验，对于推动水利事业的持续稳定健康发展是非常必要的。

（一）水利行业企业文化建设的类别

水利行业企业主要有从事水利科学研究的单位，从事水工程建设的项目法人单位、规划设计、施工单位、监理单位，从事水工程管理的水库管理单位、闸门管理单位、灌区管理单位、河道堤防管理单位、农村小水电管理单位，从事水文监测工作的单位，其他如从事修造业、出版业、物质经销等方面的单位。上述单位虽然有少部分是事业单位，但都要求按企业管理，其单位文化建设与企业文化建设大同小异。所以，将其列入企业文化建设毫无疑义。

考虑到水利行业从事修造业、出版业、物质经销等方面的单位在数量上、员工人数上相对其他类单位较少，因此对这类单位的文化建设不专门立章节论述。

综上所述，本专著将立章节阐述的企业（单位）文化建设的企业（单位）是：水利科学研究单位、水文单位、水利工程建设单位和水利工程管理单位。其中，水利工程建设单位主要论述水利设计单位、水利工程项目法人单位、水利工程施工单位；水利工程管理单位主要论述水库管理单位、闸门工程管理单位、灌区管理单位、河道堤防管理单位。

（二）水利行业企业文化建设的指导思想和总体目标

水利行业与其他行业的企业一样，文化建设的指导思想是：以习近平新时代中国特色社会主义思想为指导，贯彻落实党的路线、方针、政策，牢固树立以人为本，全面、协调、可持续的科学发展观，在弘扬中华民族优秀传统文化和继承中央企业优良传统的基础上，积极吸收借鉴国内外现代管理和企业文化的优秀成果，制度创新与观念更新相结合，以爱国奉献为追求，以促进发展为宗旨，以诚信经营为基石，以人本管理为核心，以学习创新为动力，努力建设符合社会主义先进文化前进方向，具有鲜明时代特征、丰富管理内涵和各具特色的企业文化，促进企业持续快速协调健康发展，为全面建设社会主义现代化国家、实现中华民族伟大复兴中国梦贡献力量。

总体目标是：通过企业文化的创新和建设，内强企业素质，外塑企业形象，增强企业凝聚力，提高企业竞争力，实现企业文化与企业发展战略的和谐统一，企业发展与员工发展的和谐统一，企业文化优势与竞争优势的和谐统一，为企业的改革、发展、稳定提供强有力的文化支撑。

1. 认真贯彻落实新时期治水思路

作为从事兴水利除水害为主要任务的水利企业，在贯彻落实党的路线、方针、政策方面，特别要认真贯彻落实中国特色社会主义新时期的治水思路。

2014 年 3 月，习近平总书记在中央财经领导小组第五次会议上，就我国水安全问题发表重要讲话，提出了"节水优先、空间均衡、系统治理、两手发力"的十六字治水思路。十六字治水思路赋予了中国特色社会主义新时期治水的新内涵、新要求、新任务，为今后强化水治理、保障水安全指明了方向，是做好水利工作的科学指南。

节水优先，是针对我国国情水情，总结世界各国发展教训，着眼中华民族永续发展作出的关键选择。空间均衡，是从生态文明建设高度，审视人口经济与资源环境关系，在新型工业化、城镇化和农业现代化进程中做到人与自然和谐的科学路径。系统治理，是立足山水林田湖生命共同体，统筹自然生态各要素，解决我国复杂水问题的根本出路。两手发力，是从水的公共产品属性出发，充分发挥政府作用和市场机制，提高水治理能力的重要保障。

节水优先，是针对我国国情水情，总结世界各国发展教训，着眼中华民族永续发展作出的关键选择，是新时期治水工作必须始终遵循的根本方针。

2021年10月，国家发展改革委、水利部、住房和城乡建设部、工业和信息化部、农业农村部联合印发《"十四五"节水型社会建设规划》（以下简称《规划》）。

《规划》贯彻落实习近平总书记提出的"节水优先、空间均衡、系统治理、两手发力"新时期治水思路，围绕"提意识、严约束、补短板、强科技、健机制"等五个方面部署开展节水型社会建设。一是提升节水意识，加大宣传教育，推进载体建设。二是强化刚性约束，坚持以水定需，健全约束指标体系，严格全过程监管。三是补齐设施短板，推进农业节水设施建设，实施城镇供水管网漏损治理工程，建设非常规水源利用设施，配齐计量监测设施。四是强化科技支撑，加强重大技术研发，加大推广应用力度。五是健全市场机制，完善水价机制，推广第三方节水服务。

《规划》全面贯彻落实习近平总书记"以水定城、以水定地、以水定人、以水定产"重要要求，聚焦重点领域提出具体措施。一是农业农村节水，要求坚持以水定地、推广节水灌溉、促进畜牧渔业节水、推进农村生活节水。二是工业节水，要求坚持以水定产、推进工业节水减污、开展节水型工业园区建设。三是城镇节水，要求坚持以水定城、推进节水型城市建设、开展高耗水服务业节水。四是非常规水源利用，要求加强非常规水源配置、推进污水资源化利用、加强雨水集蓄利用、扩大海水淡化水利用规模。

《规划》明确，到2025年，基本补齐节约用水基础设施短板和监管能力弱项，节水型社会建设取得显著成效，用水总量控制在6400亿立方米以内，万元国内生产总值用水量比2020年下降16.0%左右，万元工业增加值用水量比2020年下降16.0%，农田灌溉水利用系数达到0.58，城市公共供水管网漏损率小于9.0%。

水利行业企业要根据本企业的实际情况围绕十六字治水思路开展文化建设工作，积极推动《"十四五"节水型社会建设规划》的实施。

2. 大力弘扬新时代水利精神

"忠诚、干净、担当，科学、求实、创新"是五千年精神传承、新时代实践创新而形成的新时代水利精神，集中反映了水利行业的价值取向和水利职工的行为准则，是社会主义核心价值观的重要组成部分，是社会主义核心价值观在水利行业的具体体现。企业文化建设要以水利行业精神统领。

新时代水利精神在做人层面倡导"忠诚、干净、担当"。

忠诚——水利人的政治品格。水利关系国计民生。在新时代，倡导水利人忠于党、忠于祖国、忠于人民、忠于水利事业，胸怀天下、情系民生，致力于人民对优质水资源、健康水生态、宜居水环境的美好生活向往，承担起新时代水利事业的光荣使命。

干净——水利人的道德底线。上善若水。在新时代，倡导水利人追求至清的品质，从小事做起，从自身做起，自觉抵制各种不正之风，不逾越党纪国法底线，始终保持清白做人、干净做事的形象。

担当——水利人的职责所系。水利是艰苦行业，坚守与担当是水利人特有的品质。在新时代，倡导水利人积极投身水利改革发展主战场，立足本职岗位，履职尽责，攻坚克难，在平凡的岗位上创造不平凡的业绩。

新时代水利精神在做事层面倡导"科学、求实、创新"。

科学——水利事业发展的本质特征。水利是一门古老的科学，治水要有科学的态度。在新时代，倡导水利工作坚持一切从实际出发，尊重经济规律、自然规律、生态规律，坚持按规律办事，不断提高水利工作的科学化、现代化水平。

求实——水利事业发展的作风要求。水利事业不是空谈出来的，是实实在在干出来的。在新时代，倡导水利工作求水利实际之真、务破解难题之实，发扬脚踏实地、真抓实干的作风，察实情、办实事、求实效，以抓铁有痕、踏石留印的韧劲抓落实，一步一个脚印把水利事业推向前进。

创新——水利事业发展的动力源泉。水利实践无止境，水利创新无止境。在新时代，倡导水利工作解放思想、开拓进取，全面推进理念思路创新、体制机制创新、内容形式创新，统筹解决好水灾害频发、水资源短缺、水生态损害、水环境污染的问题，走出一条有中国特色的水利现代化道路。

（三）水利行业企业文化建设的六大"抓手"

水利行业企业与其他行业企业一样，具有企业共有的特性，其文化建设遵循的原则、着重点、建设内容、应注意的误区基本相同，在第二章第二节已经做了较详细的叙述，不再重复。

这里要特别强调的是，水利行业企业文化建设要紧紧依靠并充分发挥思想政治工作、工程文化建设、文明单位建设、生态文明建设、安全生产标准化建设、信用体系建设六大抓手的作用。

1. 抓手一：思想政治工作

思想政治工作是党的优良传统、鲜明特色和突出政治优势，是一切工作的生命线。思想政治工作指引企业文化建设的方向。

（1）认真贯彻落实《关于新时代加强和改进思想政治工作的意见》。

在中国共产党成立 100 周年之际，中共中央、国务院印发了《关于新时代加强和改进思想政治工作的意见》，明确了新时代加强和改进思想政治工作的指导思想、方针原则及具体措施。

新时代加强和改进思想政治工作的指导思想是：以习近平新时代中国特色社会主义思想为指导，全面贯彻党的十九大和十九届二中、三中、四中、五中全会精神，增强"四个意识"、坚定"四个自信"、做到"两个维护"，紧紧围绕统筹推进"五位一体"总体布局和协调推进"四个全面"战略布局，坚持稳中求进工作总基调，围绕巩固马克思主义在意识形态领域的指导地位、巩固全党全国人民团结奋斗的共同思想基础这一根本任务，自觉承担起举旗帜、聚民心、育新人、兴文化、展形象的职责使命，把思想政治工作作为治党治国的重要方式，着力固根基、扬优势、补短板、强弱项，提高科学化规范化制度化水平，充分调动一切积极因素，广泛团结一切可以团结的力量，为人民服务，为中国共产党治国理政服务，为巩固和发展中国特色社会主义制度服务，为改革开放和社会主义现代化建设服务。

新时代加强和改进思想政治工作的方针原则是：坚持和加强党的全面领导，把思想政治工作贯穿党的建设和国家治理各领域各方面各环节，牢牢掌握工作的领导权和主动权。坚持以人民为中心，践行党的群众路线，把人民对美好生活的向往作为奋斗目标，组织群众、宣传群众、教育群众、服务群众，强信心、聚民心、暖人心、筑同心。坚持服务党和国家工作大局，全面贯彻党的基本理论、基本路线、基本方略，坚持系统观念，把思想政治工作与经济建设和其他各项工作结合起来，为党和国家中心工作提供有力政治和思想保障。坚持遵循思想政治工作规律，把显性教育与隐性教育、解决思想问题与解决实际问题、广泛覆盖与分类指导结合起来，因地、因人、因事、因时制宜开展工作。坚持守正创新，推进理念创新、手段创新、基层工作创新，使新时代思想政治工作始终保持生机活力。

《意见》指出，要深入开展思想政治教育。坚持用习近平新时代中国特色社会主义思想武装全党、教育人民，健全用党的创新理论武装全党、教育人民工作体系，增进对习近平新时代中国特色社会主义思想的政治认同、思想认同、理论认同、情感认同。推动理想信念教育常态化制度化，广泛开展中国特色社会主义和中国梦宣传教育，弘扬民族精神和时代精神，加强爱国主义、集体主义、社会主义教育，加强马克思主义唯物论和无神论教育。培育和践行社会主义核心价值观，加强教育引导、实践养成、制度保障，推动社会主义核心价值观融入社会发展和百姓生活。加强党史、新中国史、改革开放史、社会主义发展史和形势政策教育，引导党员、干部、群众旗帜鲜明反对历史虚无主义，继往开来走好新时代长征路。加强社会主义法治教育，深入学习宣传习近平法治思想，在全社会普遍开展宪法宣传教育，有针对性地宣传普及法律、法规和法理常识，加大党章党规党纪宣传力度。增强忧患意识、发扬斗争精神，广泛开展防范化解重大风险宣传教育，总结新冠肺炎疫情防控斗争经验，以自觉的斗争实践打开新天地、夺取新胜利。

《意见》指出，要提升基层思想政治工作质量和水平。加强企业思想政治工作，把思想政治工作同生产经营管理、人力资源开发、企业精神培育、企业文化建设等工作结合起来，在思想上解惑、精神上解忧、文化上解渴、心理上解压。

《意见》指出，要推动新时代思想政治工作守正创新发展。巩固壮大主流思想舆论，坚持正确政治方向、舆论导向、价值取向，把思想政治工作融入到主题宣传、形势宣传、政策宣传、成就宣传、典型宣传中，落实到党报党刊、电台电视台、都市类报刊和新媒体等各级各类媒体，不断提高新闻舆论传播力、引导力、影响力、公信力。深化拓展群众性主题实践，充分利用重要传统节日、重大节庆日纪念日，发挥礼仪制度的教化作用，丰富道德实践活动，推动形成适应新时代要求的思想观念、精神面貌、文明风尚、行为规范。更加注重以文化人以文育人，深入实施文艺作品质量提升工程，深入实施中华优秀传统文化传承发展工程，推进城乡公共文化服务体系一体建设，更好满足人民精神文化生活新期待。充分发挥先进典型示范引领作用，深化时代楷模、道德模范、最美人物、身边好人等学习宣传，持续讲好不同时期英雄模范的感人故事，探索完善先进模范发挥作用的长效机制，把榜样力量转化为亿万群众的生动实践。切实加强人文关怀和心理疏导，健全党员领导干部联系基层、党员联系群众的工作制度，健全社会心理服务体系和疏导机制、危机干预机制，建立社会思想动态调查与分析研判机制，培育自尊自信、理性平和、积极向上的社会心态。

（2）学习推广加强和改进思想政治工作的先进经验。

1）范例一：湖南省水利厅机关。

湖南省水利厅机关是全国文明单位，他们以党的政治建设为牵引，坚持"以人化人，文以载道，以文育人"，加强职工文化建设，在统一思想凝聚人心、满足职工精神文化需求、促进单位文明和谐方面发挥了重要作用。湖南省水利厅机关用习近平总书记系列重要讲话中谈到的三个理论（驴马理论、木桶理论、地瓜理论）和两个效应（破窗效应、洗碗效应）指导实践的新解经验，值得学习推广。

a. 驴马理论。

习近平总书记曾用"驴马理论"形象深刻地解释过"民主政治建设"的问题。"驴马理论"讲的是：马比驴跑得快，一比较，发现马蹄比驴蹄长得好，于是把驴身上的蹄换作马的蹄，结果驴跑得反更慢；接着再比较，又发现马腿比驴腿长得好，于是把驴身上的腿也换作马的腿，结果驴反而不能跑了；接下来，依此类推，换了身体、换了内脏，最后整个的驴换成了整个的马，才达到了跑得快的目的。"驴马理论"告诫文明，"物有甘苦，尝之者识；道有夷险，履之者知"，推进党的政治文化建设与职工文化建设的有机融合应该从以下四个方面着手，首先，深入调查研究，摸清底数和实情，找到政治文化建设与职工文化建设两者的同频共振点。其次，结合本单位实际，做好顶层设计，绘好一张蓝图。第三，在精准发力上做好加减法，在职工文化建设体现政治文化的内容上多做加法，摒弃当前存在的"一讲到搞职工活动，就在物质层面出子"的做法，适当的掺入政治元素和政治内容。第四，对政治文化建设形式和手段进行创新，减少单纯的说教和灌输，改变"一讲政治，就是开会、学习、搞教育"三板斧的老套程式。

b. 木桶理论。

"木桶理论"讲的是：一只木桶能盛多少水，并不取决于最长的那块木板，而是取决于最短的那块木板。一只木桶想盛满水，必须每块木板都一样平齐且无破损，如果这只桶的木板中有一块不齐或者某块木板下面有破洞，这只桶就无法盛满水。习近平总书记通过"木桶理论"，深刻阐释了协调发展的重要性。推进党内政治文化融入职工文化建设，一是在提高思想认识、凝聚共识上补短板。党的政治文化融入职工文化建设和文明创建工作，行动必须坚决有力，一抓到底，对于杂声和噪音，要保持斗争意识，发扬斗争精神，敢于亮剑，以思想的自觉、政治的坚定和行动的坚决，影响带动普通群众参与进来。二是在工作推进过程中，坚持"抓两头促中间"的做法，既防止简单的"锦标主义"，也防止错误的"尾巴主义"，把最多的资源和有效的工作放在争取民心最大公约数上，达到既补短板又固桶身的目的。三是方法策略选择上，要从最大限度调动群众参与能动性的角度出发，把握好党内政治文化融入职工文化建设和文明创建的节奏与力度，通过制度、组织、管理等指挥棒的合理运用，逐步实现"推着干""跟着干"到"主动干""我要干"的转变，最大程度上实现木板平齐、木桶多盛水的目的。

c. 地瓜理论。

"地瓜理论"是指地瓜的藤蔓向四面八方延伸，为的是吸取更多的阳光、雨露和养分，但它的块茎始终是在根基部，藤蔓的延伸扩张最终为的是块茎能长得更加粗壮和硕大。习近平总书记对国家命运的思考中，运用"地瓜理论"，勾画出"跳出中国发展中国，立足世界发展中国"的战略蓝图，相继提出了"人类命运共同体""一带一路"等中国方案，受到越来越多的人的认同和赞扬。党的政治文化与职工文化的融洽和合过程就是构建同心圆的过程，也可以用"地瓜理论"来思考谋划，以"跳出来搞建设"的视野和"百花齐放满园春"的胸襟来推进推动。一是立定脚跟，培本固元，确定圆心。坚持把加强的政治建设，发展党内健康政治文化置于开展职工文化建设和文明创建工作的首要位置。二是抓住关键强干粗枝，明确半径。在《意见》中，对发展健康积极的党内文化提出的"大力弘扬忠诚老实、公道正派、实事求是、清正廉洁等价值观""大力倡导清清爽爽的同志关系、规规矩矩的上下级关系、干干净净的政商关系，弘扬正气、树立新风"等，既是加强党风廉政建设的要求，也是对构建良好政风民风的期待。同时，《意见》中明确提出"弘扬社会主义先进文化，推进社会主义核心价值观宣传教育，引导党员干部带头做社会主义核心价值观的坚定信仰者、积极传播者、模范践行者"和"富强民主文明和谐自由平等法治爱国诚信敬业奉献"从三个层面概括了社会主义核心价值观的价值目标、价值取向和价值准则，是国家的价值内核、社会的共同理想和亿万国民的精神家园，是推进政治文化和职工文化和合融洽的主干主流。三是包容开放，多措并举，花式面圆。职工文化建设和文明创建形式多种多样，重在结合实际，因时因势因地制宜，"一把钥匙开一把锁"。

关于两个效应：即在思想政治工作中需要引起高度重视，并采取有效举措加以避免的两个问题。

a. 破窗效应。

习近平总书记在谈到守纪律时，强调"没有'特殊党员'，坚决防止破窗效应"。破窗效应是指在一个房子如果其中一个窗户破了，如果不及时修补，他人就可能会受到某些暗示性的纵容，过不了几天可能就会有更多人去破坏更多的窗户。党内政治文化与职工文化的融合融入融洽，除了宣传教育、实践养成、氛围熏陶之外，需要把制度规范放在突出位置，补好制度短板，完善制度漏洞，清理制度盲区，以制度的力量防止"破窗效应"产生。

b. 洗碗效应。

洗碗效应讲的是经常洗碗的人打碎碗的概率比不洗碗或少洗碗的人大。一旦打碎了碗，不仅会前功尽弃，还可能因此受到批评；而那些没洗碗或很少洗碗的人，则不会因此挨批评、担责任。习近平总书记在《努力造就一支忠诚干净担当的高素质干部队伍》一文中指出："要在强化责任约束的同时鼓励创新、宽容失误。探索就有可能失误，做事就有可能出错，洗碗越多摔碗的几率就会越大……切实保护干部干事创业的积极性"。党内政治文化与职工文化的融合融入融洽，是一个系统工程，或示范引领，以点带面，或破立并举、先破后立、或制度保障、统筹推进，或踏石留痕、久久为功，或润物无声、功到自然成……这里面尤其少不得组织的一双慧眼，关键之处、紧要关头为探索者撑腰，给促进派打气，防范发生"洗碗效应"。

湖南省水利厅机关深刻认识到，民心是最大的政治。加强党的政治建设，要紧扣民心这个最大的政治，把赢得民心民意、汇集民智民力作为重要着力点。"时代是出卷人，我们是答卷人，人民是阅卷人"。以党的政治建设为引领，加强职工文化建设提升文明创建水平，必须始终如一地坚持以人民为中心的导向。工作过程中，只有经常性的用群众幸福感是否增加、获得感是否明显来检验成效，检视问题，改进工作，才能有效解决"桥"和"船"的问题，达到"过河"的目的。

2）范例二：水利部水利水电规划设计总院。

全国文明单位水利部水利水电规划设计总院在新形势下做好水利勘测设计单位思想政治工作的具体举措，对水利行业单位都有参考借鉴意义。具体做法是：

a. 强化正面引导。

牢牢把握住舆论导向，坚持正面宣传为主，以中央精神为抓手，结合水利工作实际，唱响主旋律，提振精气神，把党和政府的声音传播好，把社会进步的主流展示好，把水利事业改革发展的成果宣传好，把职工的心声反映好，巩固发展健康向上的主流思想。

b. 突出以文化人。

紧紧抓住人生观、世界观、价值观这一总开关，把思想政治工作融入日常单位文化建设，不断强化思想教育，使干部职工牢固树立共产主义信仰。深入宣传贯彻社会主义核心价值观，结合各单位工作实际及"献身、负责、求实"的水利精神，制定本单位精神，潜移默化地影响职工的思想观念、道德情操和价值判断。注重人文关怀，创建团结、互助、和谐、包容的工作氛围。开展丰富多彩的文化体育活动，丰富精神生活，把文体活动作为思想政治教育的具象实践，融入先进思想政治形态的精神实质。

c. 积极发展创新。

一是思想上的发展创新，二是形式上的发展创新。政治工作者不断地用新思想、新理论武装自己，结合水利工作实际及本单位工作，在传达好上级精神的基础上，用通俗的语言进行释义，贴近群众，便于职工理解、贯彻和执行。形式上的发展创新是指要注重思想政治工作的教育形式。水利水电规划设计总院在进行"两学一做"学习教育期间，开展了"两学一做"知识竞赛，竞赛前首先将数百道"两学一做"知识题编纂为知识题库下发至各支部，竞赛中，9组参赛选手以必答和抢答的方式进行了激烈角逐，答题正确率高达99％，寓教于乐，取得了良好的效果，思想政治工作的实效性明显增强。

d. 强化制度保障。

制定规章制度，为提高思想政治工作实效性保驾护航。在各单位所制定的职工手册中，明确体现出关于思想政治相关工作的规章制度，完善职工行为准则，把对职工思想政治素养的要求转化为具有约束力的制度规范。通过扎实的规章制度管理，做到"内化于心、外化于形、固化于制、实化于行"，使职工在实践中去体会感悟，使优秀的思想在日常生活与工作中形成惯性，促进思想政治工作规范化、流程化、科学化、体系化，不断增强职工的自觉性、自律性、自发性。

　　e. 树立服务意识。

　　思想政治工作是"暖心工程"，要设身处地替职工着想，发自内心关爱、帮助他人，做到"三个知道，一个跟上"，即知道工作对象在哪里？想什么？需要什么？思想工作跟上。当职工个人或家庭遇到实际问题和困难时，政工干部主动靠上去帮助解决，多做实事好事。在工作上要了解其期望是什么，兴趣点在哪里，让其明白自身发展方向，使其对工作保持一种持续的热情。在家庭生活上特别关注职工的实际困难，重视职工个体的心理和谐。政工干部和职工成了知心朋友，思想政治工作的实效性也会大大增强。

　　f. 注重防微杜渐。

　　就是要"抓早、抓小、抓常"。"早"是指要注重青年人的思想政治教育。青年人刚刚步入社会，思想存在着很多的不确定性，世界观、人生观、价值观都处在形成期，接触的信息十分繁杂，应尽早介入，抓好青年人这个群体的思想政治教育。"小"是指要注重基层。层层抓落实，把压力、责任逐级传导，把工作真正落实到每一名职工。"常"是指要注重持之以恒，常抓不懈，树立长期作战的思想，把中央精神学懂、吃透，脚踏实地推进落实，保持连续性、稳定性。

　　g. 坚持身体力行。

　　政工干部首先要具备一些"闪光点"，才能"挺直腰杆"，教育别人。要坚持不懈地用马克思主义中国化最新理论成果武装自己，提升自身的理论素养，补足精神上的"钙"。更为重要的是要时刻注重自身的言行举止，不能"点灯是人，熄灯是鬼"，要用自身模范的行为和高尚的人格感染职工、带动职工，从日常点滴做起，努力提高和运用自身非权力的影响力。

　　2. 抓手二：工程文化建设

　　水利工程是水文化的物质形态载体之一。加强水工程文化建设，传播水文化，弘扬水文化，不仅是推动社会主义文化大繁荣大发展的需要，也是促进人与自然和谐发展、建设"美丽中国"的必然要求，因此是水利行业企业单位的重要任务和内容。

　　对水利工程而言，水文化建设是提升其品位与内涵的重要途径，是传承发展和宣传水文化的重要载体与最佳平台。通过水文化建设，使仅具有防洪、发电、灌溉等功能的水利工程成为弘扬先进文化、彰显地域文化、突出个性文化、展示特色文化的载体。这对工程本身、水利工作者及人民大众都有着很重要的意义。江西省峡江水利枢纽工程管理局扎实推动工程水文化建设的经验值得学习借鉴。

　　江西省峡江水利枢纽位于赣江中游峡江县巴邱镇上游峡谷河段，是一座以防洪、发电、航运为主，兼顾灌溉等综合利用的大（1）型水利枢纽工程。峡江水利枢纽工程2017年12月完成竣工验收，是国务院确定的172项重大供水节水工程中较早地完成竣工验收的水利枢纽工程。工程建成后，对于减少沿江地区水患灾害和促进社会经济健康、快速、高质量发展，维护河流水生态环境和区域生态文明建设发挥着十分重要的作用。

　　江西省峡江水利枢纽工程管理局深入贯彻落实《江西省水利厅贯彻落实水文化建设规划纲要（2011—2020年）实施意见》，全面推进水文化提升"六个一"工程，即：树一块标识牌，砌一堵见证墙，修一个五河兴赣主题广场，建一个展示馆，造一个廉文化园、凝一种精气神。这"六个一"通过不同的表现形式展现枢纽工程生态、景观、精神等多个领域的文化内涵，努力实现水利工程功能与文化建设的有机结合。

（1）突出景观文化。峡江水利枢纽工程作为展示江西水利的窗口，工程的外观形象建设尤为重要。在功能布局、外观设计等方面大胆创新，按"一核、一带、两区"结构布局，即峡江水利枢纽工程核心区、赣江风光带、成子洲休闲观光区和鹊山湿地环境体验区，全面提升工程的外部环境和文化内涵。工程核心区是整个景观文化的主体，景观文化的创新落脚在枢纽大坝的建筑艺术效果和营区的景观建设上，在坝顶建设七彩横梁，使整个大坝如彩虹般横跨在赣江之上，气势雄伟，其中，18孔泄水闸、发电厂房、通航建筑物、鱼道等采用新材料和新手艺，充分展现现代水利工程丰富的空间造型。同时，在右岸营区建立建筑外观以"水"为隐喻的展示馆，形式新颖，立意深远，整体色调简洁明快，给人以回归自然的轻松体验。"一带、两区"则以沿岸的民俗文化景观和旅游休闲景观为辅助，传承峡江的地域文化。

（2）传播工程文化。峡江水利枢纽工程作为国务院确定的172项重大供水节水工程之一，不仅在竣工验收完成进度上走在全国前列，而且工程建设过程中采用的先进技术，移民及抬田的创新举措，标准化、物业化管理创新等也为全国大型水利枢纽建设提供了"峡江经验"和"峡江方案"。为了更好地展现工程建设创新成果和峡江水利人的智慧，在右岸营区的展示馆内，运用先进的声、光、电、多媒体技术，突出了对工程建设历程、工程设计创新、水利科技知识等的展示，让人们更加直观了解治水科学原理，体验工程文化，感受水利工程设计者和建设者的艰辛及背后的故事。除宣扬工程本身之外，在发电厂房的右侧泄水闸挡水墙面上，通过镂空铁艺雕刻手法再现大坝战天斗地的建设场面，生动反映峡江水利人在建设期间"献身、负责、求实"的精神。在营区管理房东面小山坡上，以水为设计元素，布置一面"创新、拼搏、担当、奉献"体现峡江水利枢纽精神八个大字的景观墙，以此继续激励和鞭策职工继续发挥工程建设期间攻坚克难的精神品质，全力做好工程的安全运行管理。

（3）弘扬生态文化。绿色是江西之本，生态是工程之魂。水生态文化是水文化的主要内容，峡江水利枢纽工程拦江而建，对赣江的生态环境尤其是水生态环境造成了一定影响，为了帮助赣江鱼类种群的恢复与培育，促进人与自然和谐相处，工程在建期间，修建了鱼类过坝通道，进行了鱼类人工增殖放流、建立了鱼类栖息地，最大程度地维护了鱼类的生态平衡，除了保护生物的多样性，还采取临江土质边坡生态防护等一系列措施，做好了沿岸水环境的保障，现今，峡江水利枢纽水库水质全部达到国家Ⅱ类水质标准。

为了把工程的生态文明先进理念加以弘扬，在展示馆内专门设置生态篇，通过图片和视频的方式，全景展现绿水青山的峡江枢纽现状。同时，加入科普教育和参观功能，对鱼道和鱼类增殖站进行公开展示，使人们能够近距离观赏到鱼类，在鱼道外侧，配以标识牌和解说词，说明鱼道对于减小大坝的阻隔影响，帮助恢复鱼类和其他水生生物物种在河流中自由洄游所具有的重要意义，进一步传播赣江鱼类的知识，展现峡江水利枢纽的生态文化。

（4）打造廉政文化。廉政文化是中国优秀传统文化的重要组成部分，具有深厚的历史背景和丰富的思想内涵。充分运用江西深厚的廉政文化资源构建了以"学、思、践、悟"四个关键字为篇章的廉文化园，并将水利廉政文化植根于多元廉政文化和水文化的土壤中，形成了既有深刻思想性，又有广泛渗透性的水利廉文化。在廉文化园中，设置"赣水清莲"主题艺术雕塑，以铸铜为材质，结合水流、书法和莲花构成一个抽象的"廉"字，寓指清廉的精神，也隐喻峡江水利枢纽在赣江中流砥柱的重要作用。在主题雕塑旁边，建立江西水利工程与廉洁文化主题墙，紧紧围绕古代水利工程建设成果，萃取廉文化的精华，以书目卷轴的形式讲述江西赣州福寿沟、江西泰和槎滩陂、江西抚州千金陂这些水利工程背后的廉政文化故事，充分发挥廉文化潜移默化的教育和引导作用。同时，还树立了峡江清风文化墙，宣扬"廉政八不准"的纪律要求和工程建设"四个安全"的目标，让峡江水利枢纽的清风文化印刻在石头上，铭记在心中，进一步引导干部职工提升精神境界，把实现个人价值与工程建设管理的目标紧密结合起来，不断提高廉洁自律的自觉性。

（5）放眼水利文化。在营区展示馆内，以多姿多彩的世界水利、福殷华夏的中国水利和润泽赣都的江西水利为篇章，分别讲述世界、中国和江西从古至今著名的水利工程，传播"兴利除害，水利天下"的思想。在旁边的园林绿化场地上，兴建"五河兴赣"主题广场，地面上用浮雕形式勾勒江西水利"五河一湖一江"地图，在地图上分别树立修河、饶河、赣江、抚河、信江五根图腾柱，展现灿烂别致的赣都文明。

在广场和展示馆之间，修建一条古代江西治水达人长廊，以许真君挥剑斩蛟、刘彝修福寿沟、王安石立农田水利法为典型，塑造雕像，并以文字加以说明，展示古人治水的智慧。

3. 抓手三：文明单位建设

中央精神文明建设指导委员会在2020年2月印发的《关于深化新时代文明单位创建工作的意见》，把"注重涵育单位文化"纳入进一步深化拓展文明单位创建内容之中，将使文明单位建设成为单位文化建设的强大动力，也为单位文化建设指明了方向、明确了要求。在"注重涵育单位文化"的条文中要求："发挥中华优秀传统文化和革命文化、社会主义先进文化的影响力和感染力，打造健康文明、昂扬向上、全员参与的职工文化，培养团结协作、勇于创新、奋发有为的团队精神，增强单位的凝聚力、向心力和竞争力。结合企业发展战略，继承发扬优良传统，培育提炼各具特色、符合实际、充满生机的企业精神，建立企业标识体系。加强学习型机关、学习型企业、学习型班组、学习型员工建设，大力开展岗位培训和职业教育。完善企业文化体系，开展质量文化、诚信文化、安全文化、品牌文化等专项文化提升工作，丰富企业文化内涵。广泛开展法治宣传和普法教育，引导干部群众提升法治素养、增强法治观念，推动形成尊法学法守法用法的法治环境。弘扬科学精神，普及科学知识，提高干部群众科学文化素质，消除封建迷信、伪科学、极端思想土壤，坚决抵制违法违规宗教活动。加强单位宣传思想文化阵地建设，培育职工文化骨干队伍，广泛开展文艺演出、职工运动会等形式多样、健康有益的文体活动。"

水利系统现有74个全国文明单位，其单位文化建设都是很出色的。

水利系统第六届全国文明单位名单（20个，按中央文明委发文顺序排序）：①黄河河口管理局河口黄河河务局；②黄河水利委员会水文局（机关）；③水利部海河水利委员会漳卫南运河管理局（机关）；④嫩江尼尔基水利水电有限责任公司；⑤河北省黄壁庄水库事务中心；⑥黑龙江省大庆地区防洪工程管理处；⑦江苏省泰州引江河管理处；⑧江苏省水利勘测设计研究院有限公司；⑨绍兴市曹娥江大闸运行管理中心；⑩福建省水文水资源勘测中心；⑪江西省水利科学研究院；⑫山东省水文局；⑬河南省水利厅（机关）；⑭广西壮族自治区水利电力勘测设计研究院有限责任公司；⑮四川省都江堰东风渠管理处；⑯成都市双流区水务局；⑰贵州省水利水电勘测设计研究院有限公司；⑱陕西省泾惠渠灌溉中心；⑲青海省水利工程运行服务中心；⑳新疆水利水电科学研究院。

水利系统复查确认继续保留荣誉称号的全国文明单位名单（54 个，按中央文明委发文顺序排序）：①长江水利委员会水文局（机关）；②黄河水利委员会宁蒙水文水资源局；③生态环境部松辽流域生态环境监督管理局；④水利部太湖流域管理局（机关）；⑤湖南澧水流域水利水电开发有限责任公司；⑥中水东北勘测设计研究有限责任公司；⑦黑龙江省水利科学研究院；⑧上海市水利工程设计研究院有限公司；⑨泰州市城区河道管理处；⑩福建省水利厅（机关）；⑪威海市水务局；⑫安阳市水利局；⑬宜昌市水利和湖泊局；⑭邵阳市水利局；⑮陕西省桃曲坡水库灌溉中心；⑯四川省农田水利局；⑰宁波市水库管理中心；⑱青岛市即墨区水利局；⑲水利部信息中心（水利部水文水资源监测预报中心）；⑳水利部水利水电规划设计总院；㉑中国水利水电科学研究院；㉒中国水利水电出版传媒集团有限公司；㉓水利部长江水利委员会（机关）；㉔汉江水利水电（集团）有限责任公司；㉕水利部黄河水利委员会（机关）；㉖黄河水利委员会河南黄河河务局（机关）；㉗水利部淮河水利委员会（机关）；㉘水利部海河水利委员会（机关）；㉙水利部松辽水利委员会（机关）；㉚水利部交通运输部国家能源局南京水利科学研究院；㉛内蒙古自治区水利水电勘测设计院；㉜黑龙江省水利厅（机关）；㉝上海市水利管理处；㉞江苏省江都水利工程管理处；㉟张家港市水政监察大队；㊱浙江同济科技职业学院；㊲浙江省水利水电勘测设计院；㊳福建省水利水电勘测设计研究院；㊴济南市城乡水务局（机关）；㊵德州市水利局；㊶信阳市水利局；㊷漯河市水利局；㊸湖北省水利厅（机关）；㊹湖北省水利水电规划勘测设计院；㊺湖南省水利厅（机关）；㊻湖南省双牌水力发电有限公司；㊼重庆市梁平区水利局；㊽四川省都江堰管理局；㊾云南省水利水电勘测设计研究院；㊿宁夏回族自治区唐徕渠管理处；51新疆维吾尔自治区塔里木河流域喀什管理局；52青岛市水务管理局（机关）；53辽宁省大伙房水库管理局有限责任公司；54广东水利电力职业技术学院。

4. 抓手四：生态文明建设

党的十八大报告强调："把生态文明建设放在突出地位，融入经济建设、政治建设、文化建设、社会建设各方面和全过程。"由此，生态文明建设不但要做好其本身的生态建设、环境保护、资源节约等，更重要的是要放在突出地位，融入经济建设、政治建设、文化建设、社会建设各方面和全过程，这就意味着生态文明建设既与经济建设、政治建设、文化建设、社会建设相并列从而形成五大建设，又要在经济建设、政治建设、文化建设、社会建设过程中融入生态文明理念、观点、方法。

水是生命之源、文明之源、也是文化之源，没有水就没有人类文明，也就不会产生文化。显然，水生态文明是生态文明的基础条件，也是水文化的重要源泉。水生态是指环境水因子对生物的影响和生物对各种水分条件的适应，水生态建设主要指在水利工程建设和管理中对水环境采取的一系列生态绿化与节能环保等措施，也是水利行业单位的主要职责之一。由此产生的文化是水利行业单位文化的主要内容之一。因此，水利行业单位文化与生态文明要融合建设。

广东省飞来峡水利枢纽社岗堤工程在加固过程中对如何结合水文化与水生态融合建设进行了研究和探索。通过因地制宜结合水土保持、生态绿化和工程功能，进行水文化与水生态融合建设：一是从设计方案源头上贯彻系统设计、文化融合建设理念，实现安全可靠、生态文化、人水和谐；二是创造性地提出分区设计方案，建成功能协调、以人为本的绿色堤防；三是将弃渣资源化综合利用，为水生态与水文化融合建设提供条件，既满足水土保持要求，也实现了生态和节约投资；四是根据现场地形对堤防沿线进行生态景观节点打造，建成绿色人文堤防；五是因势利导，采用多种灌草造型方式，营造生态文化岸坡，提升了飞来峡水利风景区的文化亲和力；六是因地制宜，突出重点建成了生态文化园：根据现场条件进行弃渣利用，结合水土保持、生态绿化和休闲健身设施建设，将工程建设历程、水利历史文化、水利书法作品、楹联等水文化融入生态绿化工程中，较好地实现了水文化与水生态融合建设理念。社岗堤工程水文化与水生态融合建设，是对国家五位一体总体布局中提出的文化建设与生态文明建设在水利工程建设中的一次成功实践，取得了显著的生态效益、文化效益和社会效益，得到了人民群众的普遍好评。

5.抓手五：安全生产标准化建设

安全生产是关系人民群众生命财产安全的大事，是经济社会协调健康发展的标志，是党和政府对人民利益高度负责的体现。水利行业单位，特别是工程建设和管理单位，安全生产责任重如泰山。

我国大江大河的洪水灾害一直是中华民族的心腹大患，水资源短缺一直是我国社会经济发展的瓶颈。为了防治水旱灾害，我国兴修了9.8万多座水库、32万多千米堤防，以及10.35多万座水闸、43万多处固定机电排灌站等水利工程，大江大河及这些水利工程的安全就落在水利行业的肩上，而且是头等大事。作为水利工程的建设单位和管理单位肩负着第一责任。这些单位安全文化建设的重要意义也不言而喻。

为了提升安全生产管理水平，水利部根据《中华人民共和国安全生产法》，2011年印发了《水利行业深入开展安全生产标准化建设实施方案》（水安监〔2011〕346号），启动了安全生产标准化建设工作。2013年水利部印发了《水利安全生产标准化评审管理暂行办法》（水安监〔2013〕189号）、《农村水电站安全生产标准化达标评级实施办法（暂行）》（水电〔2013〕379号）、《水利安全生产标准化评审管理暂行办法实施细则》（水安监〔2013〕168号），以及水利工程管理单位、水利水电施工企业、水利工程项目法人、农村水电站四项安全生产标准化评审标准。2018年4月，根据《企业安全生产标准化基本规范》（GB/T 33000—2016）和近几年标准化工作开展情况，对试行评审标准进行了修订，并以《水利部办公厅关于印发水利安全生产标准化评审标准的通知》（水安监〔2018〕52号）印发。2019年11月水利部发布《水利安全生产标准化通用规范》（SL/T 789—2019），使水利安全生产标准化有了行业标准。

安全生产标准化建设，就是用科学的方法和手段，提高人的意识，规范人的行为，培养良好的工作习惯，实现最大限度地防止和减少伤亡事故的目的。《水利安全生产标准化通用规范》明确规定："水利生产经营单位应开展安全文化建设，确立本单位的安全生产和职业病危害防治理念及行为准则，并教育、引导全体人员贯彻执行。水利生产经营单位开展安全文化建设活动，应符合《企业安全文化建设导则》（AQ/T 9004—2008）的规定。"

综上所述，水利行业生产经营单位安全生产标准化建设对单位文化建设有推动和促进作用。在单位文化建设中，不仅要按照安全生产标准化的要求，加强安全文化建设，而且要借助安全生产标准化创建活动，推进单位文化建设的全面发展。

6. 抓手六：信用体系建设

党中央、国务院高度重视社会信用体系建设。习近平总书记强调，要建立和完善守信联合激励和失信联合惩戒制度，加快推进社会诚信建设，充分运用信用激励和约束手段，建立跨地区、跨部门、跨领域联合激励与惩戒机制，推动信用信息公开和共享，着力解决当前危害公共利益和公共安全、人民群众反映强烈、对经济社会发展造成重大负面影响的重点领域失信问题，加大对诚实守信主体激励和对严重失信主体惩戒力度，形成褒扬诚信、惩戒失信的制度机制和社会风尚。李克强总理在国务院常务会议专题研究信用监管工作时强调，加强信用监管是基础，是健全市场体系的关键，可以有效提升监管效能、维护公平竞争、降低市场交易成本。

2019 年 07 月 16 日，国务院办公厅发布了《国务院办公厅关于加快推进社会信用体系建设构建以信用为基础的新型监管机制的指导意见》（国办发〔2019〕35 号）。以信用为基础的新型监管机制的重点内容，主要体现在七个方面。一是贯穿事前、事中、事后全生命周期的监管机制。二是分级分类的监管机制。三是大幅提升失信成本的监管机制。四是信息充分共享和依法依规充分公开的监管机制。五是充分体现以"互联网＋"为特征的大数据监管机制。六是更加注重市场主体权益保护的监管机制。七是法治化、标准化、规范化的监管机制。

水利部开展信用体系建设工作起步比较早。2001 年，制定了《关于进一步整顿和规范水利建筑市场秩序的若干意见》（水建管〔2001〕248 号），提出了"通过计算机技术和网络技术，建立起适应现代社会和市场经济体制要求的水利建筑市场主体社会信用体系，提高市场监管的科学性和时效性"。2004 年，印发了《关于建立水利施工企业监理单位信用档案的通知》（水建管〔2004〕415 号），建立了部分水利建设市场主体及相关执（从）业人员信用档案，初步建立了失信惩戒机制。2006 年 9 月，委托中国水利工程协会开展水利建设市场主体信用档案日常管理及组织开展信用等级评价工作。2009 年 10 月，印发《水利建设市场主体信用信息管理暂行办法》（水建管〔2009〕496 号）、《水利建设市场主体不良行为记录公告暂行办法》及《水利建设市场不良行为认定标准》（水建管〔2009〕518 号）。11 月，中国水利工程协会印发《水利部关于发布水利建设市场主体信用评价暂行办法》的通知。2014 年 9 月 12 日，水利部和国家发展和改革委员会为贯彻落实《中华人民共和国政府信息公开条例》（国务院令第 492 号）、《企业信息公示暂行条例》（国务院令第 654 号）、《国务院关于印发社会信用体系建设规划纲要（2014—2020 年）的通知》（国发〔2014〕21 号）、《国务院关于促进市场公平竞争维护市场正常秩序的若干意见》

（国发〔2014〕20号）和中央精神文明建设指导委员会《关于推进诚信建设制度化的意见》（文明委〔2014〕7号）精神，加快推进水利建设市场信用体系建设，促进水利建设市场公平竞争，保障大规模水利建设顺利实施和水利工程质量安全，印发了《水利部国家发展和改革委员会关于加快水利建设市场信用体系建设的实施意见》（水建管〔2014〕323号）。

2019年11月20日，《国务院办公厅关于加快推进社会信用体系建设构建以信用为基础的新型监管机制的指导意见》（国办发〔2019〕35号）出台后，水利部对《水利建设市场主体信用评价管理暂行办法》（水建管〔2015〕377号）进行了修订，印发了《水利建设市场主体信用评价管理办法》（水建设〔2019〕307号）。

受水利部委托，自2010起中国水利工程协会开始组织开展全国水利建设市场主体信用等级评价工作，对参与水利建设的勘察、设计、施工、监理、咨询、招标代理、质量检测、机械制造等单位的诚信建设起到了促进作用。

诚信文化建设是单位文化建设的重要内容，单位文化建设也是水利建设市场主体信用评价的指标之一。要充分发挥诚信建设对单位文化建设的促进作用，以及单位文化建设对诚信建设的推动作用。

（四）企业文化建设要学习借鉴兄弟企业的先进经验

1992年10月，党的十四大报告明确提出"搞好社区文化、村镇文化、企业文化、校园文化的建设"，中国企业开始重视企业文化问题，学术界也开始了企业文化研究热，并被提到了重要议事日程。水利行业提出企业文化建设则是在2011年10月党的十七届六中全会之后。2011年12月18日水利部印发的《水文化建设规划纲要（2011—2020年）》提出"围绕水文化体系建设，分层次、分领域地广泛开展水文化研究活动。深入开展水行业系统内各领域的水文化研究。如水文文化、水利规划设计文化、水利科研文化、水工程建设文化、水利工程管理文化、水利组织文化等专业领域的具体研究。"显然，水利行业企业文化建设起步较晚，时间不长，各企业、各单位经验都不足，都处在探索时期。因此，要相互学习，取长补短。他山之石，可以攻玉。

中国水利职工思想政治工作研究会是致力于水利系统思想文化建设的社团组织，在中共水利部党组的领导下，从2014年开始，组织水利系统广大党建、思想政治和文化建设工作者，扎实推进水利系统思想文化建设，深入开展思想政治工作研究和水文化建设，认真总结加强和改进水利思想文化建设工作的新经验、新做法，并通过编辑出版《水文化理论与实践文集》进行宣传交流，至今已经出版了七辑。在宣传、推广文化建设先进经验，引导企业深入开展文化建设中发挥了显著作用。

（五）企业文化建设要采取丰富多彩、生动活泼、喜闻乐见的形式

企业文化建设要有鲜明的文化特色。要在寓教于理、寓教于文、寓教于情、寓教于乐、寓教于动、寓教于心上下功夫，切忌口号化、一般化，力戒形式主义。

无锡国富通企业征信有限公司等企业举办的庆祝中国共产党成立百周年庆祝活动就很有特色。一次活动，有那么多的企业参加，蕴涵如此丰富的内容，是值得提倡的。下面是中国水利报对这次活动的报道摘录。

2021年6月25—26日，在建党百年即将到来之际，无锡国富通企业征信有限公司

（以下简称"无锡国富通"）发起并联络安徽、江苏、湖北、广东、陕西5省和新疆生产建设兵团的38家水利施工企业，在中国革命的重要策源地、人民军队的重要发源地、有"红军故乡、将军摇篮"之誉的安徽革命老区金寨县，举办了庆祝中国共产党百年华诞纪念活动。活动内容包括参观梅山水库，向淮委大湾希望小学捐赠物资，向金寨革命烈士纪念塔敬献花篮等。

梅山水库是"一五"时期我国自行设计建造的两座连拱坝之一，是当时世界上最高的连拱坝，邓小平、彭真、胡耀邦等党和国家领导人都亲临视察过。雄伟的大坝、辉煌的历程，让代表们见证了中国共产党领导各族人民兴水利除水害伟大成就，激发起大家一心向党、建功国家的激情。

山坳里的金寨县花石乡大湾村淮委希望小学接受了无锡国富通、安徽省金寨县水电建设有限责任公司、巢湖市水利建设有限公司等38家水利企业的代表带来的总价值14万元的教学物资。

在金寨县革命烈士纪念塔前，无锡国富通等38家企业代表身着红军服装在蒙蒙细雨中庄严肃立，向为我国革命事业献身的英烈敬献花篮，全体党员一起宣誓重温入党誓词。

纪念活动紧凑、充实而有意义，一天半的时间里，企业代表们在红军摇篮、将军之乡，上了一堂生动的政治思想教育课，让他们感受到了共产党的伟大、新中国成立的不易，坚定了履行企业责任、担起社会责任的决心。

第四章　水利工程建设单位的文化建设

第一节　我国水利工程建设成就

一、古代著名水利工程

我国历史上有许多伟大水利工程，其中比较知名的有都江堰、京杭大运河、灵渠、坎儿井、郑国渠、它山堰等。其中有 26 处著名灌溉工程已经入选世界灌溉工程遗产名录，按照入选时间分别为如下：

（1）四川乐山东风堰。东风堰位于长江三级支流青衣江夹江段左岸，是夹江县境内一座以农业灌溉为主、兼有城市防洪、发电及城乡工业、生活供水、城市环保功能的水利工程。工程始建于清康熙元年（公元 1662 年），距今已延续使用 350 余年。东风堰现为乐山市第二大水利工程，是夹江县骨干水利工程。灌区由官方和民间共同管理，渠系配套完善，分布合理，自流灌溉。2014 年入选世界灌溉工程遗产名录，是乐山市继乐山大佛、峨眉山之后的第三处世界遗产。

（2）浙江丽水通济堰。通济堰位于浙江省丽水市莲都区碧湖镇堰头村边，建于南朝萧梁天监四年（公元 505 年），是浙江省最古老的大型水利工程。通济堰水利工程由大坝、通济闸、石函、叶穴、渠道、概闸及湖塘等组成。大坝首创了拱坝形式。2014 年入选世界灌溉工程遗产名录。

（3）福建莆田木兰陂。木兰陂位于福建省莆田市区西南 5 千米的木兰山下，木兰溪与兴化湾海潮汇流处，始建于北宋治平元年（公元 1064 年），是著名的古代大型水利工程，是全国五大古陂之一，至今仍保存完整并发挥其水利效用。2014 年入选世界灌溉工程遗产名录。

（4）湖南新化紫鹊界梯田。紫鹊界梯田位于湖南省娄底市新化县水车镇，中国首批 19 个重要农业文化遗产之一，是南方稻作文化与苗瑶山地渔猎文化融化糅合的历史文化遗存，其独特的耕作方式和利用山泉天然的灌溉系统在稻作文化中亦很独特。2014 年入选世界灌溉工程遗产名录。

（5）诸暨桔槔井灌工程。诸暨桔槔（jiégāo）井灌工程位于浙江省诸暨市赵家镇，诸暨赵家镇泉畈村的桔槔井灌工程，最早可追溯至南宋时期，是以桔槔—水井—渠道构成的灌溉工程，也是我国最早利用地下水资源的工程形式，在战国时期已经见诸记载。

2015 年入选世界灌溉工程遗产名录。

（6）寿县芍陂。芍陂（quèbēi）位于安徽省寿县南，由春秋时期楚相孙叔敖主持修建，芍陂引淠入白芍亭东成湖，东汉至唐可灌田万顷。迄今虽已有 2500 多年，但其一直发挥着不同程度的灌溉效益。2015 年入选世界灌溉工程遗产名录。

（7）宁波它山堰。它（tuō）山堰是古代中国劳动人民创造的一项伟大水利工程，属于甬江支流鄞江上修建的御咸蓄淡引水灌溉枢纽工程。它位于浙江省宁波市海曙区鄞江镇它山旁，樟溪出口处，唐代大和七年（公元 833 年）由县令王元玮创建。2015 年入选世界灌溉工程遗产名录。

（8）陕西泾阳郑国渠。郑国渠是古代劳动人民修建的一项伟大工程，属于最早在关中建设的大型水利工程，位于陕西省泾阳县西北 25 千米的泾河北岸。它西引泾水东注洛水，长达 300 余米（号称灌溉面积 4 万顷）。郑国渠在战国末年由秦国穿凿。公元前 246 年由韩国水工郑国主持兴建，约十年后完工。2016 年入选世界灌溉工程遗产名录。

（9）江西吉安槎滩陂。槎（chá）滩陂位于江西省泰和县，距今已有一千余年。完善的古代水利工程管理制度使得这座水利工程虽历千年风雨，仍发挥着显著的灌溉效益，被专家称为"江南都江堰"。2016 年入选世界灌溉工程遗产名录。

（10）浙江湖州溇港。溇（lóu）港位于浙江省太湖市，是太湖流域一项可与四川都江堰、关中郑国渠媲美的古代水利工程。溇港主要分布在太湖的东、南、西缘，义皋港就是为数不多至今保存相对完好的古溇港之一。2016 年入选世界灌溉工程遗产名录。

（11）宁夏引黄古灌区。宁夏引黄古灌区开创于秦汉时代，秦渠、汉渠、唐徕渠、大清渠等渠系，犹如宁夏平原上的水系史书，反映了宁夏平原漫长的文明。在历史上形成了完善的无坝引水、激河浚渠、埽工护岸等独特的工程技术，灌排渠系布局合理，管理制度完善，至今还在正常运行，持续灌溉已经 2200 多年，发挥着很好的经济效益和社会效益，推动了这个地区由游牧文明向农耕文明转变，见证了中华文明的历史进程，对区域社会、经济、政治、文化的发展具有里程碑意义。2017 年 10 月 10 日，宁夏引黄古灌区成功列入世界灌溉工程遗产名录，成为中国黄河流域主干道上产生的第一处世界灌溉工程遗产。宁夏世界遗产实现了零的突破。

（12）陕西汉中三堰。汉中三堰位于陕西省汉中市，是汉中最早的水利灌溉工程，均始建于西汉时期，距今已有 2200 多年的历史，是中国古代汉中灌溉农田的一项伟大水利工程，经过历代多次改造，至今仍在发挥着巨大的灌溉和防洪效益。2017 年入选世界灌溉工程遗产名录。

（13）福建黄鞠灌溉工程。黄鞠灌溉工程位于福建省宁德市，是福建省现存最早的水利工程，自隋朝黄鞠入闽屯垦开渠发展以来，已有 1400 多年的引水灌溉历史，形成了深厚的水文化积淀。2017 年入选世界灌溉工程遗产名录。

（14）都江堰。公元前 256 年修建的四川都江堰水利工程，被誉为"世界水利文化的鼻祖"，是全世界迄今为止年代最久、唯一留存、以无坝引水为特征的宏大水利工程。工程按"深淘滩，低做堰""乘势利导，因时制宜""遇弯截角，逢正抽心"等原则施工，至今仍发挥着防洪和灌溉的巨大效益。该工程在结构布局、施工措施、维修管理制度等方面为我们留下了丰富的技术财富。在经历 2008 年 5 月 12 日汶川强震之后，都江堰工程除分水坝——"鱼嘴"出现表面裂缝外，整个工程系统坚实如初，运作正常，创造了水利工程史上的又一个奇迹。

都江堰是世界文化遗产、世界自然遗产、全国重点文物保护单位、国家级风景名胜区、国家 AAAAA 级旅游景区。2018 年入选世界灌溉工程遗产名录。

（15）灵渠。灵渠，古称秦凿渠、零渠、陡河、兴安运河、湘桂运河，是古代中国劳动人民创造的一项伟大工程。它位于广西壮族自治区兴安县境内，于公元前 214 年凿成通航。灵渠流向由东向西，将兴安县东面的海洋河和兴安县西面的大溶江相连，是世界上最古老的运河之一，有着"世界古代水利建筑明珠"的美誉。2018 年入选世界灌溉工程遗产名录。

（16）姜席堰。姜席堰，古堰，有"龙游的都江堰"之称，位于浙江省龙游县灵山港（旧名灵溪）下游后田铺村。在河道上利用沙洲堰坝组成为一体的大胆构想和高超的筑堰技艺，是姜席堰的一大特色，在中国的治水史上十分罕见。2018 年入选世界灌溉工程遗产名录。

（17）长渠。长渠位于湖北省襄阳市南漳县，渠首位于武安镇谢家台村。据历史文献资料记载，公元前 279 年，秦国大将白起领兵进攻楚皇城时，曾以此渠引水而攻之，因此，又有"白起渠"之称。2018 年入选世界灌溉工程遗产名录。

（18）内蒙古河套灌区。河套灌区位于内蒙古自治区巴彦淖尔市，是黄河多沙河流引水灌溉的典范，引黄灌溉的历史可以追溯到汉代。河套灌区地处农耕文化与游牧文化交错带，它和长城共同见证了区域社会经济发展和黄河变迁的历史，同时也是内蒙古高原最重要的粮食产区和生态屏障，引黄控制面积 1743 万亩，是亚洲最大的一首制灌区和全国三个特大型灌区之一，也是国家和自治区重要的商品粮、油生产基地。2019 年入选世界灌溉工程遗产名录。

（19）江西抚州千金陂。千金陂位于江西省抚州市抚河干流上，始建于公元 868 年，是中国现存规模最大的重力式干砌石江河制导工程，它的建成保障了中洲围的灌溉引水，同时对抚河防洪、抚州城市水环境修复、水运保障发挥了重要作用。2019 年入选世界灌溉工程遗产名录。

（20）福建省福清天宝陂。天宝陂位于福建省福州市福清市龙江街道观音埔村。始建于唐天宝年间（公元 742—756 年），北宋大中祥符间（公元 1008—1016 年）重修，改称"祥符陂"。元符元年（公元 1098 年）再度重修，熔铜汁固其基，又改称"元符陂"。2020 年入选世界灌溉工程遗产名录。

（21）陕西省龙首渠引洛古灌区。龙首渠引洛古灌区位于陕西省渭南市，其前身是西汉时期开凿的龙首渠。公元前 120 年，汉武帝刘彻下令在洛河下游澄城县老状跌瀑处开渠引水，建成了北洛河流域时间最早、难度最大的自流灌溉工程。2020 年入选世界灌溉工程遗产名录。

（22）浙江省金华白沙溪三十六堰。白沙溪三十六堰又称白沙堰，位于浙江省金华市。东汉建武三年（公元 27 年）开建，覆盖了白沙溪的全部流域，受益农田 27.8 万亩，至今仍有 19 座堰在发挥作用。2020 年入选世界灌溉工程遗产名录。

（23）广东省佛山桑园围。桑园围始建于北宋徽宗年间，地跨广东省佛山市南海、顺德两区，由北江、西江大堤合围而成的区域性水利工程，历史上因种植大片桑树而得名，是中国古代最大的基围水利工程。2020 年入选世界灌溉工程遗产名录。

（24）江苏高邮"里运河-高邮灌区"。里运河-高邮灌区工程遗产是我国古代巧妙利用河湖水系、合理调控河流湖泊，水系连通工程的典范，是系统论思想在古灌溉工程中的成功实践。2021 年入选世界灌溉工程遗产名录。

（25）江西省潦河灌区。潦河灌区位于江西省西北部，地跨宜春市奉新县、靖安县和南昌市安义县，属于修河支流潦河流域，灌溉农田 33.6 万亩，惠及人口 26 万人，是赣西北的重要粮仓。2021 年入选世界灌溉工程遗产名录。

（26）西藏萨迦古代蓄水灌溉系统。萨迦古代蓄水灌溉系统，位于西藏自治区日喀则市，地处高原温带半干旱季风气候区，平均海拔在 4000 米以上，年均气温 5～6 摄氏度，年降雨量约 150～300 毫米。时至今日，萨迦古代蓄水灌溉系统仍然沿用着古代的工程形式和管理方式，做到了真正意义上的活态传承。2021 年入选世界灌溉工程遗产名录。

此外，没有入选世界灌溉遗产名录的白渠历史也很悠久。白渠建于汉武帝太始二年（公元前 95 年），因为是赵中大夫白公的建议，因而得名，故名白渠。这是继郑国渠之后又一条引泾水的重要工程。它首起谷口，尾入栎阳，注入渭河，中袤二百里，溉田四千五百余顷。该渠在郑国渠之南，两渠走向大体相同，白渠经泾阳、三原、高陵等县至下邽注入渭水，而郑国渠的下游注入洛水。

新疆吐鲁番地区坎儿井是荒漠地区一个特殊灌溉系统，与万里长城、京杭大运河并称为中国古代三大工程。吐鲁番的坎儿井总数达 1100 多条，全长约 5000 千米，古称"井渠"。是古代吐鲁番各族劳动群众，根据盆地地理条件、太阳辐射和大气环流的特点，经过长期生产实践创造出来的，是吐鲁番盆地利用地面坡度引用地下水的一种独具特色的地下水利工程。

古代的著名水利工程还有 2014 年获准列入《世界遗产名录》的中国大运河。

中国大运河始建于春秋时期公元前 486 年，由隋唐大运河、京杭大运河、浙东运河共三大部分、十段河道组成。地跨北京、天津、河北、山东、河南、安徽、江苏、浙江 8 个省、直辖市，27 座城市的 27 段河道和 58 个遗产点，全长 2700 千米（含遗产河道 1011 千米），是世界上开凿时间较早、规模最大、线路最长、延续时间最久的运河，被国际工业遗产保护委员会在《国际运河古迹名录》中列为最具影响力的水道。

中国大运河跨越地球 10 多个纬度，纵贯在中国最富饶的华北大平原与江南水乡上，自北向南通达海河、黄河、淮河、长江、钱塘江五大水系，是中国古代南北交通的大动脉，代表了工业革命前水利水运工程的杰出成就，对中国乃至世界历史都产生了巨大和深远的影响。自清末改漕运为海运后，大运河地位衰落。

二、新中国的水利工程建设

新中国成立后，我国大江大河不断发生洪灾害，主要有：1950 年夏季我国淮河发生的数十年未有的特大洪水，1954 年长江出现百年来罕见的流域性特大洪水，1958 年 7 月中旬黄河三门峡至花园口发生的自 1919 年有实测水文资料以来的最大洪水，1963 年 8 月海河流域发生的罕见特大洪水，1975 年 8 月淮河上游发生的大洪水，1991 年江淮特大暴雨洪涝灾害、1998 年长江、嫩江、松花江全流域型特大洪水，2003 年、2007 年淮河大水，2016 年太湖特大洪水等。每次洪灾过后，我国都掀起了以除害为主要目标的治理大江大河的建设高潮。长江三峡、黄河小浪底、淮河临淮岗、密云水库等一大批控制性水利枢纽相继建成并发挥效益，长江中下游防洪能力大大提升，黄河下游"三年两决口、百年一改道"的历史彻底改写，淮河紊乱的水系逐步理顺修好，海河水患得到有效治理，七大江河干流基本具备防御新中国成立以来最大洪水的能力，中小河流暴雨洪水防范能力显著提升。

与此同时，为了防旱抗旱、解决水资源时空分布不均，以及开发利用水能资源，我国也兴起以兴利为目的的水利建设热潮。以水电事业为例。从第一座"自主设计、自制设备、自己建设"的大型水电站——新安江水电站开始，我国水电事业蓬勃发展，三峡、小浪底、百色、龙滩、刘家峡、葛洲坝、瀑布沟、拉西瓦等一大批大型综合性水利水电枢纽屹立于江河之上。特别是党的十八大以来，遵循"创新、协调、绿色、开放、共享"的新发展理念，我国水电开启了高质量发展的新征程。溪洛渡、向家坝、锦屏等巨型水电站相继建成投产，西江大藤峡、淮河出山店、黄河东庄、云南牛栏江-滇池补水等一批具有发电功能的大型骨干水利工程正在加快建设。1949—1980 年，中国水电装机总容量由 16.3 万千瓦增长到 2032 万千瓦，到 1990 年水电装机容量达到 3605 万千瓦，2020 年水电装机容量达到 37016 万千瓦。

截至 2019 年，我国已建成水库 98112 座，总库容 8983 亿立方米。其中大型水库 744 座，总库容 7150 亿立方米；中型水库 3978 座，总库容 1127 亿立方米；小型水库 93390 座，总库容 706 亿立方米。修建堤防 320250 千米，保护耕地面积 41903 千公顷，保护人口 67204 万人。兴建水闸 103575 座，其中大型 892 座、中型 6621 座、小型 96062 座。

新中国已经建成的著名水利工程如下：

（一）荆江分洪工程

荆江分洪工程是新中国第一个大型水利工程，位于湖北省公安县境内。工程包括：荆江大堤加固、太平口进洪闸、黄山头虎渡河节制闸及拦河坝、分洪区围堤培修、南线大堤等。

1950 年冬，毛泽东主席亲自审阅并批准了《荆江分洪工程计划》。1952 年 3 月 15 日中南军政委员会第 74 次行政会议通过该计划的实施办法，并作出《关于荆江分洪工程的决定》，同时成立了以李先念为首的荆江分洪委员会及其所属机构。工程分为两期实施。1952 年 4 月 5 日全面动工兴建，至 6 月 20 日以 75 天时间建成荆江分洪第一期主体工程。

（二）三门峡黄河大坝

黄河三门峡大坝位于河南省三门峡市区东北部。工程于 1957 年 4 月 13 日开工，1961 年建成，是我国在黄河干流兴建的第一座大型水利枢纽工程，被誉为"万里黄河第一坝"。大坝主、副坝总长 857.2 米。电站厂房为坝后式，全长 223.88 米，宽 26.2 米，可安装 8 台发电机组，发电量 41 万千瓦时。

（三）丹江口水利枢纽

丹江口水利枢纽位于中国湖北省丹江口市、汉江与丹江汇口以下 800m 处，是 20 世纪 60 年代中国最壮观的水利工程，也是汉江上最大的水利枢纽工程。该工程由拦河大坝、水力发电厂、升船机及湖北、河南两座灌溉引水渠等四个部分组成。工程于1958年9月1日破土动工。1968年10月1日第一台机组发电，1973年竣工。拦河大坝长近5米，坝高162米，全长2494米，正常蓄水位157米，正常库容最大蓄水量209亿立方米。电厂装机总容量90万千瓦。单机6台，年均发电量40万千瓦时，电站承担了华中电网43%的调峰、调频任务，保证华中电网的运行安全。

丹江口水利枢纽是由我国自行勘测、自行设计、自行施工建造的一座具有防洪、发电、灌溉、航运、养殖等综合效益的大型水利工程，多年平均可向华北调水145亿立方米以上。

（四）刘家峡水电站

刘家峡水电站，位于甘肃省临夏回族自治州永靖县（刘家峡镇）县城西南约1千米处的黄河干流上。工程于1958年9月开工，1961年停建，1964年复工，1968年10月蓄水，1969年4月1日首台机组发电，1975年2月4日建成。水电站以发电为主，兼有防洪、灌溉、防凌、供水、航运、养殖等效益。

刘家峡水电站是我国自己设计、自己施工、自己建造的大型水电工程，1965年建成后成为当时全国最大的水利电力枢纽工程，曾被誉为"黄河明珠"。总发电能力为122.5万千瓦时，一年能发电57亿千瓦时。

（五）葛洲坝水电站

葛洲坝水电站是长江干流上的第一座大型水利枢纽，兼顾兴利、防洪和通航功能。大坝位于湖北省宜昌市三峡出口南津关下游约3千米处。工程于1970年12月30日开工，分两期施工，一期工程于1981年1月4日胜利实现大江截流，同年6月三江通航建筑物投入运行，7月30日二江电厂第1台17万千瓦机组开始并网发电。工程曾于1981年7月19日经受了长江百年罕见的特大洪水（72000立方米每秒）考验，大坝安然无恙，工程运行正常。一期工程于1985年4月通过国家正式竣工验收，并荣获国家优质工程奖，大江截流工程荣获国家优质工程项目金质奖。

二期工程于1982年开始全面施工，1986年5月31日大江电厂第1台机组并网发电，1987年创造了一个电站1年装机发电6台的中国记录，1号船闸及大江航道于1988年8月进行实船通航试验。1988年12月6日最后1台机组并网发电，整个工程约提前1年建成。

（六）黄河小浪底工程

小浪底位于河南洛阳以北40千米的黄河干流上，上距三门峡水库130千米。1994年9月主体工程开工，1997年10月28日实现大河截流，1999年底第一台机组发电，2001年12月31日全部竣工，总工期11年，坝址控制流域面积69.4万平方千米，占黄河流域面积的87.3%，是黄河干流三门峡以下唯一一个能够取得较大库容的控制性工程。

小浪底工程概算总投资347.46亿元人民币，其中利用外资11.09亿美元。工程伊始，就尝试与国际工程管理全方位接轨，51个国家的700多名外商和上万名中国建设者参加建设，形成了名副其实的"小联合国"。

小浪底工程创造了多项全国之最和世界之最。如全国最高的堆石坝、在复杂的地质中修建的全国最大的地下厂房和世界最大的进水塔、消力池、孔板消能泄洪洞以及最密

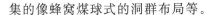

集的像蜂窝煤球式的洞群布局等。

（七）三峡大坝工程

兴建三峡工程、治理长江水患是中华民族的百年梦想。1919 年，孙中山先生就提出了开发三峡的宏伟设想。新中国成立后，毛泽东等历届党和国家领导人高度重视和关心三峡工程论证工作。在历经半个世纪的勘测设计、规划论证后，1992 年 4 月全国人民代表大会通过《关于兴建长江三峡工程的决议》。

三峡工程是治理和开发长江的关键性骨干工程，主要由枢纽工程、输变电工程及移民工程三大部分组成。三峡工程是当今世界上最大的水利枢纽工程，具有防洪、发电、航运、水资源利用等巨大的综合效益。三峡工程坝址地处长江干流西陵峡河段、湖北省宜昌市三斗坪镇，控制流域面积约 100 万平方千米。

1. 枢纽工程

枢纽工程为Ⅰ等工程，由拦河大坝、电站建筑物、通航建筑物、茅坪溪防护工程等组成。挡泄水建筑物按千年一遇洪水设计，洪峰流量 98800 立方米每秒；按万年一遇加大10％洪水校核，洪峰流量 124300 立方米每秒。主要建筑物地震设计烈度为Ⅶ度。

（1）拦河大坝为混凝土重力坝，坝轴线全长 2309.5 米，坝顶高程 185 米，最大坝高181 米，主要由泄洪坝段、左右岸厂房坝段和非溢流坝段等组成。水库正常蓄水位 175米、相应库容 393 亿立方米。汛期防洪限制水位 145 米，防洪库容 221.5 亿立方米。

（2）电站建筑物由坝后式电站、地下电站和电源电站组成。坝后式电站安装 26 台 70万千瓦水轮发电机组，装机容量 1820 万千瓦；地下电站安装 6 台 70 万千瓦水轮发电机组，装机容量 420 万千瓦；电源电站安装 2 台 5 万千瓦水轮发电机组，装机容量 10 万千瓦。电站总装机容量为 2250 万千瓦，多年平均发电量 882 亿千瓦时。

（3）通航建筑物由船闸和垂直升船机组成。船闸为双线五级连续船闸，主体结构段总长 1621 米，单个闸室有效尺寸为长 280 米、宽 34 米、最小槛上水深 5 米，年单向设计通过能力 5000 万吨。升船机最大提升高度 113 米，承船厢有效尺寸长 120 米、宽 18 米、水深 3.5 米，最大过船规模为 3000 吨级。

（4）茅坪溪防护工程包括茅坪溪防护坝和泄水建筑物。茅坪溪防护坝为沥青混凝土心墙土石坝，坝轴线长 889 米，坝顶高程 185 米，最大坝高 104 米。泄水建筑物由泄水隧洞和泄水箱涵组成，全长 3104 米。

2. 输变电工程

输变电工程承担着三峡电站全部机组满发 2250 万千瓦电力送出的重要任务，具有向华中、华东和广东电网送电的能力。最终建成的规模为：500 千伏交流变电总容量 2275万千伏安，交流输电线路 7280 千米（折合成单回路长度）；±500 千伏直流换流总容量2400 万千瓦，直流输电线路 4913 千米（折合成单回路长度）；相应的调度自动化系统和通信系统。

3. 移民工程

移民工程涉及湖北省、重庆市的 19 区（县）和重庆主城区，共搬迁安置城乡移民131.03 万人（库区移民 129.64 万人，坝区 1.39 万人），其中外迁安置 19.62 万人，主要安置到上海、江苏、浙江、安徽、福建、江西、山东、湖北、湖南、广东、四川、重庆等 12 个省（直辖市）。库区复建各类房屋 5054.76 万平方米，迁建城市 2 座、县城 10 座、集镇 106 座，搬迁工矿企业 1632 家，并进行专业项目复建、文物保护、生态环境保护、库底清理和地质灾害防治、高切坡防护等。

三峡枢纽工程从 1993 年 1 月开始施工准备，至 2008 年 10 月右岸电站机组全部投产发电，经过 16 年的努力，除批准缓建的升船机外，提前一年完成初步设计建设任务。

（八）南水北调工程

早在 1952 年，毛泽东在视察黄河时提出"南方水多，北方水少，如有可能，借点水来也是可以的"的宏伟设想。

经过 20 世纪 50 年代以来的不断勘测、规划和研究，在分析比较 50 多种规划方案的基础上，分别在长江下游、中游、上游规划了三个调水区，形成了南水北调工程东线、中线、西线三条调水线路。根据 2002 年国务院批复的《南水北调工程总体规划》，通过东中西三条调水线路，与长江、淮河、黄河、海河相互连接，构成我国中部地区水资源"四横三纵、南北调配、东西互济"的总体格局。

三条调水线路互为补充，不可替代。本着"三先三后"、适度从紧、需要与可能相结合的原则，南水北调工程规划最终调水规模 448 亿立方米，其中东线 148 亿立方米，中线 130 亿立方米，西线 170 亿立方米，建设时间需 40～50 年。整个工程将根据实际情况分期实施。

1. 东线工程

南水北调东线工程是利用江苏省已有的江水北调工程，逐步扩大调水规模并延长输水线路。东线工程从长江下游江苏省扬州市江都区抽引长江水，利用京杭大运河及与其平行的河道逐级提水北送，并连接起调蓄作用的洪泽湖、骆马湖、南四湖、东平湖。出东平湖后分两路输水：一路向北，在位山附近经隧洞穿过黄河，输水到天津；另一路向东，通过胶东输水干线经济南输水到烟台、威海。东线工程调水规模为 148 亿立方米，规划分三期建设。

东线第一期工程调水主干线全长 1466.5 千米，其中长江至东平湖 1045.4 千米，黄河以北 173.5 千米，胶东输水干线 239.8 千米，穿黄河段 7.9 千米。工程任务是从长江下游调水到山东半岛和鲁北地区，补充山东、江苏、安徽等输水沿线地区的城市生活、工业和环境用水，兼顾农业、航运和其他用水。黄河以南南低北高，为克服落差，沿线共设置 13 级泵站逐级提水，抽水扬程 65 米。一期工程多年平均抽江水量为 87.7 亿立方米（比现状增抽江水量 38 亿立方米），受水区干线分水口门净增供水量 36 亿立方米，其中江苏省 19.3 亿立方米，山东省 13.5 亿立方米，安徽省 3.2 亿立方米。在全面实施东线治污控制单元工程基础上，规划水平年输水干线水质基本达到地表水Ⅲ类标准。

东线一期工程由调水工程和治污工程两大部分组成。其中，调水工程主要包括：疏浚开挖整治河道 14 条，新建 21 座泵站，更新改造泵站 4 座，新建 3 座调蓄水库，建设穿黄工程等。治污工程分为城市污水处理及再生利用设施、工业综合治理、工业结构调整、截污导流、流域综合治理 5 类，共 426 个项目，其中山东省 324 个、江苏省 102 个。

南水北调东线一期工程于 2002 年 12 月开工建设，2013 年 11 月正式通水。

2. 中线工程

南水北调中线工程从加坝扩容后的丹江口水库陶岔渠首闸引水，沿线开挖渠道，经唐白河流域西部过长江流域与淮河流域的分水岭方城垭口，沿黄淮海平原西部边缘，在郑州以西李村附近穿过黄河，沿京广铁路西侧北上，可基本自流到北京、天津。输水干线全长 1431.945 千米（其中，总干渠 1276.414 千米，天津输水干线 155.531 千米）。规划分两期实施。

1972 年，中国在汉江兴建丹江口水库，为南水北调中线工程的水源开发打下基础。

南水北调中线一期工程于 2003 年 12 月 30 日开工建设。工程从丹江口水库调水，沿京广铁路线西侧北上，全程自流，向河南、河北、北京、天津供水，包括丹江口大坝加高、渠首、输水干线、汉江中下游补偿等内容。干线全长 1432 千米，年均调水量 95 亿立方米，沿线 20 个大中城市及 100 多个县（市）受益。工程移民迁安近 42 万人，其中丹江口库区移民 34.5 万人。丹江口水库水质一直稳定达到 Ⅱ 类标准。南水北调中线一期工程 2014 年 12 月 12 日正式通水。

3. 西线工程

西线工程在长江上游通天河、支流雅砻江和大渡河上游筑坝建库，开凿穿过长江与黄河分水岭巴颜喀拉山的输水隧洞，调长江水入黄河上游。西线工程的供水目标，主要是解决涉及青海、甘肃、宁夏、内蒙古、陕西、山西等 6 省（自治区）黄河上中游地区和渭河关中平原的缺水问题。结合兴建黄河干流上的大柳树水利枢纽等工程，还可以向临近黄河流域的甘肃河西走廊地区供水，必要时也可向黄河下游补水。规划分三期实施。

第二节　水利工程建设程序及工作内容

兴建一个水利工程项目，要经过项目建议书、可行性研究报告、初步设计、施工准备、建设实施、生产准备、项目验收（含移交）、后评价八个阶段。

一、项目建议书阶段

项目建议书应根据国民经济和社会发展长远规划、流域综合规划、区域综合规划、专业规划，按照国家产业政策和国家有关投资建设方针进行编制，是对拟进行建设项目的初步说明。

项目建议书编制一般由政府（或其授权的部门、单位）委托有相应资格的设计单位承担，并按国家现行规定权限向主管部门申报审批。项目建议书被批准后，由政府向社会公布，若有投资建设意向，应及时组建项目法人筹备机构，开展下一建设程序工作。

二、可行性研究报告阶段

可行性研究报告的编制以批准的项目建议书为依据。可行性研究应对项目进行方案比较，对在技术上是否可行和经济上是否合理进行科学的分析和论证。经过批准的可行性研究报告，是项目决策和进行初步设计的依据。可行性研究报告由项目法人（或筹备机构）组织编制。

可行性研究报告经批准后，不得随意修改和变更，在主要内容上有重要变动，应经原批准机关复审同意。项目可行性研究报告批准后，应正式成立项目法人，并按项目法人责任制实行项目管理。

项目建议书、可行性研究报告的技术审查及审批权限的具体内容如下：

（一）技术审查

（1）中央大中型水利基本建设项目的项目建议书、可行性研究报告上报后，由水利部组织技术审查；其他中央项目的项目建议书、可行性研究报告，由水利部或委托流域管理机构等单位组织技术审查。

（2）地方大中型水利基本建设项目的项目建议书、可行性研究报告，由省级发展改革主管部门报送国家发展和改革委员会，并抄报水利部和流域管理机构，由水利部或委托流域管理机构负责组织技术审查。地方其他水利基本建设项目的项目建议书、可行性研究报告完成后由省级水行政主管部门组织技术审查。

（二）审批权限

（1）大中型水利基本建设项目的项目建议书、可行性研究报告，经技术审查后，由水利部提出审查意见，报国家发展和改革委员会审批。

（2）其他中央项目的项目建议书、可行性研究报告由水利部或委托流域管理机构审批。

（3）其他地方项目，使用中央补助投资的由省有关部门按基本建设程序审批。一般是由省级水行政主管部门提出审查意见，报省级发展和改革部门审批。

三、初步设计阶段

初步设计是根据批准的可行性研究报告和必要而准确的设计资料，对设计对象进行通盘研究，阐明拟建工程在技术上的可行性和经济上的合理性，规定项目的各项基本技术参数，编制项目的总概算。初步设计任务应择优选择有项目相应资格的设计单位承担，依照有关初步设计编制规定进行编制。

初步设计报告的编制以批准的可行性研究报告为依据。

初步设计文件报批前，一般须由项目法人委托有相应资格的工程咨询机构或组织行业各方面（包括管理、设计、施工、咨询等方面）的专家，对初步设计中的重大问题，进行咨询论证。设计单位根据咨询论证意见，对初步设计文件进行补充、修改、优化。初步设计由项目法人组织审查后，按国家现行规定权限向主管部门申报审批。

初步设计文件经批准后，主要内容不得随意修改、变更，并作为项目建设实施的技术文件基础。如有重要修改、变更，须经原审批机关复审同意。

初步设计的技术审查与审批权限的具体内容如下：

（一）技术审查

（1）中央项目的初步设计由流域管理机构报送水利部，其中大中型项目由水利部组织技术审查，一般项目由流域管理机构组织技术审查。

（2）地方大中型项目的初步设计，由省级水行政主管部门报送水利部，由水利部或委托流域管理机构组织技术审查。地方其他项目的初步设计由省级水行政主管部门组织审查，其中地方省际边界工程的初步设计须报送流域管理机构组织技术审查。

（二）审批权限

（1）由水利部或流域管理机构审批的项目：

1）中央项目。

2）地方大中型堤防工程、水库枢纽工程、水电工程以及其他技术复杂的项目。

3）中央在立项阶段决定参与投资的地方项目。

4）全国重点或总投资2亿元以上的病险水库（闸）除险加固工程。

5）省际边界工程。

（2）其他地方项目的初步设计由省级水行政主管部门审批。

（3）中央项目、中央参与投资的地方大中型项目内的单项工程初步设计需要另行审批的，一般由流域管理机构根据批复的总体初步设计审批，其中重大工程项目的单项初步设计由水利部审批。

四、施工准备阶段

（1）水利工程建设项目必须满足如下条件，施工准备方可进行。

1）初步设计已经批准。

2）项目法人已经建立。

3）项目已列入国家或地方水利建设投资计划，筹资方案已经确定。

4）有关土地使用权已经批准。

5）已办理质量监督手续。

（2）项目在主体工程开工之前，必须完成各项施工准备工作，其主要内容包括：

1）施工现场的征地、拆迁。

2）完成施工用水、电、通信、道路和场地平整等工程。

3）必需的生产、生活临时建筑工程。

4）组织招标设计、咨询、设备和物资采购等服务。

5）组织建设监理和主体工程招标，择优选定建设监理单位和施工承包队伍，签订相应的合同文件。

（3）水利工程建设项目的招标投标，按国家及其有关部门、水利部、本省颁布的有关法律法规、规章制度执行，同时还要满足本省水行政主管部门有关规范性文件的要求。

五、建设实施阶段

（1）建设实施阶段是指主体工程的建设实施，项目法人按照批准的建设文件，组织工程建设，保证项目建设目标的实现。

（2）施工准备工作完成后、主体工程施工前，项目法人必须按审批权限，向主管部门提出主体工程开工申请报告，经批准后，主体工程方能正式开工。（按国发〔2013〕19号"取消行政审批项目目录"已取消）。

（3）主体工程开工须具备水利部《关于加强水利工程建设项目开工管理工作的通知》

（水建管〔2006〕144 号）和省水行政主管部门规定的条件，即：

1）项目法人（或项目建设责任主体）已经设立，项目组织管理机构和规章制度健全，项目法定代表人和管理机构成员已经到位。

2）初步设计已经批准，项目法人与项目设计单位已签订供图协议，且大型水利工程经批准的施工详图设计文件至少可以满足主体工程三个月施工需要，中、小型水利工程的施工图设计文件已经批准。

3）建设资金筹措方案已经确定，工程已列入国家或地方水利建设投资年度计划，年度建设资金已落实。

4）质量与安全监督单位已经确定并已办理质量、安全监督手续。

5）主体工程的施工、监理单位已经确定，施工、监理合同已经签订，能够满足主体工程开工需要。

6）施工准备和征地移民等工作能够满足主体工程开工需要。

7）建设需要的主要设备和材料已落实来源，能够满足主体工程施工需要。

（4）水利工程建设项目开工报告的审批权限如下：（按国发〔2013〕19 号"取消行政审批项目目录"已取消，现在一般掌握采用报告或报备的方式。）

1）国家重点建设工程、流域控制性工程、流域重大骨干工程由水利部负责审批；

2）中央项目由水利部或流域管理机构负责审批，其中水利部直接管理或总投资 2 亿元（含 2 亿元）以上的项目由水利部负责审批，总投资 2 亿元以下的项目由流域管理机构负责审批并报水利部备案；

3）中央参与投资的地方项目中，以中央投资为主的由水利部或流域管理机构负责审批，其中总投资 5 亿元（含 5 亿元）以上的项目由水利部负责审批，总投资 5 亿元以下的项目由流域管理机构负责审批并报水利部备案；

中央参与投资的地方项目中，以地方投资为主的由省级水行政主管部门负责审批；

4）中央补助地方项目、省投资或省参与投资的一般地方项目由省级水行政主管部门负责审批；

5）省补助市、扩权县（市）的一般地方项目由市、扩权县（市）水行政主管部门负责审批。

（5）项目法人要充分发挥建设管理的主导作用，为施工创造良好的建设条件。项目法人要根据《中华人民共和国民法典》及水利行业现行有效的合同示范文本与勘察设计、建设监理、施工、设备材料供应单位签订合同，依照合同约定，使各单位在资源投入上满足工程建设的需要。

（6）项目法人要充分授权工程监理，使之能独立负责项目的建设工期、质量、投资的控制和现场施工的组织协调。

（7）项目法人要按照《建设工程质量管理条例》明确的建设单位质量责任和义务对工程质量负责；要按照"政府监督，项目法人负责、社会监理、企业保证"的要求，建立健全质量管理体系，按照水利工程施工质量评定的有关要求，对单元工程、分部工程、单位工程质量进行评定，完成重要阶段的验收等。重要建设项目，须设立质量监督项目站，加强政府对项目建设的监督职能。

六、生产准备阶段

生产准备是项目投产前所要进行的一项重要工作，是由建设期转入生产经营期的必要条件。项目法人应按照建管结合和项目法人责任制的要求，适时做好有关生产准备工作。

生产准备主要内容如下：

（1）生产组织准备。建立生产经营的管理机构及相应管理制度。

（2）招收和培训人员。按照生产运营的要求，配备生产管理人员，并通过多种形式的培训，提高人员素质，使之能满足运营要求。生产管理人员要尽早介入工程的施工建设，参加设备的安装调试，以及熟悉情况，掌握好生产技术和工艺流程，为顺利衔接基本建设和生产经营这两个阶段做好准备。

（3）生产技术准备。主要包括技术资料的汇总、运行技术方案的制定、岗位操作规程制定和新技术准备。

（4）生产的物资准备。主要是落实投产运营所需要的原材料、协作产品、工器具、备品备件和其他协作配合条件的准备。

（5）正常的生活福利设施准备。

此外，还要及时、具体落实产品销售合同协议的签订，提高生产经营效益，为偿还债务和资产的保值增值创造条件。

七、项目验收（含移交）阶段

验收是政府依法设立的基本建设程序中的一个重要环节，其工作内容涉及行政性规定、程序性规定及技术性规定，是一项集行政管理与技术管理紧密结合于一体的工作。《中华人民共和国建筑法》第六十一条规定："……建筑工程竣工经验收合格后，方可交付使用；未经验收或者验收不合格的，不得交付使用。"

水利工程验收按水利部 2006 年 12 月 18 日颁发的《水利工程建设项目验收管理规定》和 2008 年 3 月 3 日发布的《水利水电建设工程验收规程》（SL 223—2008）进行。

（一）验收分类

按照《水利工程建设项目验收管理规定》和《水利水电建设工程验收规程》（SL 223—2008）的规定，水利工程建设项目的验收，依照其验收工作的分类、验收工作的组织和程序，有着不同的划分。

（1）按验收工作分类：包括分部工程验收、单位工程验收、水电站（泵站）中间机组启动验收、合同工程完工验收、阶段验收、专项验收和竣工验收。单元工程质量评定是分部工程验收的基础。

（2）按验收组织者性质不同：分为法人验收和政府验收两类。

1）法人验收是指在项目建设过程中由项目法人组织进行的验收。法人验收应包括分部工程验收、单位工程验收、水电站（泵站）中间机组启动验收、合同工程完工验收等。法人验收是政府验收的基础。

2）政府验收是指由有关人民政府、水行政主管部门或者其他有关部门组织进行的验收，应包括阶段验收、专项验收、竣工验收等。

（3）按验收主持单位的区别又可分为

1）分部工程验收，由项目法人或监理主持。

2）单位工程验收，分完工验收和投入使用验收，完工验收由项目法人主持，投入使用验收由竣工验收主持单位或其委托单位主持。

3）合同工程完工验收，由项目法人主持。

4）阶段验收，由竣工验收主持单位或其委托单位主持。包括枢纽工程导（截）流验收、水库下闸蓄水验收、引（调）排水工程通水验收、水电站（泵站）首（末）台机组启动验收、部分工程投入使用验收。水电站（泵站）中间机组的启动验收，应由项目法人组织的机组启动验收工作组负责。

5）专项验收，按国家和相关行业的有关规定确定。

6）竣工验收，由竣工验收主持单位主持。

（二）工程移交及遗留问题处理

1．工程交接

（1）通过合同工程完工验收或投入使用验收后，项目法人与施工单位应在30个工作日内组织专人负责工程的交接工作。

（2）在施工单位递交了工程质量保修书、完成施工场地清理以及提交有关竣工资料后，项目法人应在30个工作日内向施工单位颁发合同工程完工证书。

2．工程移交

（1）工程投入使用验收后，项目法人宜及时将工程移交运行管理单位管理，并与其签订工程提前启用协议。

（2）在竣工验收鉴定书印发后60个工作日内，项目法人与运行管理单位应完成工程移交手续。

3．工程竣工证书颁发

（1）工程质量保修期满后30个工作日内，项目法人应向施工单位颁发工程质量保修责任终止证书。

（2）工程质量保修期满以及验收遗留问题和尾工处理完成后，项目法人应向工程竣工验收主持单位申请领取竣工证书。

（3）工程竣工证书是项目法人全面完成工程项目建设管理任务的证书，也是工程参建单位完成相应工程建设任务的最终证明文件。

八、后评价阶段

水利建设项目后评价是水利建设投资管理程序的重要环节，是在项目竣工验收且投入使用后，或未进行竣工验收但主体工程已建成投产多年后，对照项目立项及建设相关文件资料，与项目建成后所达到的实际效果进行对比分析，总结经验教训，提出对策建议。也可针对项目的某一问题进行专题评价。

从上述水利工程建设程序及有关工作内容可以看出，水利工程建设项目主要是由水利勘测设计单位、项目法人单位、施工单位、监理单位完成的。这些单位之间的关系是：

项目法人和监理单位是委托和被委托关系，项目法人和设计单位也是委托和被委托关系。通俗来讲就是项目法人委托设计单位设计图纸，委托监理单位监理工程，他们是签订委托合同（一个是委托设计，一个是委托监理）；施工单位和项目法人是承包和被承包的关系，施工单位和业主签订的是承包合同；监理单位和施工单位是监理和被监理的关系；监理单位和设计单位都是受项目法人的委托，为项目法人服务的，但设计和监理之间没有类属关系。

如果业主委托的监理工作含施工前的阶段，那么在图纸设计时，监理会提出意见供业主决策。当然，在施工阶段，发现图纸与现场情况不符的，也可以向业主汇报和提出意见。一般情况下，监理不直接对设计单位的图纸作指令和决策，而是把情况反映到业主，由业主和设计单位沟通确认。

第三节　水利设计单位文化建设

一、水利设计单位的任务及作用

（一）水利设计单位的任务

水利设计单位是从事水利工程勘察设计的企事业单位。

水利工程设计是运用科技知识和方法，有目标地创造工程产品的构思和计划的过程。是根据法律法规的要求，对建设工程所需的技术、经济、资源、环境等条件进行综合分析、论证，编制建设工程设计文件，提供相关服务的活动。虽然工程设计的费用往往只占最终产品成本的一小部分（8%～15%），但却对产品的先进性和竞争能力却起着决定性的影响，往往决定 70%～80% 的制造成本和营销服务成本。

水利工程设计内容包括对工程项目的建设提供有技术依据的设计文件和图纸的整个活动过程。水利工程设计阶段分为初步设计、招标设计、施工图设计和技术设计四个阶段。

（1）初步设计：技术上的可行性和经济上的合理性。

（2）招标设计：在批准的初步设计或加深的可行性研究报告的基础上，将确定的工程设计方案进一步具体化，详细定出总体布置和各建筑物的轮廓尺寸、标高、材料类型、工艺要求和技术要求等。

（3）施工图设计：分期分批编制施工详图，还要编制施工图预算。

（4）技术设计：针对初步设计中的重大技术问题而进一步开展的设计工作。

需要特别指出的是，水利勘测设计单位在水利工程设计时还有一个有关水文化建设的重要任务，那就是一定要在工程规划设计中坚持以人为本的原则，坚持合理利用水资源的原则，坚持安全第一、经济合理的原则，坚持生态化和自然化的原则，坚持人工景观与自然景观相结合的原则，注重科学性和可持续性，注重美学研究、营造景观工程，注意满足人们亲水、嬉水的要求，充分利用环境因素，实现工程结构与环境相协调，将水利工程设计成为以工程为主题，既体现兴利除害功能，又反映本地区、本流域特有的优美自然环境、人文景观、民俗风情于一体的独具风格的水利建筑艺术精品，设计成为展现先进施工工艺、现代高科技和现代水工建筑的艺术载体，成为传播、弘扬治水精神的平台。

（二）水利设计工作的重要作用

水利工程勘察设计是水利工程建设项目生命期中的重要环节，是建设项目进行整体规划、体现具体实施意图的重要过程，是科学技术转化为生产力的纽带，是处理技术与经济关系的关键性环节，是确定与控制工程造价的重点阶段。工程设计是否经济合理，对工程建设项目造价的确定与控制具有十分重要的意义。所以，水利工程设计是水利工程建设最重要的支柱，是水利工程建设的核心环节，也是水利工程建设的龙头。工程设计的水平和能力是一个国家和地区水利工程建设创新能力和竞争能力的决定性因素之一。

水利设计在水利工程建设中的重要作用体现在以下两个方面：

（1）先导作用。在工程建设项目可行性研究阶段，提供工程项目是否投资兴建所需要的资料，如建设项目的地理位置、环境、水文地质资料、地形地貌，地下文物资料、地质灾害评估等基础资料，以及对这些资料进行科学分析评估的报告，为主管部门决策提供科学的依据。

（2）主导作用。每个工程项目从立项、选址开始就要进行勘察测量、规划设计，收集工程建设所需的基础资料，为工程建设决策提供依据。项目确定后，要进行方案论证及按优秀设计方案进行设计，这些选择都要以勘察设计的结果作为基础。设计完成后要进行图纸会审和技术交底，这些设计图纸就是施工中监理人员实施监理的依据和检查标准，处理在施工中出现与勘察设计有关的问题。工程竣工验收、工程质量检查都是以设计图纸为依据，在设计年限内对工程的质量终身负责。因此，水利勘察设计贯穿于工程建设的全过程，在工程建设中起着十分重要的主导作用。

一个合理的设计成果能够造福人类，一个不合理的设计不仅给人民群众的生命财产造成隐患，甚至会造成经济上的重大损失。

造就天府之国、千古名扬的都江堰工程，是我国古代优秀水利工程的典范，举世闻名的长江三峡工程、南水北调工程是我国当代优秀水利工程的楷模，也将万古流芳。

（三）水利设计工作的责任重大

设计质量是决定基建工程质量的首要环节，它关系到国家财产和人民生命的安全，关系到建设投资的综合效益，也反映着一个时代的技术水平和文明发展程度，因此提高勘察设计质量是提高水利基建工程质量的前提和保证。

设计工作的责任决定了其在建设工作质量中的地位。国家规定，勘察设计单位要对建设工程的勘察设计质量承担相应的经济责任和法律责任。单位的法人代表、技术总负责人、项目负责人、注册执业人员和勘察设计人员，要按照各自的职责对其经手的建设工程的勘察设计在工程寿命期限和法律诉讼期限内负终身质量责任，并承担相应的行政、经济和法律责任。从国家对勘察设计责任人追究的具体程度上和追究的年限之长上我们不难看到勘察设计在工程建设中的重要地位。完成一项勘察设计涉及知识面广、工作量大、任务繁重，其中凝聚着设计人员大量的心血和智慧，当一项设计成果投入实施竣工投运，设计人员的理想也随之化为现实，设计人员在肩负重大责任的同时也能享受到成功的快感。

设计工作的地位决定了它对工程质量的保证作用。众所周知，设计是工程建设的雏形，是工程建设的空间立体形象的图式化，是理想。而工程建设是把设计这种抽象的图式化变成实物的过程。因此，设计成果在向实物转化的过程中，它的正确与否始终响着工程质量的好坏，假如一项勘察设计成果自身就存在着这样那样的问题，是不合理的设计，那么在实施建设过程后所得到的结果也不可能是理想的，或是不能实现的。因此，国家要求勘察设计成果确保符合规程、标准、规范，特别是不得违反国家强制性标准、规范、规程，以保证建设工程的安全经济、环保等方面的要求。

二、水利设计单位文化建设的现状

（一）水利设计单位文化建设的现状

我国水利设计单位文化建设都开展得比较好，其突出表现就是全国文明单位较多，在目前水利系统 74 个全国文明单位中，水利设计单位就有 11 个，占 14.9％。这些单位是：第六届当选的江苏省水利勘测设计研究院有限公司、广西壮族自治区水利电力勘测设计研究院有限责任公司、贵州省水利水电勘测设计研究院有限公司，以及继续保留的中水东北勘测设计研究有限责任公司、上海市水利工程设计研究院有限公司、水利部水利水电规划设计总院、内蒙古自治区水利水电勘测设计院、浙江省水利水电勘测设计院、福建省水利水电勘测设计研究院、湖北省水利水电规划勘测设计院、云南省水利水电勘测设计研究院。

我国的主要水利设计单位尤其是省级的设计院大都成立于二十世纪五六十年代，到现在已有 50 多年的历史。在这漫长的发展进程中，一代又一代的水利人不断传承和发展着自己的文化，虽然很少有单位能够像现代企业一样形成一种制度化、成果性的东西，但骨子里却有一种说不出的共性文化，这种"共性"体现在每个人都能感受到，每个人都认可并遵循着，它就像一种无形的合力将一个单位的各个部门或者说每一个人凝聚在一起，就算一个单位的部门分布四方，却也能"形散而神不散"，自然地形成了一种家庭般的氛围，员工的价值体现依靠单位，单位的发展又依赖员工，员工与单位之间有一种超越工作的情感在里面，大家称这种情感为"家"文化。"家"文化具体说来就是"爱岗敬业，视单位如家庭；团结友爱，视同事如家人"。这种在特定条件下形成的文化一直潜移默化地激励着一代又一代的水利设计人热爱自己的本职，不断为水利事业的发展而无私奉献。

水利设计单位"家"文化的形成与水利设计单位的性质、发展历程、人员组成及领导者的领导艺术息息相关。

首先，水利设计单位的事业性质决定了其与外界的竞争性不强，无论是人事管理还是业务管理，更主要的还是依赖于上级主管部门的领导和安排，在体制之内，求变之心不强。多年来单位发展平稳，除了业务范围方面的变化，其他方面大都沿袭了以往计划经济体系下的一些管理模式。因此，员工的工作稳定，虽清贫但乐业，单位氛围融洽，如同一个和睦的大家庭。

其次，水利设计工作大都是系统工程，一项工作往往需要多个部门来合作完成。如果其中某个专业出了问题，那就意味着设计的失败，因此，在工作过程中，单位员工之间相互交流甚多，联系紧密，又能够相互理解，在单位大院里是"低头不见抬头见"，在工作上更是"一日不见，如隔三秋"，员工之间的这种紧密关系，让大家不只把他人当成同事，更把他人当成一个家庭中的兄弟姐妹。

第三，水利设计具有其独立的专业特性，水利设计单位的员工基本上都是清一色的水利院校出身，单位的同事之间很多都是同学或者校友，相同的教育背景，相同的学术熏陶，如此就在单位内形成一种良好的传承氛围，从进入单位开始就没有陌生感，大家在生活工作上更容易打成一片。单位里"家"的氛围浓重。

最后，水利设计单位历来有个良好的传统，那就是单位领导与群众之间的差别只在于职务头衔上的高低，而在日常生活工作中，并无明显差别。很多设计单位的领导都是搞业务出身，就算走上了领导岗位，也不辍业务，所以平时与员工在一起的时间非常多，也就是接地气，能与下级打成一片，上下级之间没有距离感，亲切感很浓，这就像一个家庭中的户主与成员一样。

水利设计单位的"家"文化既有中国传统文化的积淀，又有计划体制下事业单位发展的印痕，既切合水利设计发展的总体思路，又符合新时期我国所倡导的和谐发展之主题，是水利设计单位的文化财富。

虽然"家"文化内涵深广，有一定的优越性，但是，"家"文化也存在一些需要补充和完善的地方。主要的问题有没有树立品牌形象；圈子较小，对外比较封闭，不利于接受新事物；部分观念陈旧，稳定有余，创新不足，不适应时代潮流；缺乏文化建设体系，不能与时俱进地更新文化。

科学技术日新月异，单位文化也应与时俱进。"家"文化是大多数水利设计单位几代人不断传承下来的精神财富，是传家宝，不能丢，但也不能固守不变，应该在传承的过程中根据新时期的形式和单位的发展需要，不断地创新文化理念，转换思维方式，通过集体的智慧来充实和完善这一文化，让其更适应市场环境下的企业发展之路，为单位更快更好地融入市场，发挥更大的作用。

（二）水利设计单位文化建设主要目标

江苏省水利勘测设计研究院有限公司是水利系统第六届全国文明单位，他们提出的新时代水利设计企业文化建设主要目标重点突出，简明扼要，很有创意。

1. 以文铸魂，构筑企业愿景理念体系

在新时代，要以先进文化为指导，进一步解放思想，更新观念，构筑企业愿景理念体系，奠定企业发展的根基。企业愿景理念体系包括两个方面，一是企业核心价值体系，企业文化的核心是企业精神，企业精神是企业价值观的集中体现，是职工的基本理想信念和不懈追求的价值目标，是企业把握方向、凝聚力量、激励斗志、推动发展的精神支柱。二是企业发展战略体系。企业发展战略是企业全局的、长远的总体谋划，是企业战略思想、经营方针的集中体现，是企业的行动纲领。在一定程度上讲，文化决定战略、文化引领战略。战略的实施，必须有相应的文化战略相适应，文化与战略的融合才能保证战略目标的实现。

江苏省水利勘测设计研究院有限公司以习近平新时代中国特色社会主义思想和社会主义核心价值观为引领，在企业长期发展的基础上结合时代特点形成以"创造品质　设

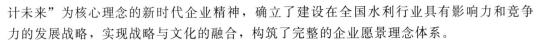

计未来"为核心理念的新时代企业精神，确立了建设在全国水利行业具有影响力和竞争力的发展战略，实现战略与文化的融合，构筑了完整的企业愿景理念体系。

2. 以文育人，打造高素质员工队伍

企业文化实质是"人的文化"，人是生产力中最活跃的因素，处于管理的中心和主导地位。党的十九大报告提出，要建设高素质专业化干部队伍，注重培养专业能力、专业精神。同样，水利设计企业也要实施育人工程，打造高素质员工队伍，努力培养员工的专业能力和专业精神，为实现企业持续发展提供有力的人才保障。

一是培养员工的专业能力。"工欲善其事，必先利其器"。水利设计企业应根据企业发展的需要，不断培养员工的专业能力，提高员工的设计水平。可结合企业生产实际，通过定期开展业务培训、学术交流、专家讲座等多种方式，提高员工的学习积极性，调动员工的主观能动性，激励员工进行专业研究和学科突破。

江苏省水利勘测设计研究院有限公司通过制订员工教育培训计划，鼓励员工参加各种技术业务培训、专家技术专题讲座，各类注册执业资格考试，鼓励员工开展技术创新、技术发明和研究等多种方式，持之以恒地培养员工的专业能力。培养出一支拥有宦国胜、张仁田等四位省级勘察设计大师、各类注册执业资格的技术人员120多人次的专业能力超强的人才队伍，为公司设计精品工程、塑造品牌形象、推动科技创新打下坚实的人才基础。

二是培养员工的专业精神。在水利行业结构调整的现阶段，水利设计企业的业务能力，需要从同质化的发展转向产品、技术、服务的差异化、特色化能力建设。这就要求企业在培养员工的专业能力的基础上，更要注重培养员工的专业精神。在新时代，就是要培养员工的工匠精神。

何为工匠精神呢？江苏省水利勘测设计研究院有限公司副总经理陶玮给出了答案。在南水北调洪泽站工程设计中，他以一丝不苟的态度，全身心地投入到工程总体和局部的方案比较中，不断修改完善方案。有人说，工期太紧、差不多就行了。他却认为，水利设计人一定要将产品和服务做到精益求精，这是最基本的职业操守，也是为了将来工程建成后不留遗憾。他带领项目组成员，连续加班加点、通过多方案反复比选、不断优化设计，比可研阶段减少工程占地约两百亩。正因为在自己的设计生涯中，始终践行"精益求精、追求卓越"的工匠精神，陶玮同志2017年被评为最美江苏水利人，成为整个水利行业学习的榜样。

3. 以文兴企，增强企业综合实力

优秀的企业文化是将企业硬实力的竞争优势转化为软实力的竞争优势，对提高无形资产的市场价值，提升企业核心竞争力，促进企业科学全面发展具有不可替代的重要作用。

一是塑造品牌形象，增强市场竞争力。品牌形象既是企业文化的载体，又将文化的力量深深地熔铸在企业的品牌之中。要通过企业文化建设，不断挖掘和培育品牌产品，以优质创效益，以品牌争市场。

江苏省水利勘测设计研究院有限公司设计的江都水利枢纽，是江苏水利的标志性工程，是著名的国家水利风景区；设计的"淮河入海水道近期工程"先后获得全国优秀工程设计金奖、詹天佑奖和新中国成立60周年100项经典暨精品工程奖，几乎囊括了工程建设领域的所有奖项；还设计了南水北调三潼宝河道工程、淮阴三站、刘山站、解台站等很多精品工程。这些精品工程，大大增强了公司的市场竞争力。甚至有顾客不远千里而来，寻求与公司合作的机会。

二是推动科技创新，促进持续发展能力。"科技是国之利器，国家赖之以强，企业赖之以赢，人民生活赖之以好"。水利设计企业要把企业文化建设与企业科技创新能力紧密结合起来，大力推动企业实施科技创新战略，形成较强的科技创新能力；总结提炼已有的技术成果，加大宣传和推广的力度，把先进的科技成果及时转化为现实的生产力，为参与市场竞争提供强有力的技术支撑。

江苏省水利勘测设计研究院有限公司作为高新技术企业十分注重科技进步，始终坚持以市场为导向，进行科技创新，先后成立了扬州市平原地区水利工程技术研究中心、扬州市建筑信息模型工程技术研究中心、数字工程部，分别开展相关领域的专业研发工作，取得了许多重大技术成果，并在工程设计中加以推广运用，充分发挥低碳环保、节能节地节材、保护水资源等多方面作用，为社会提供优质安全的产品和服务，为国家生态文明建设做出贡献，从而也促进了企业持续发展能力。

三是开展各类活动，展示企业良好形象。水利设计企业可结合企业实际情况，把企业文化建设与思想政治工作、工会、团委工作相结合，渗透到企业经营管理活动的各个环节中去，为企业的发展营造良好的内外部环境。

江苏省水利勘测设计研究院有限公司紧紧围绕企业经营管理，以企业文化建设为依据，对内积极开展员工道德建设、诚信建设、志愿服务、特色创建、环境建设等各项文明风尚活动，不断丰富员工精神文化生活，展示员工积极向上的团结拼搏精神；对外积极参加抢险救援、扶贫助教、慈善捐助、结对帮扶等社会公益活动，履行社会责任，积极展示良好的企业形象，大大提升了企业的知名度和美誉度。

（三）水利设计单位文化建设基本经验

2006年11月20—29日，水利水电规划设计总院企业文化与精神文明建设专题调研组，先后对上海勘测设计研究院、上海水务局规划设计院、浙江省水利水电勘测设计研究院、华东勘测设计研究院、福建省水利水电勘测设计研究院共五家单位进行了企业文化和精神文明建设专题调研，总结了水利设计单位文化建设的基本经验，值得推广借鉴。

（1）党组织对企业文化和精神文明建设的重视，是企业文化取得成效的重要条件和保证。随着勘察设计单位改革的深入，设计行业逐步参与到市场竞争之中，激烈的竞争中需要通过企业文化来增强凝聚力、激励力及约束力，需要通过企业文化来实现企业的战略目标，提升企业的品位。

（2）企业一把手是发展企业文化的关键。企业文化在企业管理工作中属于精神、意识范畴，成效也不是一朝一夕可以看出来的。华东勘测设计研究院的做法就是单位一把手多次在会议上强调有关企业文化的内容，使"负责、高效、最好"的企业精神在还没提出时就已经在员工的头脑中扎下了根，一旦提出，马上得到了员工的认可，收到了事半功倍的效果。

（3）企业文化建设要与企业生产经营工作相结合。企业文化建设要想在企业中生根、发芽，就必须根植于企业的发展之中。每个单位的企业文化建设都要围绕企业的生产经营工作，把企业文化融入到企业管理的全过程，通过用先进文化提升企业的核心竞争力。单纯意识形态的东西，很难得到员工的认可，很难在企业中生存下去。

（4）企业文化建设要与企业思想政治工作、精神文明建设相结合。企业文化是思想政治工作、精神文明建设渗透到经营管理中的途径和载体，它可以使思想工作、精神文明创建活动更具有针对性、实效性、主动性和时代感，同时，思想政治工作、精神文明创建活动的开展也可以推动优秀企业文化的形成，它们之间相互促进、相辅相成。浙江省水利水电勘测设计研究院在企业思想政治工作中善于思考，他们结合当前企业内员工的思想状况，通过设计员工的职业发展规划，为每名员工的发展指明了方向。福建省水利水电勘测设计研究院利用职工思想政治工作研讨会，对单位改革中、生产中的情况、问题进行研讨，以此理顺员工情绪、化解矛盾，促进单位和谐发展。

（四）水利设计单位文化建设主要做法

黄河勘测规划设计有限公司是 2003 年 9 月由事业单位改制而来的科技型企业，其前身是始建于 1956 年的水利部黄河水利委员会勘测规划设计研究院（简称黄委设计院）。60 多年来，公司立足黄河、面向全国、走向世界，不仅编制了数百项黄河治理开发的综合和专项规划，成功地在黄河干、支流上设计并建成了以黄河小浪底水利枢纽为代表的大中型工程 30 多座，而且还承担了尼泊尔、马来西亚等国外工程的勘测、设计和咨询工作，为黄河的治理开发和水利水电工程建设做出了突出贡献。近几年来，公司通过大力加强和改进企业文化建设工作，进一步打造企业的核心竞争力，使公司的经济实力不断增强。他们的做法具有代表性。

1. 加强组织领导，健全组织机构

加强对文化建设的领导、健全文化建设机构是水利勘察设计单位文化建设的关键。公司成立了由党政主要领导任组长，分管领导任副组长，有关院、部负责人为成员的企业文化建设工作领导小组，设立了企业文化专职人员，把企业文化纳入公司发展战略和年度工作目标，同生产经营工作一同安排、一同部署、一同检查、一同考核。同时，公司各级领导干部作为企业文化建设的倡导者和实践者，身体力行，无论是在各种会议上，还是在深入基层调研的过程中，都反复强调企业文化建设的重要地位和作用，对于企业文化的推广实施发挥了主导作用。

2. 制定发展规划，明确目标任务

2004 年，公司制定下发了《2004—2008 年黄河设计公司企业文化建设规划》，明确提出了企业文化建设的指导思想、基本原则和主要任务。2006 年，根据发展战略的需要，公司制定了《黄河设计公司 2006—2008 年企业文化建设规划》，把企业文化建设和公司经济发展、科技进步、人才培养等工作有机结合起来，进一步明确了具体工作任务、实施步骤和保证措施，使得企业文化工作更加有的放矢，更具针对性、指导性和实践性。

3. 培育基本理念，统一思想意志

理念是行动的指南，培育先进的企业理念，是企业文化建设的关键。在精神文化建设实践中，公司明确了公司的使命——致力于黄河的长治久安、致力于经济社会的可持续发展、愿景——成为国内一流的综合性工程咨询公司、价值观——以人为本、公平富裕；客户利益至上、诚信服务至尊、道德观——为社会创造财富是我们追求的最高目标；社会责任感、使命感是我们的发展动力之源，这些与我们"团结奉献、求实开拓、迎接挑战、争创一流"的企业精神以及"以人为本、服务诚信、产品优良、持续改进"的质量方针等相辅相成，融合成为一个较为系统的理念体系。

4. 健全完善制度，规范职工行为

近年来，公司围绕建立现代企业制度的目标，以建立"以技术标准为主体、以管理标准为基础、以工作标准为保证"的公司标准化体系为主线，在学习和采用 ISO 9001 质量认证体系等国际标准的基础上，加强对公司特色制度文化研究和建设，并结合实际制定出台了一系列顺应市场经济规律要求、体现公司生产经营和管理方式、揭示公司核心理念本质内涵和符合单位特点的规章制度，政令畅通、协调统一、灵敏高效的管理体系初步形成。

5. 开展主题活动，整体推进工作

从 1997 年起，公司每年都确定一个主题活动，制定具体措施推动活动的深入开展，取得了较好成效。2004 年在内部机制改革中，着重要求党员领导干部发挥先锋模范作用。2005 年开展了"榜样就在我身边"的群众性夸赞活动，注意发现职工的闪光点，调动职工的工作积极性。2006 年结合公司 50 周年庆典，开展了多种文体活动，讴歌先进，展现精神风貌，激发职工创建一流企业的热情。这些对培育和塑造适应公司发展的新思想、新道德、新文化、新风尚，引导职工立足本职、开拓进取、奋发向上，促进改革发展都发挥了突出作用。

6. 建立识别系统，展示企业形象

2004 年，公司聘请专业企划公司进行视觉识别系统规范设计，建立了包括基本要素系统、办公事务系统、公关事务系统、环境识别系统等在内的视觉识别体系，并进行了正式发布。同时，制定了相关管理办法，并以企业标识为基础，在办公楼两侧制作宣传字牌，配置了印有企业标识的新班车，制作了公司旗帜、徽章、办公用品等，在物质的层面全面推广使用公司视觉识别系统。

7. 加强硬件建设，丰富文化生活

1997 年至今，公司投入近 3 亿元修建公司科研大楼、勘探院、测绘院、科研院办公楼和九栋宿舍楼，新增办公楼面积 36000 平方米，居住面积 50000 平方米，投入 2675 万元进行了办公区和有关宿舍区环境的净化、绿化、美化、亮化，建立了健身房、图书室、阅览室、乒乓球室、篮球场等活动场所，改善了生产和生活环境。党政工团各级组织经常性地开展各种文化活动，职工运动会、新年联欢会、"青春杯"足球赛、"五四杯"篮球赛、"步步高杯"登楼赛已成为职工喜爱的文化传统活动，对于培养团队精神、融洽职工感情起到了积极作用。

三、贯彻水工程与水文化有机融合的设计理念

进入新发展阶段，水利事业肩负着为人民群众提供持久水安全、优质水资源、健康水生态、宜居水环境和先进水文化的历史使命。水利工程，尤其是现代水利工程，不仅

要发挥传统作用，还要承担起环境建设与生态保护的重担，更要注重水文化内涵的提升。在水工程设计中，深入贯彻水工程与水文化有机融合的设计理念，提升水工程的文化品位，体现水工程的人文精神，发挥水工程的文化功能，更好地满足人民群众日益增长的精神文化需求，是水利设计单位和水利设计工作者义不容辞的责任。无论是新建水利工程的设计，还是更新改造水利工程的设计，都应该在水工程与生态、文化的融合上做足文章，以水工程为体、以水文化为魂、以水生态为纲，打造成为独具文化品位的水利工程典范。

江苏省水利勘测设计研究院（以下简称设计院）在水利工程建设规划设计中，打破固有的传统思维，按照水生态文明建设新思路，创新工程生态设计理念，努力实现水工程与水文化有机融合，经验丰富，成果丰硕。特做详细介绍。

（一）范例一：江苏省生态河湖治理保护总体格局设计

设计院在设计江苏省生态河湖治理保护总体格局时，通过对江苏省地形地貌、文化分区、水文化分区、生态空间格局、城镇化空间格局、四大流域分布等要素的整理和分析，按多规合一、布局合理、分层递进和文化引领等规划理念，以水系为纲，以江苏省文化格局为底色，兼顾社会经济发展布局，综合考虑按照流域、区域、地形地貌等因素，确定了"文化引领""生态引领"两个方案。

在"文化引领"方案中，文化是底蕴。江苏省内地形地貌、地域文化、水文化、经济发展均与文化格局同底色，即呈现"一轴、两带、五区、六心、多廊"的总体格局。其中，"一轴"指运河生态文化轴，大运河承古启今，串联苏南苏北，沟通省内四大水系，是江苏的"大动脉"；"两带"是指长江生态带、淮河生态带；"五区"是以地域化为特质的楚汉文化区、淮扬文化区、金陵文化区、吴越文化区及沿海文化区；"六心"是指围绕微山湖、骆马湖、洪泽湖等湖泊湖荡形成的生态核心；"多廊"是指新沂河、通榆河、沿海、望虞河、新孟河、秦淮河等生态廊道。

在"生态引领"方案中，从江苏省地形地貌、生态空间格局角度出发，认为江苏省"东南西北中"五个片区存在的主要问题以及治理思路均不相同，在此基础上提出"西屏、东拓、南秀、北壮、中韵"的方案。

江苏省生态河湖总体格局的确定，对江苏省内水利工程的规划设计、建筑设计以及生态景观设计等各个方面都起到了指引作用。

（二）范例二：河道生态治理

传统河道治理的生态设计主要停留在水土保持生态建设和环境生态保护方面，没有从整体的河道水生态系统出发，全貌实现水利工程的生态可持续发展。设计院面对生态文明建设的新形势和新要求，在河湖治理工程中，将生态设计的理念落实到工程各个方面，充分尊重每一条河流的自然属性和生态特质，最大程度地减少或避免对天然河道破坏和影响。经过十余年河道生态治理项目实践，从背景调研、生态治理、长效管理及运营、新技术应用等方面，总结出适合江苏及周边地区开展河道治理的技术路径，全面实现河道的生态治理目标。

1. 系统治理，分段施策

立足于探索适合于江苏省的河道生态治理模式，在兴化市张郭镇南汤河治理工程中，为实现南汤河治理生态可持续，不再反复治，从规划层面将南汤河分为工厂段、农田段、水乡段、新城段，让"母亲河"融入环境。接着，依据分段制定治理方略，如工厂段注重点源污染排查、点源污染控制、水生态修复、水环境设计等。再就是实时生态创新，尽可能使用新型生态材料，如本次工程就使用了新型的自嵌式挡墙砖，相较于传统的砖块，新型砖块的可绿化面积率过更高，更能保障水陆间物质流通道畅通。

2. 因地制宜，环境融合

在高邮北澄子上段区域治理工程中，充分利用工程所在地的自然和人文条件，适当满足人民群众的生产生活与文化需要，促进工程建设与当地人民群众的和谐共建、发展共赢。北澄子河段比较靠近当地城镇和群众聚居地，在保证防洪安全的基础上，结合地方城镇建设，设置亲水平台、休闲带、休憩场所等，以促进生活空间宜居适度；在生态设计理念上，改变小修小补型的整治形式，采用更为整体化的改造方式，在满足防洪功能的基础上，将截污、治污、引水、底泥疏浚、生态护岸、绿化景观结合起来进行综合治理，力争把河道建设成高邮市内的生态廊道。

3. 最全面的生态护岸研究

在泰东河生态展示基地规划设计中，设计院在研究、搜集国内各种护岸的基础上，提出了对护岸的分类形式的见解，总结出各材料在不同做法下的生态性能。在工程总体布置过程中，通过工艺对比、材料罗列、护岸断面展示等手段，结合"小顷河、苗介田河"场地进行规划，较好地将近百种河道护岸形式、断面形式、生态植物结合在一起集中展示。该项目的实施是很好的科普示范、游览地。

4. 蕴含生态理念和植物修复技术的尾水处理设计

在南水北调新沂河尾水导流工程中，设计院尝试运用人工湿地对水处理厂尾水进行处理，具体做法是，将出水口处与新沂河中泓的一片滩地，通过挖填改造形成沟塘和小隔堤，以增加过水断面和滞水时间，同时经过生物填料、过滤吸附，以及种植的芦苇、菖蒲、水葱等水生植物吸收，并合理设置地形的高低差进行跌水曝气，使污水得到净化。该方案费用低，管理简单，生态景观效果好。该项目获第一届"中水万源杯"水土保持与生态景观设计优质奖。

（三）范例三：湖泊生态治理

1. 退圩还湖方面——多规合一、立足长远

在江苏省洪泽湖退圩还湖规划与宝应县省管湖泊广洋湖、兰亭荡退圩还湖开发利用规划中，设计院在开展现状调研、基础资料收集、上位规划分析，摸清湖泊周边自然保护区、饮用水源保护区、生物多样性保护区、湿地核心保护区等严格管控区域的基础上，改变传统退圩还湖教科书式做法，在满足退圩还湖要求的基础上，进行"多规合一"的协调设计。依据湖泊各分区的建设适宜性和生态敏感程度分别制定相应的退圩还湖方案，并给出修复、补偿、生态策略。这样的退圩还湖规划既能满足水利，又能立足长远。

2. 湿地治理与保护——注重保护，兼顾发展

江苏兴化里下河国家湿地公园可行性研究，研究将洋汊分为湿地保育区、恢复重建区、湿地公园核心区、李中河西堤利用区4个功能分区。其中，湿地保育区与恢复重建区建设之后将形成联通的成片水域，是实现洋汊荡生态可持续的生态前提；湿地公园核心

区作为南部李中水上森林公园的扩大，创造旅游价值和利润，是实现洋汊荡生态可持续的驱动力；李中河西堤是联系各个区域的通道，是实现洋汊荡生态可持续的生态保障。多位一体，体现工程自身的生态性。

3. 水生态修复——多面发力，多举并进

在小塔山水库水生态修复与治理工程中，治理方案从水污染防治、水生态系统修复、管理能力建设等方面综合实现小塔山水库水生态修复与治理。其中，在进行水生态系统修复时，首先确定"一面两环三廊道体系"结构，统筹山水林田湖草系统治理，形成方案"骨架"，支撑起后续的一系列生态修复规划与治理方案。"一面"是指水库水面，注重沿水面线的涵养林建设；"两环"是指环湖生态环和绿色交通环，打造人水和谐的亲水步道和带动地方经济转型与发展的道路交通；"三廊道"是指入库的三条河流，建设为生态文化廊道，在源头上实现生态，同时促进乡村发展。多举措并进，实现小塔山水库水生态修复。

（四）范例四：水利建筑设计：水下看质量，水上看形象

水利建筑属于生产性建筑，大都是由厂房、检修间、控制室、启闭机房等生产用房和附属的管理用房组成，最大的特征就是其长、宽、高三度空间和外部形象的塑造加工，受功能、水工结构、材料、检修交通、施工技术条件等因素的限制，水利建筑曾被一些人认为仅仅是设计单一的厂房，或者为闸站运行过程提供场所就行，没有什么文章可做的，即适用、经济，在可能的条件下注意美观，不图浮华，形体简洁。

随着水利事业的发展，水利建筑正在进入一个面广量大的建设时期，虽然水利工程的建筑是生产建筑，因其建筑主体在水面以上，前面都有开阔的水面，对周边环境影响较大，其建筑外观已经是老百姓及各级主管部门关注的焦点。水利人常说的一句话就是"水下看质量，水上看形象"。人们希望水利工程在具备特定的功能的基础上，成为美丽的人文景观。设计院在水利建筑设计过程中，逐步跳出传统的水利设计方式，尝试设计鲜明文化特色的建筑。过去单一、僵化、封闭的水利建筑创作局面被创作多元化和设计手法多样化的局面所代替，从而满足了像南水北调东线第一期工程、通榆河北延送水工程等一批重点项目需求。

如在南水北调东线一期工程建筑设计时，设计院从地域元素（扬州、淮安、宿迁、徐州）的提取、色彩（灰和白的比例）、景观定位（等级和地位）、外墙材料（以涂料为主）、标识应用（统一 Logo）等均有统一的思路和控制要点，每个站都按照控制要点进行设计，运用简练的建筑符号、恰当的尺度以及协调的色彩组合与合理实用的功能相结合，大胆创新，推出了一批精品。如刘老涧二站，用简单的竖线条的思路，采用规则和不规则、粗和细、凹和凸的排列方式，组成此建筑单体，产生了强烈的光影对比效果和丰富的明暗关系，给厂房带来清新明快感；睢宁二站，注重建筑与地域的关系，摈弃了用大屋顶来表达仿汉建筑的处理手法，而用铝合金杆件来翻译"汉瓦"符号；皂河二站以最简单的条形窗元素交错排列，形成大墙面的水波感，简单却饶有趣味；金湖站舒展飘逸的屋顶；洪泽站朴素清水混凝土的应用等，使建筑与建筑之间有整体连续性，各个建筑单体之间又形成系列。

其他水利工程，如入江水道石港站工程将建筑上的人字屋顶巧妙应用到建筑创作上，形成了"两个人""三个人"的建筑意象，很好地渲染了人人治水、大众治水的理念；引江河二期叠帆月影、"新沟河江边枢纽"有规律地、均匀地变化的天际轮廓线赋予建筑不同的个性魅力。

在天津海河口泵站工程建筑设计方案中注重形式和内容的有机结合，"海河之舟"的灵感来源于该工程独特的开阔向海的特性，巧妙利用厂房和控制室的建筑高差勾勒出立面优雅的弧线，造型舒展流畅，犹如建于水上、置于舟楫之中的船形建筑，雕塑般的身躯演绎了简洁的建筑符号。整体建筑以浅白色为基调，外立面通过韵律变化使建筑丰富、细腻，具有时代感，与海景形成呼应，成为海河上的一道风景。在四川省绵竹市的四川官宋硼堰取水枢纽工程的设计中，用稳定的三角形很好地与周围山体形成了对话，形成简明、挺拔、节节向上的动势，建筑色彩也选取当地常用的木黄色，该建筑具有鲜明独特的个性。该项目获 2010 年度省第十四届优秀工程设计援川工程项目二等奖。

（五）范例五：水利工程与水文化传承方面

设计院在水利工程设计过程中，将河湖治理工程、建筑设计方案、水土保持工程、生态景观工程等与水利历史、水利文物、水利传说、治水事迹、工程建设历程、水利人精神、水利知识、水法规宣传教育等水文化设施建设相结合，将水利工程建设成为集"水安全、水生态、水环境、水文化、水景观、水经济"六位一体的水利工程。

1. 在旧房改造方面——修旧如旧，历史还原

如在杨庄闸除险加固工程的方案设计过程中，设计院深入研究老杨庄闸历史价值、治水技术、制造技艺、土木技艺等方面，了解到杨庄闸是排泄沂沭泗洪水入海的重要通道，是民国时期建设并仅存的第一大闸，在中国水利、水工史上具有重要的文物价值，且 2009 年被列入淮安市文物保护名录。因此我们采用保留老闸、对老闸进行修旧如旧加固。同时，基于该工程，项目组开展了 BIM 三维协同设计，运用 Revit 软件，进行建筑、结构、水电等专业碰撞检查，针对出现的问题进行优化设计，达到各专业协同工作。该项目在欧特克软件（中国）有限公司联合中国勘察设计协会举办的 2018 第九届"创新杯"BIM 应用大赛中获水利电力类三等奖。

在南水北调东线一期工程的源头江都站改造的方案设计中，设计院分析三站、四站本身已经形成了独特时代印记（认识、材料、技术），已经形成了独特的历史价值，见证着太多的历史封尘，是许多老水利人的印象片段，是上一辈水利人给我们留下的宝贵水利遗产，所以江都站改造的方案应遵从"修旧如旧"的原则，并极具特色地采用"三面红旗"的方案映射出历史的印痕。

2. 在文物保护方面——在保护中开发、在利用中保护

在三河闸管理所加固改造过程中，设计院对原有的一些水利文物进行了保护和开发利用。比如在管理所大门西，建成洪泽湖治理碑廊一座，内存明清以来洪泽湖治理碑刻 20 余块，其中既有康熙乾隆的帝王墨宝，也有石刻工匠的即兴之作，大者有大者的奇伟，小者有小者的精致，虽风侵雨蚀，时雕日刻，斑驳了画面，模糊了字迹，但其所蕴涵的治水文化精神却历久弥坚；另外，为了更好地保护三河闸镇水铁牛这一历史遗迹，采用了筑台将铁牛抬高、布置绿化隔离带等方式，杜绝人为破坏，从而实现了将铁牛原位保护。保护下的铁牛将永葆生机，与现代水利设施一同镇守洪泽湖。

在洪泽湖大堤除险加固工程中，设计院对洪泽湖大堤石工墙文物进行了收集与保护，采用600米"石工墙砌筑的长城"的方案，集中展示洪泽湖大堤历史及历次加固成果，将大堤的加固历史隐喻在"石工长城"的高度变化中。将该区域设计为集水土保持、景观绿化、展示休闲等功能于一体的带状滨水景观带。

3. 在水文化科普与展示方面——文化挖掘，载体表现

泰兴市水文化传播与科普展览馆位于泰兴市滨江镇马甸社区古马干河上，马甸水利枢纽管理所内。以马甸水利枢纽为载体，拓展水利工程的基础功能，延伸水利工程潜在的文化价值，形成辐射面广、影响力大的水文化基地。该工程的建筑方案设计过程中，我们深入挖掘工程所在地泰兴丰富的水文化资源，提取泰兴城"双水环绕""龟背腾蛇"的水文化历史元素，还原"二水关，三井头"的古代治水遗存，另外，独特的"天圆地方"建筑造型，也寓意"天人合一、尊重自然"的生态治水理念。

目前，国内对水文化的研究开展得比较多，但针对抢险水文化的研究还是空白，设计院在江苏省防汛抢险训练场改造项目的基础上，深入研究水利抢险文化，以防汛抢险训练场为载体，规划设计江苏省抢险水文化展示基地。整个场地分"认识篇""实践篇"和"展望篇"，通过物质、行为、制度、精神四个层次深入展示了抢险水文化。

第四节　水利工程项目法人单位文化建设

一、项目法人及其职责

在社会主义市场经济条件下，为了把一个项目建设和管理好，提高项目的社会和经济效益，最重要的是要理顺项目投资管理体制，明确建设项目全过程的责任人。1996年1月20日原国家计划委员会发布《关于建设项目法人责任制的暂行规定》，要求国有单位基本建设大中项目建设阶段必须组建项目法人。项目建议书经批准备案后，由项目的投资方委派代表组成项目法人筹备组，具体负责项目法人筹建工作。同时废止《关于建设项目实行业主责任制的暂行规定》（国家计委计建设〔1992〕2006号）。

2020年11月27日，《水利部关于印发水利工程建设项目法人管理指导意见的通知》，就水利工程建设项目法人的组建及其职责作了明确规定。

（一）水利工程建设项目法人的组建

（1）政府出资的水利工程建设项目，应由县级以上人民政府或其授权的水行政主管部门或者其他部门（以下简称政府或其授权部门）负责组建项目法人。政府与社会资本方共同出资的水利工程建设项目，由政府或其授权部门和社会资本方协商组建项目法人。社会资本方出资的水利工程建设项目，由社会资本方组建项目法人，但组建方案需按照国家关于投资管理的法律法规及相关规定经工程所在地县级以上人民政府或其授权部门同意。

水利工程建设项目可行性研究报告中应明确项目法人组建主体，提出建设期项目法人机构设置方案。

（2）对于国家确定的重要江河、湖泊建设的流域控制性工程及中央直属水利工程，

原则上由水利部或流域管理机构负责组建项目法人。

其他项目的项目法人组建层级，由省级人民政府或其授权部门结合本地实际，根据项目类型、建设规模、技术难度、影响范围等因素确定。其中，新建库容 10 亿立方米以上或坝高大于 70 米的水库、跨地级市的大型引调水工程，应由省级人民政府或其授权部门组建项目法人，或由省级人民政府授权工程所在地市级人民政府组建项目法人。

跨行政区域的水利工程建设项目，一般应由工程所在地共同的上一级政府或其授权部门组建项目法人，也可分区域由所在地政府或其授权部门分别组建项目法人。分区域组建项目法人的，工程所在地共同的上一级政府或其授权部门应加强对各区域项目法人的组织协调。

（3）鼓励各级政府或其授权部门组建常设专职机构，履行项目法人职责，集中承担辖区内政府出资的水利工程建设。

（4）积极推行按照建设运行管理一体化原则组建项目法人。对已有工程实施改、扩建或除险加固的项目，可以以已有的运行管理单位为基础组建项目法人。

（5）各级政府及其组成部门不得直接履行项目法人职责，政府部门工作人员在项目法人单位任职期间不得同时履行水利建设管理相关行政职责。

（二）水利工程建设项目法人应具备的基本条件

（1）具有独立法人资格，能够承担与其职责相适应的法律责任。

（2）具备与工程规模和技术复杂程度相适应的组织机构，一般可设置工程技术、计划合同、质量安全、财务、综合等内设机构。

（3）总人数应满足工程建设管理需要，大、中、小型工程人数一般按照不少于 30 人、12 人、6 人配备，其中工程专业技术人员原则上不少于总人数的 50%。

（4）项目法人的主要负责人、技术负责人和财务负责人应具备相应的管理能力和工程建设管理经验。其中，技术负责人应为专职人员，有从事类似水利工程建设管理的工作经历和经验，能够独立处理工程建设中的专业问题，并具备与工程建设相适应的专业技术职称。大型水利工程和坝高大于 70 米的水库工程项目法人技术负责人应具备水利或相关专业高级职称或执业资格，其他水利工程项目法人技术负责人应具备水利或相关专业中级以上职称或执业资格。

（5）水利工程建设期间，项目法人主要管理人员应保持相对稳定。

（三）水利工程项目法人职责

项目法人对工程建设的质量、安全、进度和资金使用负首要责任，应承担以下主要职责：

（1）组织开展或协助水行政主管部门开展初步设计编制、报批等相关工作。

（2）按照基本建设程序和批准的建设规模、内容，依据有关法律法规和技术标准组织工程建设。

（3）根据工程建设需要组建现场管理机构，任免其管理、技术及财务等重要岗位负责人。

（4）负责办理工程质量、安全监督及开工备案手续。

（5）参与做好征地拆迁、移民安置工作，配合地方政府做好工程建设其他外部条件落实等工作。

（6）依法对工程项目的勘察、设计、监理、施工、咨询和材料、设备等组织招标或采购，签订并严格履行有关合同。

（7）组织施工图设计审查，按照有关规定履行设计变更的审查或审核与报批工作。

（8）负责监督检查现场管理机构和参建单位建设管理情况，包括工程质量、安全生产、工期进度、资金支付、合同履约、农民工工资保障以及水土保持和环境保护措施落实等情况。

（9）负责组织设计交底工作，组织解决工程建设中的重大技术问题。

（10）组织编制、审核、上报项目年度建设计划和资金预算，配合有关部门落实年度工程建设资金，按时完成年度建设任务和投资计划，依法依规管理和使用建设资金。

（11）负责组织编制、审核、上报在建工程度汛方案和应急预案，落实安全度汛措施，组织应急预案演练，对在建工程安全度汛负责。

（12）组织或参与工程及有关专项验收工作。

（13）负责组织编制竣工财务决算，做好资产移交相关工作。

（14）负责工程档案资料的管理，包括对各参建单位相关档案资料的收集、整理、归档工作进行监督、检查。

（15）负责开展项目信息管理和参建各方信用信息管理相关工作。

（16）接受并配合有关部门开展的审计、稽察、巡查等各类监督检查，组织落实整改要求。

（17）法律法规规定的职责及应当履行的其他职责。

（四）对水利工程项目法人履行职责的具体规定

（1）项目法人必须严格遵守国家有关法律法规，结合建设项目实际，依法完善项目法人治理结构，制定质量、安全、计划执行、设计、财务、合同、档案等各项管理制度，定期开展制度执行情况自查，加强对参建单位的管理。

（2）项目法人应根据项目特点，依法依规选择工程承发包方式。合理划分标段，避免标段划分过细过小。禁止唯最低价中标等不合理的招标采购行为，择优选择综合实力强、信誉良好、满足工程建设要求的参建单位。对具备条件的建设项目，推行采用工程总承包方式，精简管理环节。对于实行工程总承包方式的，要加强施工图设计审查及设计变更管理，强化合同管理和风险管控，确保质量安全标准不降低，确保工程进度和资金安全。

（3）项目法人应加强对勘察、设计、施工、监理、监测、咨询、质量检测和材料、设备制造供应等参建单位的合同履约管理。要以工程质量和安全为核心，定期检查以下内容：

1）检查参建单位管理和作业人员按照合同到位情况，防范转包、违法分包行为。

2）督促参建单位严格按照合同组织进行进度、质量和安全管理，确保按初步设计、技术标准和施工图纸要求实施工程建设。

3）对勘察、设计单位，重点检查设计成果是否满足要求，设计现场服务是否到位、设计变更是否符合程序等。

4）对施工单位，加强工程施工过程关键环节的监督检查，重点检查现场质量安全管理是否符合设计和强制性标准要求、是否严格按照技术标准和施工图纸施工、是否及时规范开展工程质量检验和验收、是否及时足额发放劳务工资等。

5）对监理单位，重点检查监理制度是否健全，监理人员到位是否符合合同要求，监理平行检测、专项施工方案审核、关键部位旁站监督等监理职责履行是否到位等。

6）对监测单位，重点检查安全监测管理制度制定和人员配备情况、监测系统运行情况、监测资料整编分析情况、监测系统管理保障情况等。

7）对质量检测单位，重点检查是否按合同要求建立工地现场实验室，人员资格和检测能力情况，质量检测相关标准执行情况，是否存在转包、违法分包检测业务等。代建、项目管理总承包、全过程咨询单位应依据合同约定，协助项目法人开展对其他参建单位的合同履约管理，项目法人应定期对其履约行为开展检查。

（4）项目法人应建立对参建单位合同履约情况的监督检查台账，实行闭环管理。对检查发现的问题，要严格按照合同进行处罚。问题严重的，对有关责任单位采取责令整改、约谈、停工整改、追究经济责任、解除合同、提请相关主管部门予以通报批评或降低资质等级等措施进行追责问责。

（5）项目法人应切实履行廉政建设主体责任，针对设计变更、工程计量、工程验收、资金结算等关键环节，研究制定廉政风险防控手册，落实防控措施，加强工程建设管理全过程廉政风险防控。

二、水利工程建设项目法人单位文化建设

水利工程建设项目法人单位是为工程建设需要而组建的企业，其文化建设包括企业文化建设和项目文化建设。

项目文化是伴随着项目的产生、发展及项目管理理论的不断成熟而发展起来的，是全体员工所认同并自觉遵守的价值理念、管理方式和行为规范。项目文化从属于企业文化，以工地为依托，以项目为载体，是对传统项目管理理论和实践的补充和完善，是随着项目的发展而动态变化的一种多元化文化综合体。

（一）项目法人单位文化建设的作用

项目文化是企业文化的源头，代表施工企业的软实力，是关乎企业生存发展的核心工程。工程项目是施工单位的细胞，是企业管理的基础，是企业信誉之本、效益之源、人才之基，是展示企业文化最直接、最生动、最具影响力的一种载体。

项目文化建设对团结稳定员工、加快施工生产、确保安全质量、创建优质工程等均有指导和推进作用。

首先，项目文化建设是不断丰富和深化企业文化内涵的迫切需要。项目文化建设的根本目的是用共同的价值准则、道德规范和生活观念来增强员工的凝聚力和向心力，发挥企业文化主力军的作用。把施工一线的工程项目作为企业文化建设的着力点，把项目管理实践中优秀的文化因子和文化成果，通过提炼、升华，形成新鲜的文化血液，融入到企业文化中。加强项目文化建设，是不断丰富和深化企业文化内涵的迫切要求。

其次，项目文化建设有助于展示企业形象、维护企业品牌。对于施工企业来说，企业的品牌是在一个个工程项目建设中树立起来的。大力加强项目文化建设，通过工程建

设中体现出的精益求精的工作态度、攻坚克难的意志品格、标准规范的现场施工、内实外美的工程质量、整齐划一的宣传展示等，才能树立标准管理、规范施工的文明企业形象，得到业主和社会的广泛接受和一致认可，实现干一个项目，创一方信誉，占一方市场的目标，从而更好地维护企业品牌。

第三，项目文化建设有助于促进施工生产经营管理，增强企业核心竞争力。项目部文化是工程项目管理的重要组成部分，不同的文化导致不同的思维模式，最终导致不同的经营结果。只有加强项目文化建设，以企业核心价值理念凝聚职工力量，以先进的管理思想创新项目管理模式，通过文化创新带动制度创新、管理创新、科技创新，将企业和员工共同的价值观渗透到项目管理之中，推动企业由粗放型管理转变到精细化管理，由注重对物的管理转变到以人为本的文化管理上来，才能提高项目的凝聚力和向心力，提升项目部经营管理力度，推动施工生产任务的完成，为业主和社会奉献精品工程，增强企业核心竞争力。

第四，项目文化建设有助于凝聚员工、体现员工个人价值。员工是企业生存发展的基石，施工单位工作和生活条件都非常艰苦，特殊的行业性要求企业必须要有更强大的企业凝聚力和向心力，才能使员工有归属感和使命感。项目文化所形成的文化氛围和价值导向能够起到激励和约束作用，将员工的积极性、主动性和创造性调动并激发出来，提高员工的自主管理能力。在市场经济竞争日趋激烈的今天，也只有文化底蕴深厚、氛围浓厚优良的企业才能更好地吸引和凝聚广大优秀人才，成为推进企业发展的中坚力量。

（二）项目法人单位文化建设的特点

水利工程建设项目法人单位是为工程建设需要而组建的企业，其文化建设有以下特点：

1. 要以水利工程为依托，以项目文化为支撑

项目是工程建设企业的主体和核心所在，是企业产品生产基地、人才培育基地和企业精神塑造基地。员工作为企业文化建设的主体，大多数在项目上工作，企业文化要促管理、入人心，就必须抓住项目，通过开展项目文化建设，使企业文化落到实处。因此，项目文化是工程建设项目法人单位文化的核心部分和重要支撑。项目文化建设开展得好不好，项目理念能不能得到有效落地，直接影响到企业文化建设的效果。

2. 要彰显地域性和社会性特色

水利工程项目，特别是大型水利工程项目是由不同类型的水利工程组成的，这些工程分布在不同的区域，存在着不同地域的差别、工程类别的差别、业主需求的差别、市场环境的差别等，导致每个项目部的性质和特点具有独特性。这就要求项目部要结合项目特点、市场环境、业主需求、社会经济价值、竞争优势等方面的特性，提炼独具特色的管理目标或管理思想，建设总体规范而又特色鲜明的项目文化。同时由于施工过程的可见性，大多数项目都处在社会注目或关注的地方，项目部必须高度重视品牌的塑造和企业形象的展示。要通过文明工地、标准化工地等建设，提高项目的整体形象和文明程度，扩大社会影响力和美誉度。

3. 要立足当前着眼长远

水利工程建设工期与使用年限相比，要短得多。项目法人单位无论在工程建成后是否是工程的管理者，都应立足当前，着眼长远搞好文化建设。特别是属于物质文化范畴的建设，不仅要统筹规划、精心设计、精心建设，而且要想方设法将工程建设中形成的最核心、最经典、最精彩的精神文化、制度文化和行为文化，通过物质文化表现出来、记载下来、传承下去。这是项目法人单位文化建设重要任务和义不容辞的重要责任。

（三）项目法人单位文化建设的措施

全国企业文化建设示范单位、全国学习型组织标兵单位、全国五一劳动奖状获得者中国中铁建设集团有限公司（简称中铁集团公司）坚持从适应现代企业制度和建筑市场规律出发，大力加强项目文化建设，实现"上下"同步、"内外"兼修、"点面"结合，推动企业文化落地生根，全面促进企业管理。中铁集团公司的经验很新鲜、有创新，值得水利工程建设项目法人单位学习借鉴。现将他们的经验介绍如下。

1. "上下"同步，以项目文化引领管理

文化管理是管理的最高层次，工程项目是企业管理的基础、市场竞争的前沿、生产一线的指挥中枢、经济效益的源头和企业形象的窗口。为此，中铁集团公司坚持从企业发展战略的高度，上下同步，固本强基，大力加强项目文化建设，充分发挥项目文化在企业管理中的引领作用。

（1）上到战略精心谋划。2004年初，面对建筑市场纷繁复杂的竞争形势，如何以文化建设为突破口，为推进中铁集团公司由传统的国有老企业向现代企业转变、由中国的大企业向具有国际竞争力的大企业集团转变提供强有力的理念、制度、行为和形象支撑，引领和推动全公司上万个工程项目"更新管理理念、创新管理模式、改革管理体制、转换管理机制、提高管理质量"，成为迫切需要解决的重大课题。2004年6月，中铁集团公司党委召开企业文化建设推进会，把项目文化建设上升到战略发展的高度，制定出台了企业文化建设实施纲要和发展战略，大力实施铸魂、育人、塑形"三大工程"，明确提出"加强项目文化建设，突出工程项目主阵地、突出员工主体地位，推动项目文化由生产领域向生活领域延伸、由职工队伍向民工队伍延伸、由企业内部向社会领域延伸"的"一加强、两突出、三延伸"的工作思路，着力建设以忠诚守信为重点的精神文化、以安全生产为重点的行为文化、以精细化管理为重点的制度文化、以品牌形象为重点的物质文化、以"工程优质、干部优秀"为重点的廉洁文化和以协调发展为重点的和谐文化，全面推动了项目文化建设。

（2）下到一线落地生根。2004年8月，中铁集团公司党委在青藏线召开政治工作现场会，总结推广了青藏线把文化建设纳入项目建设目标、纳入项目管理全过程，做到与项目管理同部署、同检查、同考核、同奖惩的"两纳入、四同步"的成功经验，从机制上为企业文化落地生根提供了保障。2006年6月，公司党委在杭州湾跨海大桥召开项目管理现场会，提出了项目管理和项目文化要实现"五个转变"，即由传统管理向现代管理转变、由粗放型管理向精细化管理转变、由经验型管理向科学型管理转变、由行政型管理向效益型管理转变、由物本管理向人本管理转变，推动了项目文化与项目管理的全面融入。2012年3月，中铁集团公司党委在广深港铁路狮子洋隧道工地召开项目文化建设现场会，全面推广了15个项目文化示范点经验，制定《项目文化建设指导意见》和《项目文化建设操作手册》，提出了项目文化建设三年推进目标，进一步规范了项目文化建设的内容、载体、工作流程和考评标准，推动项目文化上桥头、进洞口、下工班、到宿舍，使项目文化对项目管理的引领作用得到不断加强。

2. "内外"兼修，以项目文化创新管理

员工队伍既是推动企业发展的根本力量，也是企业管理活力的源泉，更是项目文化建设的主体。在项目文化建设中，坚持以人为本，内外兼修，内聚人心，外塑形象，以文化管理推动项目管理不断创新。

（1）内化于心，大力弘扬企业精神。中铁集团公司在长期的发展进程中，广大员工逢山开路、遇水架桥、四海为家、南征北战，特别是通过四十多年改革开放和市场经济的洗礼，形成了"勇于跨越、追求卓越"的企业精神。全公司几十万员工、上万个项目，面对市场竞争激烈、高度流动分散、工作环境艰苦、工资收入不高的情况时，靠什么传承，靠什么凝聚，靠什么支撑，靠什么激励，靠什么自我加压、自我超越，创造辉煌，最根本的还是要充分发挥企业的政治优势，形成报效祖国、发展企业的强大精神力量。为此，中铁集团公司党委始终坚持把构建以企业精神为核心的中国中铁价值理念作为项目文化建设的精髓，统领项目文化建设、引领员工思想、激励员工斗志、凝聚员工力量。用企业的光荣历史、辉煌业绩和拼搏精神，激发员工自豪感、使命感和责任感，努力将企业理念转化为员工的价值取向和自觉行为。中铁集团公司党委还大力宣传了中铁建工集团七次远征南极的"新时代南极精神"、关键时刻挺身而出、危难关头彰显本色的"中国中铁抗震救灾精神"。特别是在举世瞩目的青藏铁路建设中，面对"高寒缺氧、高原冻土、生态脆弱"三大世界性难题，广大员工不畏艰难、顽强拼搏、挑战极限，不仅在"生命禁区"创造了世界铁路建设史上的奇迹，而且锻造出"艰苦不怕吃苦、缺氧不缺精神、风暴强意志更强、海拔高追求更高"的青藏铁路建设精神，进一步丰富、升华和发展了企业精神，成为鼓舞员工斗志、激发员工智慧、推动管理创新的强大动力。

（2）外化于形，精心打造企业品牌。在市场经济条件下，企业品牌是最重要的无形资产，也是企业形象的集中体现。为此，中铁集团公司党委大力实施"塑形工程"，把精心打造"中国中铁"品牌作为项目文化建设的又一战略任务。依托项目，统一品牌。中铁集团公司党委先后下发《企业文化手册》和《视觉识别系统管理手册》，各项目部从办公场所到施工现场、职工住地，从宣传画册到名片、胸卡，从工程机械到工作服、安全帽，规范使用"中国中铁"标识，全面整合、全方位统一企业形象。建造精品，彰显品牌。着力把重点工程作为展示企业实力、彰显企业文化的窗口，大力实施精品工程战略，全面推进科技创新，不断巩固和扩大在桥梁、隧道、电气化铁路、高速道岔等领域的领先地位，以卓越的文化、先进的技术、创新的管理，引领中国建筑行业向世界前沿和高端迈进。

3. "点面"结合，以项目文化提升管理

项目文化建设重在激发活力、提升能力、形成合力。坚持点面结合，以"点"示范引导，以"面"深化拓展，不断推动项目文化与项目管理的有机融合，以文化管理提升项目管理。

（1）着眼于点，示范引导。为使广大员工学有榜样、赶有目标，先后总结宣传了一大批叫得响、过得硬、推得开的先进典型。全公司建立"铁成业校"161个，并涌现出"十大专家型技术工人""十大新型农民工""十大杰出青年""十大杰出女性"等各类先进典型。为使项目文化建设发展有方向、创建有标尺，中铁集团公司大力开展项目文化示范点创建活动，形成了一整套具有中国中铁特色的规范化、精细化、信息化的工程项目制度文化体系，推动生产工厂化、环境园林化、手段机械化、控制信息化、队伍专业化、管理规范化，促进工程项目管理的全面提升。为使项目文化建设体现共性、彰显个性，及时总结推广了开路先锋的"路文化"、跨越天堑的"桥文化"、穿山越海的"隧文化"、四海为家的"家文化"等一批具有企业特色的项目文化，推动了项目文化建设繁荣发展。为发挥项目文化对管理的促进作用，结合项目管理实际，特别是针对建筑施工企业特点，始终把安全文化作为项目文化建设的重点，不断增强员工的安全意识，大力加强员工安全生产培训，努力创建安全质量标准工地，以文化促管理、以文化保安全，推动构建本质安全型企业。

（2）立足于面，深化拓展。中铁集团公司党委坚持从建筑市场竞争的要求出发，积极探索项目文化建设的新途径和新方法，展示项目文化建设的新作为。

向生产领域深化。紧密围绕重点工程"急、难、险、重"任务，在各工程项目大力开展"创建红旗项目部""青藏高原党旗红""党旗飘扬杭州湾""党员先锋工程""三保一创劳动竞赛"等主题实践活动。组织各项目部积极开展"创建学习型组织、争当知识型员工"活动，大力培养专家型员工、金牌员工、首席员工，广泛开展劳动竞赛，激励广大员工爱岗敬业、顽强拼搏、刻苦钻研、建言献策，努力成为技术标兵、岗位能手。

向生活领域渗透。大力加强工地文化、工地生活、工地卫生"三工建设"，落实一线员工工资正常增长和支付保障机制，广泛开展送温暖、送清凉、送健康活动。

向农民工队伍延伸。全面推行农民工与职工同学习、同劳动、同管理、同生活、同报酬的"五同"管理，与农民工签订劳动合同，按时足额发放工资，建立社会保险，推动180多万农民工融入企业，与企业共铸诚信、共创和谐、共同发展，有效发挥了项目文化在队伍建设中的凝聚功能。

（四）项目文化建设需要解决的认识误区

1. 将项目文化等同于企业文化

企业文化是项目文化建设的根源，但项目文化建设不能仅以宣传贯彻企业文化为全部内容，必须坚持共性和个性相结合，将企业文化的要求同项目的特殊性结合起来，有目的地培育优秀的、有特色的项目文化。

2. 将项目文化建设等同于文化娱乐和体育活动

文化娱乐和体育活动仅仅是文化建设的内容之一，而且只是项目文化建设的表象，或者说是载体，项目文化的核心是管理理念层。

3. 将项目文化愿景等同于工程目标

项目文化愿景是项目部共同的追求和价值观念，它以工程为载体，但不能以工程目标为代替。愿景是一个长期的方向，是具有连续性的，而工程目标是一次性的。正是有了项目文化愿景，才使得项目管理连续性成为可能。

4. 将项目文化理念等同于标语口号

理念和口号最根本的区别就是理念直面管理，直接告诉员工的价值取向，即做什么是对的，或者如何做是对的，如何做是错的。指导性、实线性是理念的根本属性。口号只是喊在嘴上，挂在墙上，如果理念停留在口号层，项目文化就容易做虚。

第五节　水利水电施工企业文化建设

我国幅员辽阔、地形复杂，受大陆季风气候的影响，降水时空分布不均，洪涝灾害一直是心腹大患，干旱缺水是制约国民经济社会发展的瓶颈。兴水利、除水害是千秋万代的事业。新中国成立以后，水利建设高潮一次次兴起。特别是进入 21 世纪以来，水利水电建设事业再次进入快速发展阶段。2000 年水利建设施工项目由 1991 年的 2001 个增加到 3456 个，增加了近 73%；完成投资由 1990 年的 648677 万元增加到 2000 年的 6129331 万元，增加了 8.4 倍。2019 年水利建设施工项目达到 28742 个，比 2000 年增加 25286 个，增加了 7.3 倍；完成投资 67117376 万元，比 2000 年增加 60988045 万元，增加了 9.95 倍。

水利水电施工企业应水利水电工程施工而生，依水利水电工程施工而长。水利水电施工企业随着水利建设事业的蓬勃发展，数量不断增多，队伍不断壮大。

一、水利水电工程施工的特点

水利水电工程施工与一般工民建工程、市政工程施工有许多共同之处，但由于施工条件较为复杂，工程规模更为庞大，涉及专业多、牵涉范围广，因此又具有极强的实践性、复杂性、多样性、风险性和不连续性的特点，表现在以下几个方面：

（1）水利水电工程施工受水文、气象、地形、地质等限制，多数水利水电工程位于深山峡谷中，施工场地狭窄，施工道路拥挤，众多的随机因素都可能会对施工造成影响。

（2）工程施工具有很强的季节性，须充分利用枯水期施工，要求有一定的施工强度和温度控制措施。

（3）大型水利水电工程施工工程量巨大，工期长，交叉作业多，各工序烦琐，管理难度大，作业时间长，劳动强度大，高空作业多，危险系数高。必须采用配套大容量的施工设备，高度机械化施工，以及采用现代施工技术和科学的施工管理，因此需要花费大量的资金、材料和劳动力等资源。

水利水电施工企业在水利水电工程施工的主要任务是：

（1）依据设计、合同任务、法律法规和项目法人的要求，根据工程所在地区的自然条件，当地社会经济状况和环境约束，资金、设备、材料和人力等资源的供应情况以及工程特点，编制切实可行的施工组织设计。

（2）按照施工组织设计，做好施工准备，加强施工管理，有计划地组织施工，保证施工质量，合理使用建设资金，多快好省地全面完成施工任务。

（3）在工程建设前期工作和施工过程中开展观测、试验和计算等研究工作，解决工程建设技术与组织管理的关键问题，促进水利工程建设科学技术的发展。

二、水利水电施工企业文化建设

(一) 开展文化建设的必要性

水利水电施工企业是我国企业队伍中一支比较特殊的企业。企业人员结构组成比较复杂，既有正式职工，还有农民工，员工的工种也比较多。常年在野外工作，只要有任务，无论是国内还是国外基本是以改变自然面貌为主、以室外工作为主，且常常分散在多处偏僻地点执行任务。施工现场较为分散，工程施工流动性大，工作性质注定这些企业的干部、员工常年不能与家人团聚，常年以风沙为餐，以天地为床，生活环境异常艰苦。

水利水电施工企业面对的工程项目具有一次性、不可逆转性，随时面临着施工过程的变更、风险、成本、索赔等多种问题，施工过程中需要多工序及多工种的协同合作，施工的堤坝、桥梁、道路、河渠等必须经得起自然灾害的检验、经得起时间的考验，技术含量较高。

总之，水利水电施工企业工作环境差、工作条件差，危险因素多、高难工程多，技术含量高、质量要求高，施工难度大、工作责任大等特点，迫切需要加强文化建设，从精神文化、制度文化、行为文化、物质文化多层次发力，提高全体员工的政治素质、技术水平，调动全体员工的积极性、自觉性和主观能动性，增强企业的凝聚力、向心力、创新力和综合实力，共同完成艰巨复杂的建设任务。

(二) 充分发挥文化建设的作用

水利施工企业文化建设与其他企业文化建设目标都一样，概括起来就是"内强素质，外塑形象，追求卓越"，实现内强素质、外塑形象的方式都大同小异，只是追求卓越因单位具体情况不同，其卓越程度也不尽相同。这些在本书第二章、第三章都有比较详细的阐述。下面根据施工企业的特点对如何发挥企业文化的作用谈几点意见，旨在推动施工企业文化建设的深入开展。

1. 企业文化建设要推动企业综合实力和竞争力的增强

水利施工企业面临的工作环境差、工作条件差，危险因素多、高难工程多，技术含量高、质量要求高，施工难度大、工作责任大的问题，要靠全体员工一个个解决，优质、高效、安全的工程建设目标也要靠全体员工去实现，因此提高全体员工的素质，增强员工的向心力、凝聚力、战斗力，调动员工的积极性、创造性和主观能动性是重中之重。为此，企业文化建设要以加强思想政治工作为抓手，采取多种形式，依据不同层次、不同类型人员的各自特点，了解他们不同的期望和需求，正确对待他们的不同爱好和习性，帮助他们解决和克服困难，用真情打动他们，不断提升他们工作的激情和能力，充分发挥他们的才能，使企业的全体职工形成共同的价值观念，提高使命感、责任感和对企业的归属感，凝聚成一个强有力的集体，披荆斩棘，顽强拼搏，为企业的发展做贡献。

针对水利施工企业具有施工分布"广、散、偏"的特点，加强关爱文化建设，结合自身的实际情况，因地制宜地开展多式多样的活动，丰富员工的日常生活。首先要加强学习，这种学习包括政治学习和技能学习。政治学习是要学习党的各项方针政策、当前国内外的形势，进行正确的人生观、世界观和价值观教育。技能学习包括技术培训、合作意识的培养、技能比赛、节能技巧等。其次要举办各类文体活动，这些活动包括运动会、球赛、棋赛、联欢会等。通过这些活动减少员工远离家庭产生的内心的孤独感，增加员工大家庭意识，凝聚人心，增强团结友好的氛围。

2. 企业文化建设要推动企业安全生产标准化建设

水利施工企业工作环境多变，施工中又是多工种立体作业，加上人机流动等，各种不安全因素相互交错，造成管理难度大、作业难度大、劳动强度高、危险因素多。施工安全是水利施工企业的基石，是施工企业工程施工的核心，是工程顺利进行的基础，是获得效益的前提和保障。企业安全生产标准化建设旨在企业对自身的生产经营活动，从制度、规章、标准、操作、检查等各方面，制定具体的规范和标准，使企业的全部生产经营活动实现规范化、标准化，提高企业的安全素质，最终能够达到强化源头管理的目的。

企业安全生产标准化建设是企业建立安全生产长效机制，实现安全生产的根本保障，是落实企业安全生产主体责任的重要举措，是防范事故发生最有效的办法，是实现安全生产长治久安的根本途径。

积极向上的企业安全文化可为企业安全生产决策提供正确的指导思想和健康的精神气氛，具有对安全生产的导向作用。积极向上的思想观念和行为准则，可以形成强烈使命感和持久的驱动力，具有对安全生产的激励作用。因此，要通过加强企业安全文化建设推动企业安全生产标准化达标创建各种，这是企业文化建设的一项重要任务。

3. 企业文化建设要推动美化生活和工作环境建设

施工现场是施工企业基本的工作单元，同时也是开展企业文化建设的重要窗口。将施工现场文化作为施工企业文化建设的重点，塑造个性化的、与时俱进的现场文化，可以从整体上提升施工现场的管理水平，提高施工工作人员的素质，从根本上提升企业的形象。首先，规范施工现场的临时设施，包括企业派驻的一次性工程指挥办公室、员工宿舍、食堂、仓库等，布局合理、整齐有序的设施不仅能给员工积极向上的感觉，还能体现企业良好的文化。其次，做好安全工作，通过治理生产现场、施工作业现场、道路交通等环境，严格按要求安装安全防护网，确保员工有一个安全的工作环境，同时进行适度的文化宣传，可在施工现场入口处写上符合企业文化的标语，在醒目处挂出各岗位责任制度，让员工一目了然。在易出事故处标注"质量第一、安全第一"等字样，警醒员工时刻保持安全的意识。加大法律法规、规章制度、潜在危险控制办法、标准化作业及知识、技能等相关知识的灌输，使员工掌握安全技能及安全知识，提高自身的标准作业能力。再次，关怀员工的生活。施工一线的员工处在较为封闭的环境下，生活难免枯燥，企业可根据自身特点，开展丰富多彩的群众性文体活动，例如举行安全知识抢答赛、歌唱比赛等，还可开辟专门的文娱室，放置电视机、影碟机等娱乐设施，供员工使用观看。努力构建和谐的施工现场环境，给员工以家的感觉，激发其劳动热情，增强施工企业的向心力和凝聚力。

4. 企业文化建设要推动企业制度和文化体系的完善

完善的企业规章制度是企业文化的重要内容之一，对施工企业的安全生产、高效优质有保证作用。企业应在遵循国家相关法律法规的基础上，结合行业的特点，制定相关的规章制度，涵盖施工生产、工程计划、质量安全等内容。将企业文化融入企业的各项制度中，为企业管理制度化、决策科学化奠定基础。企业制度出台后，组织员工参与学习，采取整体推进、面上指导、分类实施、典型示范、以点带面等方法，强化企业制度的执行，使之深入人心，实现用制度管人、用制度留人，奖惩分明，以调动员工的工作积极性及其主观能动性。

此外，完善企业文化体系，进一步规范企业理念和发展战略，对员工的职业行为加以明确规范，健全安全、质量、执行力等文化系统，形成符合企业价值观的能展现企业自身特色的文化体系。加大企业文化所倡导的精神及理念宣传力度，可通过开展理论学习、形象宣传和视觉感知等方式，使之成为员工的共同认知，进而转化为其心理认同，从而指导其具体行为，形成企业共有的价值观念。

第六节　水利工程监理企业文化建设

一、工程监理的基本知识

（一）定义

建设工程监理也叫工程建设监理，属于国际上业主项目管理的范畴。

《工程建设监理规定》第三条明确提出：建设工程监理是指监理单位受项目法人的委托，依据国家批准的工程项目建设文件、有关工程建设的法律、法规和工程建设监理合同及其他工程建设合同，对工程建设实施的监督管理。

建设工程监理可以是建设工程项目活动的全过程监理，也可以是建设工程项目某一实施阶段的监理，如设计阶段监理、施工阶段监理等。我国目前应用最多的是施工阶段监理。

（二）特性

《工程建设监理规定》第十八条规定：监理单位是建筑市场的主体之一，建设监理是一种高智能的有偿技术服务。

监理单位与项目法人之间是委托与被委托的合同关系，与被监理单位是监理与被监理关系。

监理单位应按照"公正、独立、自主"的原则，开展工程建设监理工作，公平地维护项目法人和被监理单位的合法权益。

监理是一种有偿的工程咨询服务；是受项目法人委托进行的；监理的主要依据是法律、法规、技术标准、相关合同及文件；监理的准则是守法、诚信、公正和科学。

（三）发展历程

在1987年10月中国共产党第十三次全国代表大会之前，几十年来，我国的工程建设活动，基本上由建设单位自己组织进行。建设单位不仅负责组织设计、施工、申请材料设备，还直接承担了工程建设的监督和管理职能。这种由建设单位自行管理项目的方式，使得一批批的筹建人员刚刚熟悉项目管理业务，就随着工程竣工而转入生产或使用单位，而另一批工程的筹建人员，又要从头学起。如此周而复始在低水平上重复，严重阻碍了我国建设水平的提高。它在以国家为投资主体并采用行政手段分配建设任务的情况下，已经暴露出许多缺陷，如投资规模难控，工期、质量难以保证，浪费现象比较普遍；在投资主体多元化并全面开放建设市场的新形势下，就更为不适应了。

党的十三大以后，随着计划商品经济的发展和基本建设投资体制、设计与施工管理体制的改革，迫切需要建立起一套能够有效控制投资、严格实施国家建设计划和工程合同的新格局，抑制和避免建设工作的随意性。建立建设监理制度，就是为适应这种新格局而提出来的。另外，为了开拓国际建设市场，进入国际经济大循环，也需要参照国际惯例实行建设监理制度，以便使我国的建设体制与国际建设市场衔接。

1988年10月11—13日，原建设部在上海召开第二次全国建设监理工作会议，讨论确定将北京市、天津市、上海市、哈尔滨市、沈阳市、南京市、宁波市、深圳市和原能源部的水电系统、原交通部的公路系统8市2部作为监理试点。根据会议精神，原建设部于1988年11月12日制定印发了《关于开展建设监理试点工作的若干意见》。

1989年5月10—17日，原建设部建设监理司在安徽合肥举办建设监理研讨班，就建设监理试点各阶段的理论、政策和工作中的具体问题进行了研究和论证，尤其是对监理单位的组织模式、监理人员的称谓和监理方法，跨地区承揽监理任务的管理，以及与质量监督的关系等问题进行了深入的探讨，从而初步理清了建设监理工作的思路。

1989年7月28日，原建设部颁发了《建设监理试行规定》。这是我国开展建设监理工作的第一个法规性文件，它全面地规范了参与建设监理各方的行为。

为了及时总结试点经验，指导建设监理试点工作健康发展，1989年10月23—26日，原建设部在上海召开了第三次全国建设监理工作会议，总结了8市2部监理试点的经验。试点经验归纳为：实行监理制度的工程在工期、质量、造价等方面与以前相比均取得了更好的效果；3年的试点工作充分证明，实行这项改革，有助于完善我国工程建设管理体制，有助于提高我国工程的整体水平和投资效益；要组建一支高水准的工程建设监理队伍，把工程监理制度稳定下来。

1993年5月，第五次全国建设监理工作会议召开，标志着我国建设监理制度走向稳步发展的新阶段。会议总结了我国4年多来监理试点的工作经验，宣布结束试点工作，进入稳步发展的新阶段。会议提出新的发展的目标：从1993年起，用3年左右的时间完成稳步发展阶段的各项任务；从1996年开始，建设监理制度走向全面实施阶段；到20世纪末，我国的建设监理事业争取达到产业化、规范化和国际化的程度。会议同时提出稳步发展阶段的主要任务是：健全监理法规和行政管理制度；大中型工程项目和重点工程项目都要实行监理制；监理队伍的规模要和基本建设的发展水平相适应，基本满足监理市场的需要；要有相当一部分监理单位和监理人员获得国际同行的认可，并进入国际建筑市场。

会后，国内各地区、各部门立即着手部署工作，其中北京市、上海市，原水电部和原煤炭部等地区和部门，已决定由试点阶段进入全面推行阶段，所有新开工程项目都实行监理制度。到1994年底，全国已有29个省、自治区、直辖市和国务院所属的36个工业交通原材料等部门在推行监理制度。其中北京、天津、上海3市及辽宁、湖北、河南、海南、江苏等省的地级以上城市全部推行了监理制度。全国推行监理制度的地级以上城市 153 个，占全国 196 个地级城市的 76%。全国大中型水电工程、大部分国道和高等级公路工程都实行了工程监理，建筑市场初步形成了由业主、监理和承建三方组成的三元主体结构。

1995 年 12 月 15 日，原建设部和原国家计委印发《工程建设监理规定》，自 1996 年 1 月 1 日起实施。同时废止原建设部 1989 年 7 月 28 日发布的《建设监理试行规定》。

1996 年，国内多数地区都有了自己的工程监理规章。北京、湖北、海南、黑龙江、重庆、河北等 6 省（直辖市）以政府令的形式颁布了工程监理法规；广东、山西、山东等 5 省（直辖市）以政府文件发布了工程监理规定；其余地区多数以建委（建设厅）名义印发了工程监理办法或实施细则。深圳市还以地方人大常委会的名义颁布了工程监理条例。

1997 年《中华人民共和国建筑法》（以下简称《建筑法》）规定，国家推行建设工程监理制度，从而使建设工程监理制度进入全面推行阶段。

二、监理企业的特点及工作内容

（一）监理企业的特点

（1）监理属于高智能的技术服务，员工是监理企业的最宝贵的财富。在建设市场—企业—员工和员工—企业—建设市场这个大循环中，企业员工始终处于重要环节，是最具活力和最具创造力的因素，所以对执业的监理人员的思想、文化和专业技术水平和管理能力要求普遍比较高。

（2）监理人员高度分散，服务的建设工程工地环境艰苦、任务繁重。由于以上情况，所以监理人员不仅需要智力储备，还需要面对艰苦的环境，要有科学态度和艰苦工作的精神。

（3）监理服务的质量好坏、建设单位的满意度、社会的信誉度直接关系到企业在市场经营的占有率，关系到企业的社会信誉。而能否做到优质服务，更多的是取决于项目监理部的团队作用和每个监理人员尽心竭力的工作。

（二）监理企业的工作内容

监理企业的工作内容可以概括为对建设工程项目实施"三控制、三管理、一协调"。

1. 三控制

"三控制"的内容是：投资控制、进度控制、质量控制。

（1）建设工程项目投资控制。投资控制就是在建设工程项目的投资决策阶段、设计阶段、施工阶段以及竣工阶段，把建设工程投资控制在批准的投资限额内，随时纠正发生的偏差，以保证项目投资管理目标的实现，力求在建设工程中合理使用人力、物力、财力，取得较好的投资效益和社会效益。

监理工程师在工程项目的施工阶段进行投资控制的基本原理是把计划投资额作为投资控制的目标值。在施工阶段，定期进行投资实际值与目标值的比较。通过比较发现并找出实际支出额与投资目标值之间的偏差，然后分析产生偏差的原因，采取有效的措施加以控制，以确保投资控制目标的实现。

这种控制贯穿于项目建设的全过程，是动态的控制过程。要有效地控制投资项目，应从组织、技术、经济、合同与信息管理等多方面采取措施。其中，组织措施，包括明确项目组织结构、明确项目投资控制者及其任务，以使项目投资控制有专人负责，明确管理职能分工；技术措施，包括重视设计方案选择，严格审查监督初步设计、技术设计、施工图设计、施工组织设计、渗入技术领域研究节约投资的可能性；经济措施，包括动态地比较项目投资的实际值和计划值，严格审查各项费用支出，采取节约投资的奖励措施等。

（2）建设工程项目进度控制。进度控制是对工程项目建设进度的控制。各阶段的工作内容、工作程序、持续时间和衔接关系，要根据进度总目标及资源优化配置的原则，编制计划并付诸实施，在进度计划的实施过程中经常检查实际进度是否按计划进行，对出现的偏差情况进行分析，采取有效的扑救措施，修改原计划后再付诸实施，如此循环，直到建设工程项目竣工验收交付使用。

建设工程进度控制的最终目标是确保建设项目按预定时间交付使用或提前交付使用。

影响建设工程进度的不利因素很多，如人为因素、设备、材料及构配件因素、机具因素、资金因素、水文地质因素等。其中常见的影响建设工程进度的人为因素有：

1）建设单位因素：如建设单位因使用要求改变而进行的设计变更；不能及时提供建设场地而满足施工需要；不能及时向承包单位、材料供应单位付款。

2）勘察设计因素：如勘察资料不准确，特别是地质资料有错误或遗漏；设计有缺陷或错误；设计对施工考虑不周，施工图供应不及时等。

3）施工技术因素：如施工工艺错误；施工方案不合理等。

4）组织管理因素：如计划安排不周密，组织协调不力等。

（3）建设工程项目质量控制。质量控制是对工程项目建设质量的控制。工程项目要满足建设单位需要，符合国家法律、法规、技术规范标准、设计文件及合同规定。建设工程质量的特性主要表现在适用性、耐久性、安全性、可靠性、经济性和与环境的协调性。影响工程的因素很多，但归纳起来主要有五个方面：人员素质、工程材料、施工设备、工艺方法、环境条件。

2．三管理

三管理指的是：合同管理、安全管理和风险管理。

（1）合同管理。合同是工程监理中最重要的法律文件。订立合同是为了证明一方向另一方提供货品或者劳务，它是订立双方责、权、利的证明文件。施工合同的管理是项目监理机构的一项重要的工作，整个工程项目的监理工作即可视为施工合同管理的全过程。

（2）安全管理。建设单位施工现场安全管理包括两层含义：一是指工程建筑物本身的安全，即工程建筑物的质量是否达到了合同的要求；二是施工过程中人员的安全，特别是与工程项目建设有关各方在施工现场人员的生命安全。

监理单位应建立安全监理管理体制，确定安全监理规章制度，检查指导项目监理机构的安全监理工作。

（3）风险管理。风险管理是对可能发生的风险进行预测、识别、分析、评估，并在此基础上进行有效的处置，以最低的成本实现最大目标保障。工程风险管理是为了降低工程中风险发生的可能性，减轻或消除风险的影响，以最低的成本取得对工程目标保障的满意结果。

3. 一协调

一协调主要是指施工阶段项目监理机构的组织协调工作。

工程项目建设是一项复杂的系统工程。在系统中活跃着建设单位、承包单位、勘察实际单位、监理单位、政府行政主管部门以及与工程建设有关的其他单位。

在系统中监理单位具备最佳的组织协调能力。主要原因是：监理单位是建设单位委托并授权的，是施工现场唯一的管理者，代表建设单位，并根据委托监理合同及有关的法律、法规授予的权利，对整个工程项目的实施过程进行监督并管理。监理人员都是经过考核的专业人员，它们有技术，会管理，懂经济，通法律，一般要比建设单位的管理人员有着更高的管理水平、管理能力和监理经验，能驾驭工程项目建设过程的有效运行。监理单位对工程建设项目进行监督与管理，根据有关的法令、法规行使自己特定的权利。

三、工程监理企业文化建设

（一）监理企业文化建设的必要性

1. 适应规范化管理的需要

积极的企业文化是公司制度的有益补充，是实现企业规范化管理的需要。以企业文化与管理制度为例，企业管理制度是对人的行为进行外部控制的刚性管理，而企业文化则是依靠人自我对其行为进行柔性管理，是对公司制度的有益补充。

2. 适应新的竞争环境的需要

监理公司在共同价值观的引导下，依靠优秀的企业文化，吸引外部人才加入、发挥内部人才潜能、提升监理从业人员素质，是监理公司形成核心竞争优势的关键。

3. 适应公司发展战略的需要

企业文化是为公司发展战略服务的，有什么样的战略就需要有什么样的企业文化。可以通过企业文化建设入手，培育公司内部的优良风气，满足公司员工内在需求，充分发挥员工的潜力，为实现公司战略提供动力。

（二）监理企业文化建设的重点

监理行业的特殊性要求监理员工有较高的业务素质，任何一个监理员工的工作质量都会直接影响监理企业的整体质量和企业形象。所以说，监理企业的核心竞争力是员工。企业能否吸引、留住并合理充分使用高素质人才是监理企业管理中不容忽视的核心问题。监理企业要不断创新和完善企业文化建设运行机制，使企业文化建设与企业的不断发展相契合，为企业高素质人才发挥主观能动作用提供保障，为企业发展保驾护航。

1. 建设人企合一、人尽其才的人本文化

长期以来，我国工程监理企业的人员调动是根据各地项目监理部的人员时事需求来实行，而这种人员调动又是以个别人员的单独调动为常。长期的频繁调动，以及较差的工作环境，极易使员工心理产生不稳定因素，久而久之与企业之间产生价值观的差异，进而离职。对于工程监理企业而言，具有优秀素质水平与业务能力的员工是企业发展所必需的，所以留住人才是企业发展的重中之重。

在监理企业文化建设中，营造"家"文化，让员工感受到公司的"人文关怀"，体会到"家"的温暖，是建设人企合一、人尽其才的人本文化的最佳方式。

"家"文化是中国传统文化中极为重要的一部分，传统意义上的"家"文化，指的是员工以企业为家，以团队为家，在"家"的秩序中形成互助、创新、支持、和谐的企业氛围。

在企业文化中营造一种"家"文化，让员工感受到公司的"人文关怀"，体会到"家"的温暖，不仅可以缓解员工在监理工作中的不稳定因素，为企业的发展留住人才，而且能增强企业的向心力、亲和力和凝聚力。

"家"文化在工程监理企业中应用需要注意的以下问题：

一是要"务实"，避免"务虚"。工程监理企业员工职业性质特殊，广泛分布于不同的工程项目之中，分散广泛成为一线员工的一大特点。在监理企业文化的建设中，使用好"家"文化，就必须要求各项细则实施到位，将文化理念深入每一位员工的日常工作中，加大在文化建设方面的投入，对职工在生活上给予关心、工作上给予帮助、管理上以人为本，处处体现人性关怀，用实实在在的"家"文化将员工集结在一起，同时保证"家"文化在企业不同项目、不同时期的传承性和一致性。

二是要避免在"家"文化提倡的"长幼有序"中产生"家长制"管理方式。"家"文化倡导的"长幼有序"旨在促使企业创造良好的氛围，员工之间彼此信任、相互关爱，领导体恤下属，下属尊敬领导。而"家长制"的产生会导致领导者在决策时独断专行，不考虑下属意见，在工作过程中过于干涉下属工作，在工程监理企业重视过程的业务环境中易对企业造成负面影响，故应当在企业文化建设中予以避免。

三是注重先进企业文化与传统"家"文化之间的有效融合。工程监理企业要在构建传统文化为主的企业管理文化基础上，引进创新先进文化，树立现代理念，在创新与融合中树立企业经营新的核心理念和基本价值观，形成具有自身企业特点并且行之有效的企业文化。

四是在"家"文化的实施过程中要注重员工的反馈，并进行细则调整。企业文化是以企业员工为载体的，员工是企业文化生成与承载的主体。作为工程监理企业的管理者来说，在重视进行企业日常核心监理业务的同时，注重员工在工作期间对企业文化的理解与感受程度也是不可或缺的。员工对企业"家"文化的认可度，应该作为反馈及时地被管理者重视。监理企业的管理者，应该建立一种可以长期保持畅通的员工反馈途径，随时对企业文化的具体实施进行调整，真正达到以人为本的企业文化建设，将"家"文化对员工的发展和对企业的发展程度达到最大化。

2. 建设上下同欲、同舟共济的精神文化

在企业文化建设中培育和弘扬"敬业守法、诚信服务、开拓创新、争创一流"的企业精神；"解放思想、实事求是"的核心精神；"敢为人先的拼搏，永无止境的追求"的争创一流的精神；"实干、实践、实现"的务实精神；"接受任务不讲条件，完成任务不讲报酬"的奉献精神；"爱岗敬业，尽职尽责"的敬业精神，已经成为员工队伍的共同追求和自觉行为。作到一个党员就是一面旗帜，把员工队伍变成为企业上下同欲、同舟共济的团队。

3. 建设成本最低、资产最优的经营文化

推行全面计划管理和预算管理，追求企业效益最大化。一手抓管理，一手抓市场，从企业战略、规划、计划、预算到项目管理实行闭环控制。用最少的钱，办最多的事，努力提高工程监理、信息化和人才三大核心竞争力，瞄准市场制高点、利润增长点。把潜在客户变成现实客户，把现实客户变成永久客户。向市场要效益，把企业做大做强。

4. 建设业主第一、客户满意的服务文化

监理工作开始于客户需求，终止于客户满意。坚持优质、高效、规范、真诚，坚持业主第一、客户满意、热情服务的宗旨，不论项目大小，都要提供最优的服务。管理就是服务，在服务中塑造企业形象，在服务中赢得市场。

5. 建设居安思危、警钟长鸣的安全文化

安全、质量、投资、工期中安全最为重要，是头等大事。认真贯彻"安全第一、预防为主"的方针，保证安全是天职，落实责任是本职。安全管理关口前移，重心下沉，晓之以理，动之以情，加强现场管理，加强遵章守纪教育，建立全员、全方位、高效的监督体系，作到安全管理可控在控，追求监理工程零缺陷移交生产运行单位。

6. 建设一荣俱荣、一损俱损的诚信文化

企业所体现的不仅仅是人与物的关系，还是人与人的关系。这就意味着企业不仅仅是生产组织、经济组织，而且还是社会组织、文化组织。人总是带着情感去做工作的，其行为带有很大的可变性，员工操守、职业规范、对企业的忠诚度，对于企业的生存和发展是非常关键的。讲求诚信，不应只是企业在对外经营过程中必须注意的，在企业内部，在处理企业和员工的关系时，同样要重视诚信文化的建设。对员工要多施以鼓励、认同，多欣赏员工的才能，让员工在为企业的发展中积极献计献策，员工自身也能产生极大的成就感和愉快感。

上述六种内容文化建设的载体可以因地制宜选用第二章第二节所介绍的载体。

还需要指出的是，监理单位、项目法人、设计单位、施工单位都是建筑市场的主体，目标都是在保证质量、安全、文明施工的前提下，按计划的工期和投资完成工程建设任务。就同一工程项目而言，其中监理单位、项目法人、施工单位不仅目标一致，而且工作环境大致相同。所以在工程项目文化建设方面有许多相同之处，有些可以共同开展，有些可以相互借鉴。

（三）监理项目部的文化建设

监理项目部作为监理公司委派的驻工地机构，受建设单位委托对工程施工的质量、进度、资金、安全、信息、合同等进行监督管理。监理公司一般根据工程规模、性质、复杂程度等要素决定项目监理部资源配置，特别是人员配置，工程规模越大，复杂程度越高，综合性越强，配备监理人员越多，管理难度就越大。所以，监理项目部要打造自己的文化，从环境建设、制度建设、人才建设入手，做好管理工作，更好地为建设单位服务。

1. 项目部文化建设的发展趋势

在理念文化方面，被动性借鉴理念正逐渐被主动性创新理念所取代。在市场开放、竞争日趋激烈的背景下，市场对监理服务水平日渐提高，如果没有创新的精神，将被社会边缘化。因此，必须找准市场定位，根据时代特征确定不断创新的要求，向社会提供良好的服务，从而得到业主的认可，得到合理的价值回报。

在管理文化方面，监理管理正在由传统的管理向知识管理转化，信息与信息、信息与活动、信息与人的联系更加紧密。因此，必须充实自己的知识水平，充分利用掌握的知识、信息服务于管理工作，并使之动态地植入项目部的制度建设中。

在服务文化方面，以业主为中心去提升服务品质成为项目部的努力目标。只有围绕业主方的需求，全天候、全方位地做好业主的服务工作，才是项目部永续生存的重要保证。

在形象文化方面，项目部对外宣传功能要日趋强化。努力培养企业品牌。展示良好的精神风貌、职业形象与行为，增强市场的认可程度。

2. 项目部文化建设的重点

针对当前项目部文化建设的发展趋势，项目部文化建设应把握以下几个重点。

（1）强化时代意识。没有远虑，必有近忧，总监需要一定的前瞻性，围绕业主、工程、社会、时代等方面的需要，结合当前实际，制定各期目标，拼搏进取，强化市场意识、竞争意识、忧患意识、效率意识、效益意识、奉献意识，满足时代的需求。

（2）进一步加强制度建设。根据公司的管理文件，对公司有关制度认真组织学习与落实，特别是总监理工程师岗位职责、监理工程师及监理员岗位职责、考勤与休假制度、监理工作制度、监理部上墙图表要求等。在学习的基础上，根据社会变换、时代发展、业主要求，结合项目自身特点，对已有制度包括生活、工作制度、各成员的职责、权利等作细化、补充或修改，使制度设置更加科学，具有更好的操作性，力求做到公平、公开、公正、科学、透明、合理。

（3）把以人为本作为项目部建设的根本原则。以人为本是项目部文化的精髓。其出发点和归宿点都是人，应该自始至终以提升人的能力为追求。坚持以人为本，真正做到尊重人、理解人，使每个成员在一种上进、和谐的文化氛围中从事工作，增强其主动性与使命感，不断地激励其追求更高的目标。这样可以形成个人与项目部的利益共鸣，使项目部产生一种强大的向心力、凝聚力。

（4）加强成员教育和培训，为成员成才提供良好的条件。通过总监引导、内部学习、外部交流、专题培训等方式，不断端正成员的思想，提高成员的综合素质，同时采用激励机制，这样才能更好地发挥成员的聪明才智，更好地为监理工作服务。

（5）加强总监自身素质建设，这是项目部文化建设的关键。总监的思想境界、理论修养、知识水平、思维方式和人格魅力等，无一不对项目部文化建设起着举足轻重的作用。总监在倡导项目部文化建设时，必须加强自身的素质建设，做到自我教育、自我完善、自我约束。唯有如此，才能得到成员的认同，带动成员不断进取，创造高质量的服务，使项目部树立起良好的形象。

（6）搞好环境建设，也就是项目部外在建设。营造整洁美观、具有特色的文化环境。要按照有关规定和文明工地建设的要求，在项目部的办公场所、工地现场悬挂相关标志、标牌、图表、规章制度。如监理部及各成员职责、监理人员十不准、监理部制度、考勤表、工地标牌、效果图，工地平面图、典型断面图、主要工序进度图等。现场监理挂牌上岗，展现良好的精神风貌等。

第五章　水利工程管理单位文化建设

第一节　我国的河流湖泊

有人把河流称为大地的动脉，世世代代滋润着大地、哺育着人民，成为人类文明发展的摇篮。河流是水利的源泉，也是洪水泛滥的来源。人类为了兴水利、除水害，在河流上兴建了各种水利工程，不同类型的水利工程管理单位也应运而生。

一、我国的河流

我国幅员辽阔，江河纵横。在 960 万平方千米的陆地面积上，流域面积 50 平方千米及其以上的河流有 46796 条，总长 151.46 万千米。其中流域面积 100 平方千米及其以上的河流有 24117 条，总长 1120608 千米；流域面积 1000 平方千米及其以上的河流有 2617 条，总长约 39.14 万千米；流域面积 10000 平方千米及其以上的河流有 362 条，总长约 13.67 万千米。

（一）我国河流的类别

河流的类型很多，常见的有常流河和季节河、外流河和内陆河、地上河和地下河、人工运河等。

一年四季都有水的是常流河，只有某个季节有水的是季节河。

外流河是指直接或间接流入海洋的河流。内流河也称内陆河，指不能流入海洋、只能流入内陆湖或在内陆消失的河流，其所在区域称为内流区。这类河流的年平均流量一般较小，但因暴雨、融雪引发的洪峰却很大。我国外流河、内流河的流域面积统计表见表 5-1。

表 5-1　　　　　　　　　我国外流河、内流河的流域面积统计表

流　域　名　称	流域面积/平方千米	占外流河、内陆河流域面积合计/%
合　　计	9506678	100.00
一、外流河	6150927	64.4
黑龙江及绥芬河	934802	9.53
辽河、鸭绿江及沿海诸河	314146	3.30
海滦河	320041	3.37

续表

流　域　名　称	流域面积/平方千米	占外流河、内陆河流域面积合计/%
黄河	752773	7.92
淮河及山东沿海诸河	330009	3.47
长江	1782715	18.75
浙闽台诸河	244574	2.57
珠江及沿海诸河	578974	6.09
元江及澜沧江	240389	2.53
怒江及滇西诸河	157392	1.66
雅鲁藏布江及藏南诸河	387550	4.08
藏西诸河	58783	0.62
额尔齐斯河	48779	0.51
二、内陆河	3355751	35.30
内蒙古内陆河	311378	3.28
河西内陆河	469843	4.94
准噶尔内陆河	323621	3.40
中亚细亚内陆河	77757	0.82
塔里木内陆河	1079643	11.36
青海内陆河	321161	3.38
羌塘内陆河	730077	7.68
松花江、黄河，藏南闭流区	42271	0.44

注　本表数据为 2002—2005 年进行的第二次水资源评价数据。

　　高悬于两岸地面之上的河流是地上河，中国的黄河下游就是世界闻名的地上河。在那里完全仰仗着河流两岸的千里大堤来保护，才使两岸免遭洪水的淹没之苦。

　　在石灰岩地区，人们往往只能听到河水流动的声音，而看不到地面有河流的踪迹，这是因为水流溶蚀了岩石，在地表面以下形成了"地下河"。

　　陆地表面还有人工开凿的河流，即运河，如京杭大运河等。

（二）我国境内的"八大水系"

　　我国境内的河流有八大水系。其中外河流构成了七大水系，称为"江河水系"，其流向主要是太平洋，其次为印度洋，少量流入北冰洋。塔里木河水系是我国内流河的最大水系，即我国境内的等八大水系。

　　1. **外流河水系**

　　外流河七大水系分别为：珠江水系、长江水系、黄河水系、淮河水系、辽河水系、海河水系、松花江水系。

　　（1）珠江水系。珠江是我国境内第三长河流，是我国南方的大河。珠江包括西江、北江和东江三大支流，其中西江最长，通常被称为珠江的主干。全长 2320 千米，流经云南、贵州、广西、广东、湖南、江西等省（自治区）及越南东北部。流域面积约 45 万平方千米，其中我国境内面积 44 万余平方千米。

（2）长江水系。长江古称"江""大江"，是亚洲第一、世界第三大河流，仅次于亚马孙河和尼罗河。全长 6380 千米，流经青藏高原、青海、西藏、四川、云南、重庆、湖北、湖南、江西、安徽、江苏、上海，之后进入东海。长江流域是指长江干流及其支流流经的区域，横跨中国东、中和西部三大经济区共计 19 个省（自治区、直辖市），是世界第三大流域，流域总面积 180 万平方千米，占国土面积的 18.8%，流域内有丰富的自然资源。长江水系中，支流流域面积 1 万平方千米以上的支流有 49 条，主要有嘉陵江、汉水、岷江、湘江、乌江、赣江等。

（3）黄河水系。黄河是中国第二大河。它自青藏高原一带，流经青海、四川、甘肃、宁夏、内蒙古、山西、陕西、河南、山东等 9 省（自治区），之后注入渤海。黄河流域面积 79.5 万平方千米，全长 5464 千米，汇集了 40 多条主要支流和 1000 多条溪川。

（4）淮河水系。淮河是中国第三大河，位于黄河与长江之间。淮河长约 700 千米，流域面积 27 万平方千米，从河南省桐柏山发源，流经河南、湖北、安徽、山东、江苏 5 省 40 个地市。其显著特点是支流南北极不对称，北岸支流多而长，流经黄淮平原；南岸支流少而短，流经山地、丘陵。淮河水系以废黄河为界，分淮河及沂沭泗河两大水系。

（5）辽河水系。辽河有二源，东源称东辽河，西源称西辽河，两源在辽宁省昌图县福德店与西源汇合，始称辽河。河长 1345 千米，面积 21.9 万平方千米，流经河北、内蒙古、吉林、辽宁。

（6）海河水系。海河是华北地区主要的大河之一，由潮白河、永定河、大清河、子牙河、运河 5 条河流组成，汇流至天津后东流到大沽口，流入渤海，故又称沽河。海河流域面积 31.78 万平方千米，地跨北京、天津、河北、山西、山东、河南、辽宁、内蒙古 8 省（自治区、直辖市）。

（7）松花江水系。松花江位于东北北部，流经黑龙江省、吉林省，东西长 920 千米，南北宽 1070 千米，流域面积 55.68 万平方千米。松花江支流众多，流域面积大于 1000 平方千米的河流有 86 条；湖泊较多，大小湖泊共有 600 多个。

2. 塔里木河水系

塔里木河水系是我国内流河的最大水系。塔里木河是我国第一大内陆河，全长 2179 千米，它由叶尔羌河、和田河、阿克苏河等汇合而成，河水很不稳定，被称为"无缰的野马"。塔里木河流域位于新疆南部，在天山山脉和昆仑山脉之间，东西长 1100 千米，南北宽 600 千米，是世界上最大的内陆河流域，从最长的源流——叶尔羌河流域算起，到塔里木河尾闾——台特玛湖，长 2400 千米，我国最大世界第二大的流动沙漠塔克拉玛干沙漠位于其中部。塔里木盆地总面积 105 万平方千米，其中，沙漠面积 37.04 万平方千米。

二、我国的湖泊

中国湖泊众多，共有湖泊 24800 多个，其中面积在 1 平方千米以上的天然湖泊就有 2865 个，面积 7.8 万平方千米。其中淡水湖 1594 个，面积 3.5 万平方千米；咸水湖 945 个，面积 3.9 万平方千米；盐湖 166 个，面积 0.2 平方千米。主要湖泊统计表见表 5-2。

表 5-2 　　　　　　　　　　　我国主要湖泊统计表

湖　名	面　积 /平方千米	湖水储量 /亿立方米	类型	所　在　地		
				地区	外流湖区	内流湖区
青海湖	4200	742	咸水	青海		柴达木区
鄱阳湖	3960	259	淡水	江西	长江流域	
洞庭湖	2740	178	淡水	湖南	长江流域	
太湖	2338	44	淡水	江苏	长江流域	
呼伦湖	2000	111	咸水	内蒙古		内蒙古区
纳木错	1961	768	咸水	西藏		藏北区
洪泽湖	1851	24	淡水	江苏	淮河流域	
色林错	1628	492	咸水	西藏		藏北区
南四湖	1225	19	淡水	山东	淮河流域	
扎日南木错	996	60	咸水	西藏		藏北区
博斯腾湖	960	77	咸水	新疆		甘新区
当惹雍错	835	209	咸水	西藏		藏北区
巢湖	753	18	淡水	安徽	长江流域	
布伦托海	730	59	咸水	新疆		甘新区
高邮湖	650	9	淡水	江苏	淮河流域	
羊卓雍错	638	146	咸水	西藏		藏北区
鄂陵湖	610	108	淡水	青海	黄河流域	
哈拉湖	538	161	咸水	青海	柴达木区	
阿牙克库木湖	570	55	咸水	新疆		藏北区
扎陵湖	526	47	淡水	青海	黄河流域	
艾比湖	522	9	咸水	新疆		甘新区
昂拉仁错	513	102	咸水	西藏		藏北区
塔若错	487	97	咸水	西藏		藏北区
格仁错	476	71	淡水	西藏		藏北区
赛里木湖	454	210	咸水	新疆		甘新区
松花湖	425	108	淡水	吉林	黑龙江流域	
班公错	412	74	东淡西咸	西藏		藏北区
玛旁雍错	412	202	淡水	西藏		藏南区
洪湖	402	8	淡水	湖北	长江流域	
阿次克湖	345	34	咸水	新疆		藏北区
滇池	298	12	淡水	云南	长江流域	
拉昂错	268	40	淡水	西藏		藏南区
梁子湖	256	7	淡水	湖北	长江流域	
洱海	253	26	淡水	云南	西南诸河	

续表

湖　名	面　积/平方千米	湖水储量/亿立方米	类型	所　在　地		
				地区	外流湖区	内流湖区
龙感湖	243	4	淡水	安徽	长江流域	
骆马湖	235	3	淡水	江苏	淮河流域	
达里诺尔	210	22	咸水	内蒙古		内蒙古区
抚仙湖	211	19	淡水	云南	珠江流域	
泊湖	209	3	淡水	安徽	长江流域	
石臼湖	208	4	淡水	江苏	长江流域	
月亮泡	206	5	淡水	吉林	黑龙江流域	
岱海	140	13	咸水	内蒙古		内蒙古区
波特港湖	160	13	淡水	新疆		甘新区
镜泊湖	95	16	淡水	黑龙江	黑龙江流域	

注　本表数据来源于《四十年水利建设成就——水利统计资料（1949—1988）》。

湖泊数量虽然很多，但在地区分布上很不均匀。总的来说，东部季风区，特别是长江中下游地区，分布着中国最大的淡水湖群；西部以青藏高原湖泊较为集中，多为内陆咸水湖。

三、河流湖泊的功能和价值

水资源是生态系统中最重要、最活跃的因子，江河湖泊是水资源的重要载体，是生态系统和国土空间的重要组成部分，是经济社会发展的重要支撑，具有不可替代的资源功能、生态功能和经济功能。

河流和湖泊为人类生活、经济社会发展提供生活、工业、农业和生态用水，为宣泄、调蓄洪水提供出路和场所，为交通运输提供水上通道，为改善生态环境、建设美丽景观提供条件和支撑。

（1）生态价值：流域是山水林田湖草生命共同体的基本单元，河流水系是各种生态要素连接的纽带，是生态循环系统的重要一环，能促进大自然的物质、能量、信息交换。河流水系还是天然的通风廊道，可缓解城市热岛效应。

（2）经济价值：河流水系为人类的生产生活提供了水资源保障和航运功能，具有农业灌溉、渔业养殖、发电、航运运输和旅游休闲等经济价值，大量社会经济活动集聚在水岸地带。

（3）历史人文价值：河流水系沿线留存了人类社会各个历史阶段活动的遗存，包括古城、古镇、古村落、古码头、历史建筑、水利设施、工业遗产等，是当地历史文化演变的重要展示窗口。

（4）景观价值：河流水系的景观价值使其成为促进城市更新、促进产业转型升级、触发知识、创新等新经济的重要媒介。

（5）游憩价值：河流水系为人们提供了融入自然、体验历史、感受当地特色的优良场所，是公众开展漫步、跑步、骑行、垂钓、泛舟等户外活动的连续线性公共空间。

第二节 我国的水利工程及其管理

一、水利工程的类别

水利工程指用于控制和调配自然界的地表水和地下水，以消除水害和开发利用水资源而修建的工程，是防洪、除涝、灌溉、发电、供水、围垦、水土保持、移民、水资源保护等工程及其配套和附属工程的统称，也称为水工程。

1. 按目的或服务对象分类

（1）防洪工程：防止洪水灾害的工程。

（2）灌溉和排水工程：防止旱、涝、渍灾为农业生产服务的农田水利工程。

（3）水力发电工程：将水能转化为电能的工程。

（4）航道和港口工程：改善和创建航运条件的工程。

（5）城镇供水和排水工程：为工业和生活用水服务，并处理和排除污水和雨水的工程。

（6）水土保持工程和环境水利工程：防止水土流失和水质污染，维护生态平衡的工程。

（7）渔业水利工程：保护和增进渔业生产的工程。

（8）海涂围垦工程：围海造田以满足工农业生产或交通运输需要的工程。

（9）综合利用水利工程：同时为防洪、灌溉、发电、航运等多种目标服务的一项水利工程。

2. 水工建筑物按作用分类

水工建筑物按其作用可分为挡水建筑物、泄水建筑物、输水建筑物、取（进）水建筑物、整治建筑物以及专门为灌溉、发电、过坝需要而兴建的建筑物。

（1）挡水建筑物：是用来拦截江河，形成水库或雍高水位的建筑物，如各种坝和水闸以及抗御洪水，或沿江河海岸修建的堤防、海塘等。

（2）泄水建筑物：是用于宣泄多余洪水量、排放泥沙和冰凌，以及为了人防、检修而放空水库、渠道等，以保证大坝和其他建筑物安全的建筑物。如各种溢流坝、坝身泄水孔、岸边溢洪道和泄水隧洞等。

（3）输水建筑物：是为了发电、灌溉和供水的需要，从上游向下游输水用的建筑物，如引水隧洞、引水涵盖、渠道、渡槽、倒虹吸等。

（4）取（进）水建筑物：是输水建筑物的首部建筑物，如引水隧洞的进水口段、灌溉渠首和供水用的进水闸、扬水站等。

（5）整治建筑物：是用以改善河流的水流条件，调整河流水流对河床及河岸的作用以及为防护水库、湖泊中的波浪和水流对岸坡冲刷的建筑物，如丁坝、顺坝、导流堤、护底和护岸等。

（6）专门为灌溉、发电、过坝需要而兴建的建筑物：如专为发电用的引水管道、压力前池、调压室、电站厂房；专为灌溉用的沉沙池、冲沙闸、渠系上的建筑物；专为过坝用的升船机、船闸、鱼道、过木道等。

二、水利工程的特点

水利工程与其他工程相比，具有如下特点：

（1）有很强的系统性和综合性。单项水利工程是同一流域、同一地区内各项水利工程的有机组成部分，这些工程既相辅相成，又相互制约；单项水利工程自身往往是综合性的，各服务目标之间既紧密联系，又相互矛盾。水利工程和国民经济的其他部门也是紧密相关的。

（2）对环境有很大影响。水利工程不仅通过其建设任务对所在地区的经济和社会发生影响，而且对江河、湖泊以及附近地区的自然面貌、生态环境、自然景观，甚至对区域气候，都将产生不同程度的影响。这种影响有利有弊，规划设计时必须对这种影响进行充分估计，努力发挥水利工程的积极作用，消除其消极影响。

（3）水利工程一般规模较大，技术复杂，建设工期较长，投资较大。水利工程中各种水工建筑物都是在难以确切把握的气象、水文、地质等自然条件下施工建设的，兴建时必须按照基本建设程序和有关标准进行。

（4）水利工程的效益具有随机性，根据每年水文状况不同而效益不同。农田水利工程的效益还与气象条件的变化有密切联系。水利工程规划是流域规划或地区水利规划的组成部分，而一项水利工程的兴建，对其周围地区的环境将产生很大的影响，既有兴利除害有利的一面，又有淹没、浸没、移民、迁建等不利的一面。为此，制定水利工程规划，必须从流域或地区的全局出发，统筹兼顾，以期减免不利影响，收到经济、社会和环境的最佳效果。

（5）水利工程必须设专门机构管理。水利工程中各种水工建筑物都是在难以确切把握的气象、水文、地质等自然条件下运行，运行年限较长，专业化程度较高，需要有专门机构常年进行维修养护和运用。

三、水利工程管理体制

水利部在 1983 年 4 月 23 日颁布的《水利水电工程管理条例》已于 2008 年 3 月 21 日由水利部公布失效。现在水利工程按各省（自治区、直辖市）制定的有关水利工程管理法规进行管理。从北京市、四川省、湖南省、广东省、江苏省等的水利工程管理条例可以看出，水利工程的管理体制各地仍然坚持统一领导、分级分部门负责以及谁兴建谁负责的原则。

（一）《北京市水利工程保护管理条例》

"第七条：市和区管理的水利工程和跨越区、乡（镇）的水利工程，分别由市和区水行政主管部门负责建立、健全管理机构。园林绿化、城市管理部门和国营农场（林场、牧场）负责建立和健全所属水利工程的管理组织。乡（镇）设水利管理服务站。村集体经济组织管理的蓄水、引水和机井、扬水站、排灌渠道等水利工程，必须建立、健全管理组织或确定管理人员。"

（二）《四川省水利工程管理条例》

"第十一条　受益或者淹没范围跨市（州）的水利工程，由省人民政府水行政主管部门管理，其中中小型水利工程，经省人民政府批准可以由主要受益的市（州）或者县（市、区）人民政府水行政主管部门管理。

同一市（州）行政区域内，受益或者淹没范围跨县（市、区）的水利工程，由市（州）人民政府水行政主管部门管理，或者经市（州）人民政府批准可以由主要受益的县（市、区）人民政府水行政主管部门管理。

受益或者淹没范围在一个县（市、区）内的水利工程，由县（市、区）人民政府水行政主管部门管理，其中小型水利工程可以由县（市、区）人民政府水行政主管部门确定的农村集体经济组织、用水合作组织、个人等管理。

大型水库工程由市（州）以上地方人民政府水行政主管部门管理。"

（三）《湖南省水利工程管理条例》

"第八条　保护范围在同一县级行政区域内的水利工程，由县（市、区）人民政府水行政主管部门监督管理。

保护范围跨行政区域的水利工程，由共同的上一级人民政府水行政主管部门监督管理，或者经共同的上一级人民政府批准，由其所属水行政主管部门指定设区的市、自治州或者县（市、区）人民政府水行政主管部门监督管理。

第九条　县级以上人民政府或者其授权的部门应当依法确定水利工程产权，颁发产权证书。

水利工程所有者承担水利工程运行维护管理主体责任。

第十条　水利工程所有者应当根据工程规模和投资模式采用明确管理单位或者专人、购买服务等方式确定水利工程管理者，落实运行维护管理责任。

国有水利工程具体管理方式由县级以上人民政府水行政主管部门会同有关部门按照国家有关规定提出，报同级人民政府批准。

第十一条　下列水利工程应当明确水利工程管理单位：

（一）大、中型水库；

（二）大型水闸；

（三）三级以上堤防；

（四）大型泵站；

（五）大型和重点中型灌区；

（六）千吨万人以上农村供水工程。

鼓励前款所述水利工程管理单位兼管其他水利工程。

县级以上人民政府可以按照流域或者区域明确水利工程管理单位统一管理流域或者区域内水利工程。

鼓励社会力量参与水利工程运营、管理、维护。"

（四）《广东省水利工程管理条例》

"第七条　大、中型和重要的小型水利工程，由县级以上水行政主管部门分级管理；跨市、县（区）、乡（镇）的水利工程，由其共同上一级水行政主管部门管理，也可以委托主要受益市、县（区）水行政主管部门或乡（镇）人民政府管理；未具体划分规模等级的水利工程，由其所在地的水行政主管部门管理；其他小型水利工程由乡（镇）人民政府管理。

变更水利工程的管理权，应当按照原隶属关系报经上一级水行政主管部门批准。

第八条　大中型和重要的小型水利工程应当设置专门管理单位，未设置专门管理单位的小型水利工程必须有专人管理。同一水利工程必须设置统一的专门管理单位。水利工程管理单位具体负责水利工程的运行管理、维护和开发利用。

小（1）型水库以乡（镇）水利管理单位管理为主，小（2）型水库以村委会管理为主。

第九条　防洪排涝、农业灌排、水土保持、水资源保护等以社会效益为主、公益性较强的水利工程，其维护运行管理费的差额部分按财政体制由各级财政核实后予以安排。供水、水力发电、水库养殖、水上旅游及水利综合经营等以经济效益为主、兼有一定社会效益的水利工程，要实行企业化管理，其维护运行管理费由其营业收入支付。

国有水利工程的项目性质分类，由水行政主管部门会同有关部门划定。"

（五）《江苏省水利工程管理条例》

"第十条　水利工程设施应按照受益和影响范围的大小，实行统一管理和分级管理相结合、专业管理和群众管理相结合的办法进行管理。受益和影响范围在两个市以上的流域性水利工程设施，由省水利部门管理；受益和影响范围在两个县以上、一个市范围内的水利工程，由市水利部门负责管理；受益范围在两个乡以上、一个县范围内的水利工程，由县水利部门负责管理；受益在一个乡范围内的水利工程，由乡水利站或村民委员会负责管理。

由省、市、县管理的水利工程，有的也可以按照工程的统一标准和管理要求，委托下级水利部门管理。集体经济组织按照工程统一标准和规定兴建的小型水利工程，也可以承包给专业队、专业户进行管理。

第十一条　场圃、厂矿、企业、事业单位和部队兴建的水利工程，必须按照所在地区防洪排涝和工程管理的要求，由兴建单位负责管理、维修和养护。

第十二条　利用堤坝做公路的，路面（含路面两侧各五十厘米的路肩）由交通运输部门负责管理、维修和养护；涵闸上的公路桥由交通运输部门负责维修养护，大修由水利部门和交通运输部门共同负责。

第十三条　河道中的航道，由交通运输部门负责管理。在流域性主要河道中，以行洪、排涝为主的河道，堤岸护坡工程由水利部门负责维修养护；以通航为主的河道，堤岸护坡工程由交通运输部门负责维修养护；既是行洪、排涝、送水的河道，又是通航的河道，堤岸护坡工程由水利部门与交通运输部门共同负责维修养护。

其他河道堤岸护坡工程的维修养护，由所在市、县人民政府根据实际情况确定。"

2011年我国第一次水利普查，我国主要水利工程法人单位有共有8515个，占全国水利事业法人单位26.3%。其中河道、堤防管理单位2003个，水库管理单位4331个，灌区管理单位2181个。

四、水利工程管理单位及其职责

由于水利工程在保障人民生命财产安全、国民经济社会发展中有举足轻重的作用，我国的水利工程建成后都要求加强管理，特别是大中型水利工程都是属于为多种目标服务的综合利用的水利工程，都设立了专门的管理机构，统称为水利工程管理单位。

我国水利工程管理单位的主要类型有：负责河道及其堤防管理的河道堤防管理单位、负责灌区灌排工程管理的灌区管理单位、负责水库工程管理的水库管理单位、负责水闸工程管理的水闸管理单位、负责机电排灌站管理的泵站管理单位。水库、水闸和泵站一般都有农田灌溉任务，基本上都承担着所辖灌区的管理工作。我国西部地区的扬水工程管理单位几乎都是连同灌区一并管理的。

《四川省水利工程管理条例》关于水利工程管理单位的主要职责的规定具有代表性。共有 10 项：

（1）贯彻执行有关的法律、法规和方针政策，依法管理、保护、维修、养护水利工程，确保工程安全和正常运行。

（2）按照水利工程管理要求，制定工程的日常管理制度，做好工程的检查、观测，建立健全工程技术档案，加强标准化管理。

（3）维修养护水利工程以及设施设备，保持工程设备完好，确保工程设施安全运行。

（4）编制水利工程的调度运用计划和防汛抗旱预案，做好工程的蓄水保水、调度运用、防汛抗旱等工作。

（5）按照节约用水的有关要求，编制年度用水计划，并按照批准的计划严格用水管理，实行计划供水。

（6）按照规定计收并管理、使用水费、电费。

（7）做好水资源保护和水生态建设工作。

（8）在确保公益目标的前提下，可以开展综合经营，提高工程经济效益。

（9）做好业务培训，做好水利科技创新，推广应用水利先进技术，加强水利信息化建设与管理。

（10）其他相关工作。

五、水利工程管理单位文化建设

（一）水利工程管理工作特点

（1）水利工程的各项蓄水、壅水、输水或泄水建筑物，必须具有足够的抗水压、耐冲刷、防渗漏、抗冻融等特殊性能，如果遭受破坏，将会造成溃坝、决口、改道，给国民经济带来巨大损失，甚至毁灭性的灾害。因此，在工程管理中，首先要保证安全。

（2）水利工程是调节、调配天然水资源的设施，而天然水资源来量在时空分布上极不均匀，具有随机性，影响效益的稳定性及连续性。水利工程在运行中，需要专门的水利调度技术、测报系统、指挥调度通信系统，以便根据自然条件的变化，灵活调度运用。

（3）许多水利工程是多目标开发综合利用的，一项工程往往兼有防洪、灌溉、发电、航运、工业、城市供水、水产养殖和改善环境等多方面的功能，各部门、各地区、上下游、左右岸之间对水的要求各不相同，彼此往往有利害冲突。因此，在工程运行管理中，特别需要加强法制建设和建立有权威的指挥调度系统，才能较好地解决地区之间、部门之间出现的矛盾，发挥水利工程最大的综合效益。

（4）要依靠群众，分级管理。水利工程数量大、分布广，重要性和受益范围有很大差别，不能一律靠国家设置专管机构进行管理，而是要实行分级管理和专业管理与群众管理相结合，特别是大量的小型水库和农田水利工程，应主要依靠群众组织进行管理。

（5）水利工程建筑大都建在乡村野外，特别是河道堤防、渠道等防洪、输水建筑工程，线长面广，管理条件较差，加上管理手段自动化程度较低，管理工作比较艰苦。

（二）水利工程管理单位文化建设现状

2011年10月18日党的十七届六中全会通过总结我国文化改革发展的丰富实践和宝贵经验，指出加强文化建设的重要意义，提出了推动社会主义文化大发展大繁荣的指导思想。为贯彻全会精神，水利部于2011年11月18日颁布《水文化建设规划纲要（2011—2020年）》，揭开了水利行业文化建设的序幕，水利行业掀起了文化建设的热潮。党的十八大以来，在以习近平同志为核心的党中央坚强领导下，水利工程管理单位高举中国特色社会主义伟大旗帜，认真学习贯彻习近平新时代中国特色社会主义思想，坚决贯彻物质文明建设和精神文明建设"两手抓、两手都要硬"的战略方针，坚持培育和践行社会主义核心价值观，大力推进社会主义精神文明建设，深入开展群众性精神文明创建活动，水利干部职工文明素养和水利行业文明风尚不断提升，为加快水利改革发展提供了强大的思想支撑和精神动力，涌现出了一批工作基础扎实、创建成效突出、群众高度认可、具有示范引领作用的先进典型。

由于文明单位建设与单位文化建设有着很密切的关系，文明单位建设情况可以作为衡量单位文化建设情况的重要标志。截至2020年年底，全国河道堤防、水库、灌区工程管理单位中有17个单位获得全国文明单位称号，有88个单位获得全国水利文明单位称号，分别占全国水利系统全国文明单位和全国水利文明单位的23%和33%。

据2011年我国第一次水利普查，我国水利企事业法人单位共有32370个，其中河道堤防、水库、灌区工程管理单位共8515个，占26.3%。因此，从整体看，我国河道堤防、水库、灌区工程管理单位文化建设基本上是与水利系统文化建设同步和同水平的。但是，全国河道堤防、水库、灌区工程管理单位中的全国文明单位仅占0.2%，全国水利文明单位仅占1.0%，仅为水利科研单位的1/12和1/6，水文单位的1/6和1/5，说明与在水利行业文化建设名列前茅的科研单位和名列第二的水文单位在广度上还有较大差距。

（三）水利工程管理单位文化建设的着力点

从各地开展文化建设的经验看，无论是什么类型的工程管理单位，单位文化建设都应该以"内强素质，外塑形象，追求卓越"为目标。从水利工程管理工作的特点来看，其文化建设的着力点应该放在以下几方面。

1. 以党建文化引领单位文化方向

我国水利工程管理单位基本上都是国有企事业单位，都有党组织，所以要坚持以党建文化引领单位文化方向，

党建文化是单位文化的风向标，单位文化建设是党建文化的实现形式。先进的单位

文化是单位前进和持续发展的动力。建设先进的单位文化是发挥党的政治优势，建设高素质员工队伍，促进人的全面发展的必然选择；是单位加快发展，做大做强的迫切需要；是单位提高管理水平，增强凝聚力和打造竞争力的战略举措。

2. 以社会主义核心价值观推动单位文化落地

社会主义核心价值观是社会主义核心价值体系的内核，体现社会主义核心价值体系的根本性质和基本特征，反映社会主义核心价值体系的丰富内涵和实践要求，是社会主义核心价值体系的高度凝练和集中表达。

发挥社会主义核心价值观对单位文化的引领作用，把社会主义核心价值观融入单位发展的各方面，转化为单位职工的情感认同和行为习惯，是单位文化建设的一项重要任务。中国特色社会主义条件下的单位文化，必须以社会主义核心价值观为根本，要让社会主义核心价值观在单位落地生根。

3. 以全员文化自信增强单位文化活力

单位文化建设的根本目标就是要建立员工的文化自信，从而坚定道路自信、理论自信、制度自信，这里的文化不仅仅是指单位文化，更多指有中国特色的新时代社会主义文化。管理单位要生存和发展，就要增强全员文化自信，就需要打造一支高素质的干部职工队伍，而文化自信、素质提高关键在于学习，只有通过学习才能接受一些新思维、新观念，才能驾驭形势。只有员工达到对文化的高度自信，才能真正实现企业文化建设内聚精神、外塑形象的目的。中华民族5000多年历史所孕育的中华优秀传统文化，是取之不尽用之不竭的精神源泉，应当从优秀传统文化的思想内涵出发，按照当今时代要求和社会发展需求，运用中国特色社会主义文化理论回答和解决现实问题。同时，要梳理单位发展史，总结单位发展经验及发展成就，汇集与单位发展相关的文史影像资料，建设单位历史展览室、荣誉墙，让员工真切感受单位发展的艰辛历程和取得的巨大成就，增强员工对单位的文化自信，把个人目标与单位发展目标紧紧联系在一起，与单位共创未来。

4. 以满足员工的文化需求为宗旨丰富单位文化内涵

党的十九大报告指出："中国特色社会主义新时代的主要矛盾是人民日益增长的美好生活需要和不平衡不充分的发展之间的矛盾。"对单位来讲，这也意味着在满足员工物质需求的同时，也要满足员工精神需求。对单位文化建设来讲，宗旨是不断满足员工的精神需求，应该增强创新的活力，不断以新的形势、新的内容丰富和发展单位文化的内涵与外延。

一要拓展职业需求。员工最期待的是在职业上有所建树，这就需要努力改进培训手段，创新学习机制，拓宽员工接受专业知识培训的渠道与路径，让员工学习有平台、创新有舞台、进步有空间、付出有收获。

二要丰富精神生活。新时代的员工对精神文化的需求是多方位、多层次的。单位文化建设需要不断创新文体活动形式，丰富文化活动载体，主动走出去请进来，走近山川河流，走进民居田园，走进博物馆、艺术馆，让大家在亲近自然、欣赏艺术中释放工作压力。

三要营造民主氛围。开展基层调研，广泛听取一线员工需求，形成人人参与、人人建议的单位文化。结合员工需要，开展多种形式的文化活动，让员工有展示风采的机会，满足员工特别是青年员工自我实现的文化需求。

（四）充分利用水利工程管理单位文化建设的优势

水利工程管理单位在"外塑形象"上有得天独厚的优势：一是管理的水利工程是融入水文化元素、展现治水兴水人文关怀和文化魅力的最佳载体；二是遍布城乡的基层管理单位是展现单位形象的最佳窗口；三是联系密切的群众管理组织和受益单位是展现职工素质的最佳场所。

我国正在实施乡村振兴战略，开展最美乡村建设，水利工程和水利工程管理单位大部分都在乡村。建设具备基本条件的水利工程成为富含水文化元素的精品水利工程，展现治水兴水的人文关怀和文化魅力，这无疑是一道亮丽的风景线，既展现了水利工程管理单位的形象，也为建设美丽乡村做了贡献。

近年来，我国涌现出一批富含水文化元素的精品水利工程，展现了治水兴水的人文关怀和文化魅力。2016 年以来，水利部文明办开展了三届水工程与水文化有机融合案例征集展示活动。经初步审核、网上投票、专家评审、征求意见，并报水利部文明委审定，已有 37 个水利工程当选"水工程与水文化有机融合案例"，这些工程绝大多数都是水利工程管理单位管理的工程。

1. 首届（10 个）

（1）江苏省江都水利枢纽工程（抽水站）。管理单位：江苏省江都水利工程管理处。

（2）浙江省曹娥江大闸枢纽工程。管理单位：浙江省绍兴市曹娥江大闸管理局。

（3）福建省莆田市木兰陂水利工程。管理单位：福建省莆田市木兰溪防洪工程建设管理处。

（4）河南省郑州市黄河花园口险工工程。管理单位：河南省郑州黄河河务局惠金黄河河务局。

（5）广东省里水河综合整治。管理单位：广东省佛山市南海区国土城建和水务局、南海区里水镇人民政府。

（6）重庆市开州区水位调节坝工程。管理单位：重庆市开州区水位调节坝管理处。

（7）四川省都江堰水利工程。管理单位：四川省都江堰管理局。

（8）四川省东风堰水利工程。管理单位：四川省乐山市东风堰管理处。

（9）陕西省西安市汉城湖综合治理工程。管理单位：陕西省西安市西北郊城市排洪渠道管理中心。

（10）宁夏回族自治区艾依河水利工程。管理单位：宁夏回族自治区艾依河管理局。

2. 第二届（12 个）

（1）陆水试验枢纽。管理单位：长江水利委员会陆水试验枢纽管理局。

（2）望亭水利枢纽。管理单位：太湖流域管理局苏州管理局。

（3）小浪底水利枢纽工程。管理单位：小浪底水利枢纽管理中心。

（4）北运河北关分洪枢纽。管理单位：北京市北运河管理处。

（5）黄河三盛公水利枢纽工程。管理单位：内蒙古自治区黄河工程管理局。

（6）三河闸与洪泽湖大堤工程。管理单位：江苏省洪泽湖水利工程管理处。

（7）泰州引江河高港枢纽。管理单位：江苏省泰州引江河管理处。

（8）绍兴鉴湖水环境综合整治工程。管理单位：绍兴市河道综合整治投资开发有限公司。

（9）泉州市金鸡拦河闸。管理单位：泉州市金鸡拦河闸管理处。

（10）人民胜利渠。管理单位：河南省人民胜利渠管理局。

（11）梅林水库。管理单位：深圳市梅林水库管理处。

（12）曼满水库。管理单位：云南省西双版纳州勐海县水务局。

3. 第三届（15个）

（1）黄河三门峡水利枢纽工程。管理单位：三门峡黄河明珠（集团）有限公司。

（2）东坝头险工。管理单位：开封黄河河务局兰考黄河河务局。

（3）淮河入海水道大运河立交。管理单位：江苏省灌溉总渠管理处。

（4）江苏皂河水利枢纽。管理单位：江苏省皂河抽水站。

（5）杭州三堡排涝工程。管理单位：杭州市南排工程建设管理处。

（6）南平市建阳区考亭水美城建设项目。管理单位：南平市建阳区水利局。

（7）江西省峡江水利枢纽工程。管理单位：江西省峡江水利枢纽工程管理局。

（8）引黄济青工程。管理单位：山东省调水工程运行维护中心。

（9）武汉市东湖港综合整治工程。管理单位：武汉海绵城市建设有限公司。

（10）韩江南粤"左联"纪念堤岸整治工程。管理单位：广东省韩江流域管理局。

（11）陕西省汉中市一江两岸天汉湿地公园。管理单位：陕西省汉中市一江两岸开发管理委员会办公室。

（12）潜坝、唐徕闸水利风景区。管理单位：宁夏渠首管理处。

（13）新疆北疆输水一期工程。管理单位：新疆额尔齐斯河流域开发工程建设管理局。

（14）乌鲁瓦提水利枢纽工程。管理单位：乌鲁瓦提水利枢纽工程枢纽管理局。

（15）碧流河水库枢纽工程及水利风景区。管理单位：大连市碧流河水库有限公司。

（五）充分发挥信息化手段在单位文化建设中的作用

水利工程管理单位的工作特点是人员分散、流动性大、工作时间规律性差，单位文化建设可以学习第二章介绍的中水北方勘测设计研究有限责任公司（以下简称"公司"）立足于"微时代"的现代元素，积极推动系列"微"举措，实现符合信息时代特色的"五微管理"，即形成"微组织"、推行"微课堂"、树立"微榜样"、重视"微警示"、解决"微问题"。

在本节结束时，需要向读者说明的是，由于各种水利工程管理单位的目标任务基本一致，工作环境也大同小异，只不过所在地区不同而已，在单位文化建设上，共性大于个性，所以，本章第三、第四、第五、第六节只就河道堤防管理单位、水库管理单位、水闸管理单位和灌区管理单位的文化建设做专题阐述。

我国大部分扬水站工程都是连同灌区一起管理的，单位文化建设与灌区差异不大，只是泵站工程管理从技术上要复杂一些。小水电站管理单位，本身就是企业，其文化建设在第二章有介绍，并摘选了介绍全国文明单位——湖南省双牌水力发电有限公司文化建设的文章，其经验在农村水电站文化建设中有普遍意义，所以也没有以农村小水电站文化建设列专题阐述。

第三节　河道堤防管理单位文化建设

一、堤防及其管理的基本知识

（一）堤防分类及分级

1. 堤防分类

堤防按其修筑位置的不同，分为河堤、江堤、湖堤、海堤以及水库、蓄滞洪区低洼地区的围堤等；按其功能可分为干堤、支堤、子堤、遥堤、隔堤、行洪堤、防潮堤、围堤（圩垸）、防浪堤等；按建筑材料分，有土堤、石堤、土石混合堤和混凝土防洪墙等。

2. 堤防的级别划分

《堤防工程设计规范》（GB 50286—2013）规定，堤防工程的级别根据确定的保护对象的防洪标准按表5-3的规定确定。

表 5-3　　　　　　　　　　堤 防 工 程 的 级 别

防洪标准/[重现期/年]	≥100	<100，且≥50	<50，且≥30	<30，且≥20	<20，且≥10
堤防工程的级别	1	2	3	4	5

（二）我国堤防建设的悠久历史

堤防是沿江、河、湖、海或分洪区、行洪区边界修筑，用以约束水流和抵御洪水、风浪、潮汐的挡水建筑物。它是提高河流泄洪能力、提高湖泊蓄洪能力的工程建筑。

在我国，堤防的形成和发展已有数千年的历史。在长达4000年的与洪水抗争的历史上，战国时期以来的堤防建设一直是最主要的防洪屏障。

传说上古时候的共工以及鲧、禹治水，均曾修过简单的堤防。西周时曾有"防民之口，胜于防川，川壅而溃，伤人必多"的谚语。春秋以后，见于记载的修堤活动多了起来。公元前651年，齐桓公提出了"无曲防"的禁令。战国时，大规模的堤防开始出现，西汉贾让在"治河三策"中说："盖堤防之作，近起战国。壅防百川，各以自利"。明代潘季驯提出"以水攻沙"理论，主张修筑缕堤、遥堤、格堤、月堤及遥堤减水坝（即分洪口门），至此堤防建设理论已形成比较完整的体系。但由于受科学水平的限制，堤防修筑水平低、质量差，难以抵御洪水袭击，决口频繁。历史上，黄河从公元前652年到1938年的2500多年间，黄河下游堤防决口1590次，大改道26次，平均三年两决口，百年一改道。长江上最早建造的荆江大堤也多次决口，1788年大洪水就决口22处。

二、新中国堤防建设的成就

1949年以前，我国堤防只有4.2万千米，不仅数量少，且残缺不全，防御能力很低，仅分布在黄河、长江、淮河、钱塘江等江河的部分河段，许多江河湖泊还没有堤防保护。1949年11月14日，即新中国成立后不久，水利部提出了"在防洪方面，应以加强现有堤防为原则"。经过两年的努力，到1952年，全国老的江河堤防基本得到恢复。从1949

年开始，黄河进行了三次大规模的修堤运动。据统计，50年来，黄河下游大堤修复土石方13.8亿立方米，相当于修建13座万里长城。其他江河也持续开展了堤防的加高培厚及除险加固工作。至1997年，全国已拥有各类堤防25万千米，其中主要堤防6.5万千米，保护着近3415万公顷土地和4亿人口，是我国精华地区的重要防洪屏障。在1954年长江大水、1958年黄河大水、1963年海河大水、1991年江淮大水、1994珠江大水、1995年第二松花江大水、1996年及1998年长江大水、1998年嫩江及松花江大水中，堤防发挥了极其重要的作用，使广大人民群众的生命和数以亿计的财产免受损失。堤防越来越成为保护人类的钢铁长城。昔日三年两决口的黄河大堤现已是52个伏秋大汛岁岁安澜。

'98特大洪水后，以大江大河干堤建设为重点的堤防工程建设全面展开，其中共安排各类投资534亿元，其中大江大河干支流堤防及河道整治投资478亿元，建设项目275项，对长江荆江大堤、洪潮监利大堤、武汉市长江大堤、黄广大堤、南长江干堤、江西长江干堤、同马无为大堤、洞庭湖、鄱阳湖、黄河下游治理、黄河宁蒙河段治理、松花江干流、嫩江干流、第二松花江、海河干流、珠江西北江等一大批干支流堤防进行加固；重点海堤投资27亿元，建设项目39项，主要用于辽宁、天津、河北、山东、江苏、浙江、福建、广东、海南等沿海14个省市的海堤加固；国际边界河流整治投资近5亿元，建设项目9项，主要用于黑龙江、吉林、辽宁、内蒙古、广西、云南、新疆等7省（自治区）。

2002年7月14日，国务院批复《黄河近期重点治理开发规划》，明确提出建设黄河下游标准化堤防工程。标准化堤防建设就是通过对黄河堤防实施堤身帮宽、放淤固堤、险工加高改建、修筑堤顶道路、建设防浪林和生态防护林等工程，使下游堤防成为"防洪保障线、抢险交通线、生态景观线"的标准化堤防。2008年7月，国务院批复《黄河流域防洪规划》，明确提出加强防洪骨干工程建设，继续加强黄河下游标准化堤防建设。此外，其他江河堤防也开展了标准化堤防工程建设。我国第一次水利普查全国不同年代规模以上堤防建设长度见表5-4。

表5-4　　　　　　　　全国不同年代规模以上堤防建设长度

建设年代	堤防长度/千米			
	合计	1、2级	3级	4、5级
1949年以前	12580	4256	2463	5861
20世纪50年代	43138	8301	6061	28776
20世纪60年代	36734	3509	3126	30099
20世纪70年代	52313	3068	3947	45298
20世纪80年代	22348	2228	1965	18155
20世纪90年代	33463	4106	3645	25712
2000—2011年	74955	12591	11464	50900
合计	275531	38059	32671	204801

注　规模以上堤防指防洪标准在10年一遇及其以上的堤防。1级堤防防洪标准在100年一遇及其以上，2级堤防防洪标准在50年一遇及其以上100年一遇以下，3级堤防防洪标准在30年一遇及其以上50年一遇以下，4级堤防防洪标准在20年一遇及其以上30年一遇以下，5级堤防防洪标准在10年一遇及其以上20年一遇以下。

截至 2019 年，我国堤防长度达到 32 万千米，保护耕地面积 4190 万公顷，保护人口 64168 万人。其中达标堤防由 2001 年的 7.65 万千米增加到 22.73 万千米，增加近 2 倍，防御洪水的能力大大提高。我国大江大河基本具备了防御新中国成立以来最大洪水的能力。

三、河道堤防管理体制

我国河道堤防管理体制是国家《中华人民共和国河道管理条例》建立的，堤防管理单位是根据管理体制建立的。

《中华人民共和国河道管理条例》第四条规定："国务院水利行政主管部门是全国河道的主管机关。各省、自治区、直辖市的水利行政主管部门是该行政区域的河道主管机关"。第五条规定："国家对河道实行按水系统一管理和分级管理相结合的原则。长江、黄河、淮河、海河、珠江、松花江、辽河等大江大河的主要河段，跨省、自治区、直辖市的重要河段，省、自治区、直辖市之间的边界河道以及国境边界河道，由国家授权的江河流域管理机构实施管理，或者由上述江河所在省、自治区、直辖市的河道主管机关根据流域统一规划实施管理。其他河道由省、自治区、直辖市或者市、县的河道主管机关实施管理。长江、黄河、淮河、海河、珠江、松花江、辽河等大江大河的主要河段，跨省、自治区、直辖市的重要河段，省、自治区、直辖市之间的边界河道以及国境边界河道，由国家授权的江河流域管理机构实施管理，或者由上述江河所在省、自治区、直辖市的河道主管机关根据流域统一规划实施管理。其他河道由省、自治区、直辖市或者市、县的河道主管机关实施管理"。

现有河道堤防管理单位就是按照上述规定设置的，七大江河除黄河水利委员会、淮河水利委员会、海河水利委员会直接管理部分主要河道堤防外，长江水利委员会、珠江水利委员会、松辽水利委员会和太湖流域管理局都不直接管理河道堤防，长江、珠江、松花江、辽河、淮河的堤防由上述江河所在省、自治区、直辖市的河道主管机关根据流域统一规划实施管理。其他河道由省、自治区、直辖市或者市、县的河道主管机关成立堤防管理单位实施管理。

按照 2002 年国务院办公厅转发的《国务院体改办关于水利工程管理体制改革实施意见》精神，河道堤防管理单位属于"承担防洪、排涝等水利工程管理运行维护任务的水管单位"，为纯公益性水管单位，定性为事业单位。

2011 年我国第一次水利普查统计，全国河道堤防管理单位有 2003 个，其中湖北、河南、辽宁、江苏、广东、山东、江西、安徽、湖南、黑龙江 10 个省份过百，最多的湖北省 177 个、河南省次之 174 个。除西藏自治区没有外，不到 10 个河道堤防管理单位的省、自治区有新疆、宁夏、海南和青海。

四、河道堤防管理单位的任务及管理工作制度

水利部 1980 年 10 月 25 日颁布实施的《河道堤防工程管理通则》规定了河道堤防管理单位的任务及管理工作制度。

河道堤防管理单位的任务是：确保工程安全完整，充分发挥河道和堤防工程行洪、

排涝、输水、抗潮、抗风浪能力和效益；开展绿化等综合经营，不断提高管理水平。其主要工作内容是：

（1）贯彻执行有关方针、政策和上级主管部门的指示。

（2）对工程进行检查观测，掌握河道护岸、险工、堤防工程管理以及河势、流势变化情况。

（3）对工程进行养护修理，消除缺陷、维护工程完整，确保工程安全。

（4）制订和执行防汛、防凌和岁修计划。

（5）及时掌握雨情、水情、工情，做好高度运用工作。

（6）督促和帮助群众性护堤组织，做好群众性护堤工作。

（7）组织进行沿堤绿化工作，因地制宜地开展综合经营。

（8）做好工程安全保卫工作。

（9）监测水质。

（10）有条件的和有历史习惯的，可以向受益区征收堤防管理费等。

（11）结合业务，进行科学研究和技术革新。

（12）进行政治思想工作，加强职工培训，关心职工生活。

（13）其他应进行的工作。

河道堤防管理单位，应在岗位责任制的基础上，建立健全的9项管理工作制度是：计划管理制度，技术管理制度，经营管理制度，财务器材管理制度，水质监测制度，请示报告和工作总结制度，事故处理报告制度，安全保卫制度，考核、评比和奖惩制度。

五、河道管理的新任务

河道堤防工程建设及管理的主要目标是提高河道的行洪能力，经过几十年的不懈努力，特别是98'特大洪水后大规模的堤防达标建设，我国大江大河基本建成了以堤防、水库、蓄滞洪区等为基础的防洪工程体系。依靠已建的防洪工程体系和监测预警预报等非工程体系，大江大河已经具备了防御新中国成立以来最大洪水的能力。河道的防洪安全基本上有了保障。但是水环境状况恶化、河湖功能退化等问题却十分突出。

2018年4月26日，习近平总书记"在深入推动长江经济带发展座谈会上的讲话"中指出："长江病了"，而且病得还不轻。治好"长江病"，要科学运用中医整体观，追根溯源、诊断病因、找准病根、分类施策、系统治疗。这要作为长江经济带共抓大保护、不搞大开发的先手棋。要从生态系统整体性和长江流域系统性出发，开展长江生态环境大普查，系统梳理和掌握各类生态隐患和环境风险，做好资源环境承载能力评价，对母亲河做一次大体检。要针对查找到的各类生态隐患和环境风险，按照山水林田湖草是一个生命共同体的理念，研究提出从源头上系统开展生态环境修复和保护的整体预案和行动方案，然后分类施策、重点突破，通过祛风驱寒、舒筋活血和调理脏腑、通络经脉，力求药到病除。要按照主体功能区定位，明确优化开发、重点开发、限制开发、禁止开发的空间管控单元，建立健全资源环境承载能力监测预警长效机制，做到"治未病"，让母亲河永葆生机活力。

2019年9月18日，习近平总书记"在黄河流域生态保护和高质量发展座谈会上的讲话"中发出号召：要坚持绿水青山就是金山银山的理念，坚持生态优先、绿色发展，以水而定、量水而行，因地制宜、分类施策，上下游、干支流、左右岸统筹谋划，共同抓好大保护，协同推进大治理，着力加强生态保护治理、保障黄河长治久安、促进全流域高质量发展、改善人民群众生活、保护传承弘扬黄河文化，让黄河成为造福人民的幸福河。

让江河湖泊永葆生机活力造福人民。这是河道管理工作的新任务，也是河道堤防管理单位的新使命。

2016年10月11日，中共中央总书记、国家主席、中央军委主席、中央全面深化改革领导小组组长习近平主持召开中央全面深化改革领导小组第二十八次会议，审议通过了《关于全面推行河长制的意见》。会议强调，保护江河湖泊，事关人民群众福祉，事关中华民族长远发展。全面推行河长制，目的是贯彻新发展理念，以保护水资源、防治水污染、改善水环境、修复水生态为主要任务，构建责任明确、协调有序、监管严格、保护有力的河湖管理保护机制，为维护河湖健康生命、实现河湖功能永续利用提供制度保障。要加强对河长的绩效考核和责任追究，对造成生态环境损害的，严格按照有关规定追究责任。

2016年12月，中国中共中央办公厅、国务院办公厅印发了《关于全面推行河长制的意见》。意见指出，全面推行河长制是落实绿色发展理念、推进生态文明建设的内在要求，是解决中国复杂水问题、维护河湖健康生命的有效举措，是完善水治理体系、保障国家水安全的制度创新。意见要求，地方各级党委和政府要强化考核问责，根据不同河湖存在的主要问题，实行差异化绩效评价考核，将领导干部自然资源资产离任审计结果及整改情况作为考核的重要参考。2017年3月5日，第十二届全国人民代表大会第五次会议在北京人民大会堂开幕，国务院总理李克强作政府工作报告，指出全面推行河长制，健全生态保护补偿机制。

中共中央办公厅 国务院办公厅印发《关于全面推行河长制的意见的通知》（厅字〔2016〕42号）对全面推行河长制明确了总体要求、主要任务和保障措施。

《关于全面推行河长制的意见的通知》

一、总体要求

（一）指导思想

全面贯彻党的十八大和十八届三中、四中、五中、六中全会精神，深入学习贯彻习近平总书记系列重要讲话精神，紧紧围绕统筹推进"五位一体"总体布局和协调推进"四个全面"战略布局，牢固树立新发展理念，认真落实党中央、国务院决策部署，坚持节水优先、空间均衡、系统治理、两手发力，以保护水资源、防治水污染、改善水环境、修复水生态为主要任务，在全国江河湖泊全面推行河长制，构建责任明

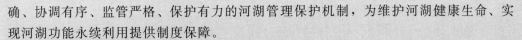

确、协调有序、监管严格、保护有力的河湖管理保护机制，为维护河湖健康生命、实现河湖功能永续利用提供制度保障。

（二）基本原则

——坚持生态优先、绿色发展。牢固树立尊重自然、顺应自然、保护自然的理念，处理好河湖管理保护与开发利用的关系，强化规划约束，促进河湖休养生息、维护河湖生态功能。

——坚持党政领导、部门联动。建立健全以党政领导负责制为核心的责任体系，明确各级河长职责，强化工作措施，协调各方力量，形成一级抓一级、层层抓落实的工作格局。

——坚持问题导向、因地制宜。立足不同地区不同河湖实际，统筹上下游、左右岸，实行一河一策、一湖一策，解决好河湖管理保护的突出问题。

——坚持强化监督、严格考核。依法治水管水，建立健全河湖管理保护监督考核和责任追究制度，拓展公众参与渠道，营造全社会共同关心和保护河湖的良好氛围。

（三）组织形式

全面建立省、市、县、乡四级河长体系。各省（自治区、直辖市）设立总河长，由党委或政府主要负责同志担任；各省（自治区、直辖市）行政区域内主要河湖设立河长，由省级负责同志担任；各河湖所在市、县、乡均分级分段设立河长，由同级负责同志担任。县级及以上河长设置相应的河长制办公室，具体组成由各地根据实际确定。

（四）工作职责

各级河长负责组织领导相应河湖的管理和保护工作，包括水资源保护、水域岸线管理、水污染防治、水环境治理等，牵头组织对侵占河道、围垦湖泊、超标排污、非法采砂、破坏航道、电毒炸鱼等突出问题依法进行清理整治，协调解决重大问题；对跨行政区域的河湖明晰管理责任，协调上下游、左右岸实行联防联控；对相关部门和下一级河长履职情况进行督导，对目标任务完成情况进行考核，强化激励问责。河长制办公室承担河长制组织实施具体工作，落实河长确定的事项。各有关部门和单位按照职责分工，协同推进各项工作。

二、主要任务

（一）加强水资源保护

落实最严格水资源管理制度，严守水资源开发利用控制、用水效率控制、水功能区限制纳污三条红线，强化地方各级政府责任，严格考核评估和监督。实行水资源消耗总量和强度双控行动，防止不合理新增取水，切实做到以水定需、量水而行、因水制宜。坚持节水优先，全面提高用水效率，水资源短缺地区、生态脆弱地区要严格限制发展高耗水项目，加快实施农业、工业和城乡节水技术改造，坚决遏制用水浪费。严格水功能区管理监督，根据水功能区划确定的河流水域纳污容量和限制排污总量，落实污染物达标排放要求，切实监管入河湖排污口，严格控制入河湖排污总量。

（二）加强河湖水域岸线管理保护

严格水域岸线等水生态空间管控，依法划定河湖管理范围。落实规划岸线分区管理要求，强化岸线保护和节约集约利用。严禁以各种名义侵占河道、围垦湖泊、非法采砂，对岸线乱占滥用、多占少用、占而不用等突出问题开展清理整治，恢复河湖水域岸线生态功能。

（三）加强水污染防治

落实《水污染防治行动计划》，明确河湖水污染防治目标和任务，统筹水上、岸上污染治理，完善入河湖排污管控机制和考核体系。排查入河湖污染源，加强综合防治，严格治理工矿企业污染、城镇生活污染、畜禽养殖污染、水产养殖污染、农业面源污染、船舶港口污染，改善水环境质量。优化入河湖排污口布局，实施入河湖排污口整治。

（四）加强水环境治理

强化水环境质量目标管理，按照水功能区确定各类水体的水质保护目标。切实保障饮用水水源安全，开展饮用水水源规范化建设，依法清理饮用水水源保护区内违法建筑和排污口。加强河湖水环境综合整治，推进水环境治理网格化和信息化建设，建立健全水环境风险评估排查、预警预报与响应机制。结合城市总体规划，因地制宜建设亲水生态岸线，加大黑臭水体治理力度，实现河湖环境整洁优美、水清岸绿。以生活污水处理、生活垃圾处理为重点，综合整治农村水环境，推进美丽乡村建设。

（五）加强水生态修复

推进河湖生态修复和保护，禁止侵占自然河湖、湿地等水源涵养空间。在规划的基础上稳步实施退田还湖还湿、退渔还湖，恢复河湖水系的自然连通，加强水生生物资源养护，提高水生生物多样性。开展河湖健康评估。强化山水林田湖系统治理，加大江河源头区、水源涵养区、生态敏感区保护力度，对三江源区、南水北调水源区等重要生态保护区实行更严格的保护。积极推进建立生态保护补偿机制，加强水土流失预防监督和综合整治，建设生态清洁型小流域，维护河湖生态环境。

（六）加强执法监管

建立健全法规制度，加大河湖管理保护监管力度，建立健全部门联合执法机制，完善行政执法与刑事司法衔接机制。建立河湖日常监管巡查制度，实行河湖动态监管。落实河湖管理保护执法监管责任主体、人员、设备和经费。严厉打击涉河湖违法行为，坚决清理整治非法排污、设障、捕捞、养殖、采砂、采矿、围垦、侵占水域岸线等活动。

三、保障措施

（一）加强组织领导

地方各级党委和政府要把推行河长制作为推进生态文明建设的重要举措，切实加强组织领导，狠抓责任落实，抓紧制定出台工作方案，明确工作进度安排，到2018年年底前全面建立河长制。

（二）健全工作机制

建立河长会议制度、信息共享制度、工作督察制度，协调解决河湖管理保护的重点难点问题，定期通报河湖管理保护情况，对河长制实施情况和河长履职情况进行督察。各级河长制办公室要加强组织协调，督促相关部门单位按照职责分工，落实责任，密切配合，协调联动，共同推进河湖管理保护工作。

（三）强化考核问责

根据不同河湖存在的主要问题，实行差异化绩效评价考核，将领导干部自然资源资产离任审计结果及整改情况作为考核的重要参考。县级及以上河长负责组织对相应河湖下一级河长进行考核，考核结果作为地方党政领导干部综合考核评价的重要依据。实行生态环境损害责任终身追究制，对造成生态环境损害的，严格按照有关规定追究责任。

（四）加强社会监督

建立河湖管理保护信息发布平台，通过主要媒体向社会公告河长名单，在河湖岸边显著位置竖立河长公示牌，标明河长职责、河湖概况、管护目标、监督电话等内容，接受社会监督。聘请社会监督员对河湖管理保护效果进行监督和评价。进一步做好宣传舆论引导，提高全社会对河湖保护工作的责任意识和参与意识。

各省（自治区、直辖市）党委和政府要在每年1月底前将上年度贯彻落实情况报党中央、国务院。

六、河道堤防管理单位文化建设

（一）河道堤防管理单位文化建设的任务和内容

河道堤防战线长、管护任务艰巨而繁重，管理单位特别是基层管理单位所处环境条件比较艰苦、管理职工无论是夏阳酷暑，还是数九寒天，都要坚守在河道堤防上，往往要迎着暴风骤雨去巡堤，冒着生命危险去抢险。在保证河道堤防安全的同时，还肩负维护河湖健康生命、实现河湖功能永续利用的重任。

河道堤防管理单位文化建设的任务就是要以内强素质，外塑形象，追求卓越为目标，为实现河湖防洪安全、维护健康生命和功能永续利用提供精神支撑。

1. 内强素质

要开展以核心文化建设、学习文化建设、廉政文化建设、管理文化建设、环境文化建设、行为文化建设、服务文化建设等内容的文化建设，提高领导班子和全体职工的政治素质、业务素质。

2. 外塑形象

有两方面的形象，一是单位的形象，包括单位工作场所和员工的形象；二是所管理的河道、堤防及其建筑的形象。

追求卓越就是无论是单位领导和员工的素质，还是单位工作场所和员工的形象、单位所管理的堤防及其建筑的形象都要优异。

河道堤防管理单位文化建设的内容和载体，可以根据本单位的实际情况参考本书第

163

二章企业文化建设中的介绍，选择借鉴并在此基础上创新。

（二）抓住机遇打造河畅、水清、岸绿、景美、人和的亮丽风景线

党中央、国务院决定推行河长制，以保护水资源、防治水污染、改善水环境、修复水生态为主要任务，为维护河湖健康生命、实现河湖功能永续利用提供制度保障。河道堤防管理单位要抓住这个机遇，在地方党政领导下，依靠各有关部门的力量，把河道管理好，在确保河道堤防行洪安全的同时，搞好河道水资源保护、水污染防治、水环境改善、水生态修复，为维护河湖健康生命、实现河湖功能永续利用贡献智慧和力量。

河道形象是河道堤防管理单位的"脸面"，是河道堤防管理单位领导和员工的精神面貌的反映，是河道堤防管理单位文化建设成果的重要体现。管理的河道应该成为集"安全流畅、生态健康、水清景美、人文彰显、管护高效、人水和谐"于一体的美丽河道。

需要特别指出的是，河道及其堤防等工程建筑，是河道堤防管理单位文化建设最佳、最重要的载体之一，要好好利用。

南京市水利局王凯教授对河道文化生态景观建设的研究成果值得推广运用。他就城市滨水区的景观设计提出如下思路。

滨水区域承载着经济、交通、文化、游憩等多种功能，既是一个城市最具活力的地方，又是城市文化积淀最深厚的地区之一。河湖规划中应展示下列内容：一是以滨水绿带为依托，梳理河流两岸的传说、故事，历史、名人游历怀古中写下的诗词、歌赋；二是整理河流的演变、水文特征、历史上水旱灾害对滨水区的威胁；三是展示河流的整治过程和治水技术，用文化墙或雕塑等艺术形式展示出来，唤起人们对历史的记忆与关注，对河流、湖泊的尊重和对水利的了解。创造具有河湖地方特色的公共环境艺术，以舒适宜人的滨水环境，吸引人们来此散步、锻炼、交流、聚会和游憩，使人、城市、生态、文化有机共生，为城市滨水区域旅游和商贸产业提供良好的发展空间。

滨水区域文化生态景观建设要从感性认识认识起步，到上升到理性认识之后，才开始着手方案的设计方案。

首先从精神、制度、物质三种水文化形态入手，有针对性地搜集流域治水文化、地域历史文化、地方水利史、滨水文化、水利文学和城市精神等资料，进行系统全面的历史文化资源整理和水文化要素分析。对此，设计者应认真阅读水利史志和相关文献，把它作为一项基础性的工作。在弄清历史的情况下，对其正本清源。在此基础上进行文化资源的实地调查考证，梳理其文化要素。这是文化感性认识阶段。

在对文化要素进行分析、归纳的基础上，提出其文化分支；在对文化分支进行分析、归纳的基础上，提出其文化主干（主轴，主体，主题）。主题的提炼是将研究对象大量的感性材料加以分析、比较、集中和深化，形成总体系统的认识，进而对要展示的滨水文化反映怎样的中心思想和文化内容作出确定，这是一个从感性认识上升到理性认识的过程。

将上述水文化要素、分支、主干的分析成果分成若干景观节点，布置滨水区的景观空间格局。编制滨水区水文化展示方案。突出滨水区的文化主题应作为景观空间格局的核心要素。

编制滨水区水文化展示方案，涉及多行业、多学科，不仅要有水利技术人员和历史文化专家，还要吸引文化艺术、绿化园林、古建筑等专家 参与。各个行业专家从不同的专业角度提出意见，结合滨水空间的岸坡水利功能、城市规划布局、亲水步道、慢行系统等进行设计，通过方案比选、征求意见，最后确定方案。

关于城市滨水区水文化展示方法，王凯教授总结归纳出七种类型：

（1）情景再现型。利用古代名人在水边留下的著名诗词歌赋，将其中的意境用雕塑或文化墙等艺术的形式表现出来，让人们更形象、直观地了解其内涵与意义。

（2）围园林型。用园林设计的手法，将建筑物、植物与小品有机地布置在滨河地带、彰显人与河流、人与社会、人与人之间的和谐关系。

（3）水利遗产型。在保护好遗产（水利工程、建筑）的前提下，利用好遗产的历史、科技、景观和文化价值，展示遗址的历史文化美，使人们从遗产中汲取古人的智慧，与水利先人对话，服务当今的水利实践。

（4）文化创意型。以滨水区城的故事与传说为主题，创作戏剧、话剧、歌舞等文艺作品，进行表演和演出，宣传、传播地域文化与河流水文化。

（5）市民广场型。滨水市民广场是人们聚会、交流的场所，可建设大型文化墙，展示当地的名人贤士及其事迹，供人们游赏，向社会提供正能量。

（6）主题建筑型。沿城市河湖滨水地区建设博物馆、文化馆、展览馆、水利展示馆等主题公共建筑，为市民提供公共文化服务。

具体选择哪种形式，可结合河湖滨水区功能和周边环境来确定，其表现形式要与河道岸坡设计相互结合、多次交流，避免各搞各的，造成浪费。

王凯教授认为桥梁是跨越河流或其他交通线路通达时的建筑物，是工程技术、人文科学和艺术三位一体的产物。现代桥梁不仅要满足交通的要求，更要成为重要的风景要素与审美对象。桥梁是城市河流的节点，应设计成具有艺术观赏性的桥梁，可观、可赏、可游，它可以成为环境的主题，也可成为环境的载体。景观桥梁应具备以下特点：一是符合桥梁造型美（功能美和形式美）的法则；二是遵循桥梁与环境协调的规律；三是体现自然景观、人文景观的内涵或具有象征意义。在桥梁景观设计时，一要重视桥梁的环境因素，一座桥梁就是一处景观，它从自然环境中吸取特点又回归自然，力求桥与环境自然、和谐、一体；二要注重桥梁建筑艺术设计，景区中的桥梁，除了桥梁配合环境外，还要根据美的法则，从艺术角度塑造桥梁主体形象的美；三要注重桥梁的夜景设计，夜景拓宽了桥梁的景观表达，是桥梁时间与空间的延伸，桥梁巨大的体量及带状的格局使夜景观有自身的规律，如桥型艺术中桥塔、桥台、桥墩可形成亮点。

关于小流域治理工程景观设计，王凯教授认为，小流域治理工程属于农村景观规划，与城市景观规划不同，应能体现三个功能：首先，体现出农村景观和农产品的生产性；其次，保护和维持区域的生态平衡；第三，作为一种特殊的旅游观光休闲资源。传统农业仅仅体现了第一个层次的功能，而现代农业的发展除立足于第一个层次的功能外，将越来越强调后两个层次的功能。为此，要按照将山体、树（竹）林、小型水库、塘坝、水系、茶（果）园、农田、村庄及农家生活、生产场景多种景观元素合成一幅山水画的思路进行景观设计。运用水利学、农学、植物学、景观生态学的原理，以小型水库加固、生态清洁小流域和塘坝蓄水工程建设等设计为切入点，对水系库塘、农田种植、林竹保护和村庄环境整治统一规划，根据区域不同的自然生态、建筑风貌、民俗风情和产业特点，打造一批各具特色的农村水利风景。以水系连接各景观要素，营造山、水、林、田、湖共同生命体的水美乡村场景。

水利部精神文明建设指导委员会办公室大力提倡建设富含水文化元素、展现治水兴水的人文关怀和文化魅力的精品水利工程，就是为了充分发挥水工程在水文化建设中的作用。2016 年以来，水利部文明办在三届水工程与水文化有机融合案例征集展示活动中共推出了 37 个水工程与水文化有机融合的案例。其中，属于河道堤防管理单位管理的工程有以下 12 个。

（1）河南省郑州市黄河花园口险工工程。管理单位：河南省郑州黄河河务局惠金黄河河务局。

（2）广东省里水河综合整治。管理单位：广东省佛山市南海区国土城建和水务局、南海区里水镇人民政府。

（3）陕西省西安市汉城湖综合治理工程。管理单位：陕西省西安市西北郊城市排洪渠道管理中心。

（4）宁夏回族自治区艾依河水利工程。管理单位：宁夏回族自治区艾依河管理局。

（5）三河闸与洪泽湖大堤工程。管理单位：江苏省洪泽湖水利工程管理处。

（6）绍兴鉴湖水环境综合整治工程。管理单位：绍兴市河道综合整治投资开发有限公司。

（7）东坝头险工。管理单位：开封黄河河务局兰考黄河河务局。

（8）引黄济青工程。管理单位：山东省调水工程运行维护中心。

（9）武汉市东湖港综合整治工程。管理单位：武汉海绵城市建设有限公司。

（10）韩江南粤"左联"纪念堤岸整治工程。管理单位：广东省韩江流域管理局。

（11）陕西省汉中市一江两岸天汉湿地公园。管理单位：陕西省汉中市一江两岸开发管理委员会办公室。

（12）新疆北疆输水一期工程。管理单位：新疆额尔齐斯河流域开发工程建设管理局。

（三）河道堤防管理单位文化建设范例

1. 范例一　晋江河道堤防管理处

近年来，晋江河道堤防管理处紧扣发展思路，不断加强单位核心文化建设、学习文化建设、廉政文化建设、管理文化建设、环境文化建设、行为文化建设、服务文化建设，让文化基因不断生长迸发，凝聚成单位内在的向上力量，为管理处各项工作的顺利开展营造了良好的氛围。

管理处结合工作性质和业务特点，提炼出了能够体现单位核心价值观，符合时代精神，具有普遍指导意义、积极向上的文化理念，即"把握一个主题（促进堤防工程科学防洪水平进一步提高）、抓好两项工作（确保堤度汛安全和工程运行安全）、实现三个目标（党员干部增素质、受益区群众得保障、科学管理上水平）"，作为管理处的核心文化来弘扬。该处创作的《山海对堤防的抒唱》《泉州的守护神》《沁园春晋水颂》等作品，作为核心文化建设的重要内容，在单位内部叫响，成为干部职工认同和共同遵守的基本

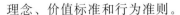

理念、价值标准和行为准则。

管理处通过支持职工参加学历教育、进行岗位技术培训等，引导职工牢固树立"终身学习""工作学习化、学习工作化"的理念，不断深化学习型组织建设，以提升职工队伍的文化素质、业务技能和工作本领。结合专题教育学习月及党性教育专题讲座等活动，该处不断加强单位廉政文化建设，采取多种形式深入开展党性党风党纪教育，培育为民、务实、清廉新风，引导干部职工树立正确的人生观、价值观，牢固树立全心全意为人民服务的观念。而通过建立和完善各项规章制度和工作人员岗位职责，把倡导的价值观念和行为方式规范化、制度化，实现了"以制度管人、以规范管事"的目标，管理文化建设卓有成效，在单位营造了争优创先、蓬勃向上的工作氛围。

管理处的环境文化建设独具特色。新建成的晋江下游防洪岸线堤防集防洪、城市景观与土地开发为一体，堤、路、江滨公园和生活小区建设相得益彰，在提高晋江下游防洪挡潮的能力的同时改善了人居环境，成为泉州一道靓丽的风景线。管理处还在办公室、走廊、活动室等场所，设计布置了体现单位工作目标、服务承诺等内容的标语、专栏，并进行绿化美化，营造了整洁、美好的工作环境。

在行为文化建设方面，管理处通过开展书画摄影、体育健身等活动，搭建起了干部职工沟通交流的平台，培养了团队的行为意识和进取精神。该处还积极组织职工参加"向灾区捐款""慈善一日捐""金秋助学"等活动，使"争创文明单位、争做文明新人"的理念深入人心。作为窗口单位，管理处还不断加强服务文化建设，在管理思路、人员素质等方面下功夫，做好河道堤防工程管理、服务大局工作，确保晋江下游河堤安全、河道畅通，为晋江经济社会健康发展和群众安居乐业提供有力支撑和保障。

在浓厚文化氛围的熏陶下，晋江河道堤防管理处全体职工都能以大局为重，共同促进了单位各项工作的蒸蒸日上。管理处主任王亚池表示："文化是一个单位的灵魂，其渗透力和影响力不可估量。我们将进一步弘扬'团结、奉献、责任、创新'的堤防精神，加强单位的文化建设，让文化因子在单位越聚越多，积累更多正能量，为文明泉州贡献精神财富。"

2. 范例二　济南黄河河务局

2002 年 11 月至 2006 年 9 月，山东省济南黄河河务局对黄河下游右岸，涉及济南市槐荫、天桥、历城三个区范围内的 66.55 千米黄河大堤进行了标准化堤防建设。工程建成后。防洪强度大大增强，工程面貌显著改观，生态环境明显改善，为确保黄河安澜，促进沿黄地区经济社会可持续发展提供了可靠保障，达到了"防洪保障线、抢险交通线、生态景观线"的要求。2007 年荣获中国水利工程优质（大禹）奖、山东省优秀勘测设计二等奖；"超远距离输沙技术"获得山东黄河河务局 2004—2005 年度科技创新成果一等奖，"吸泥船远程计量核算系统"获山东黄河河务局科技创新重大成果奖、黄河水利委员会应用科技创新二等奖；两项单位工程获得黄河水利委员会"黄河防洪工程建设文明建设工地"称号。

（1）生态环境建设情况。

2002 年黄委会提出了把黄河堤防建设成为防洪保障线、抢险交通线、生态景观线。2003 年济南市提出了"实现新跨越，建设新泉城"的宏伟构想，将济南黄河列入"山、泉、湖、河、城"特色风貌带的重要组成部分和跨河发展的纽带。济南河务局深刻认识到，搞好靠近济南城区的济南黄河标准化堤防工程建设来说，提升文化内涵与品位既是黄河工程建设与管理的需要，也是济南市城市建设规划的重要内容之一，更是展示黄河文化、提升黄河形象、改善济南环境、使济南市实施北跨和拓展发展空间的迫切需要。基于以上认识，济南河务局结合标准化堤防工程建设，在强化工程管理的同时，进行了高标准的园林绿化建设、高标准的景观建设和高标准的黄河风景区建设。

在建成的济南黄河标准化堤防两侧不仅栽植了济南的市树垂柳，而且大量栽植了红叶李、黑松、雪松、樱花、榆叶梅、月季、冬青、黄杨、紫荆等花草和名贵树种，形成了乔木、灌木、花草结合，高低错落有致，四季各有内容，造型优美雅观的长廊式花园。对济南黄河2.34万亩淤背区土地全部进行了绿化，对济南近郊的淤背区进行了园林式绿化美化，解放军青年林和中日友谊林，百亩紫薇园、百亩杜仲园、百亩黄金梨园等片林种植规模不断扩大，两千亩的银杏园已形成银杏长廊，被命名为"全国银杏标准化示范基地"。济南百里黄河风景区的黄河堤防已成为济南市名副其实的"后花园"，率先实现了黄河堤防园林公园化建设的新突破。

对沿堤而建的险工、管理设施均进行了景点化改造和建设。先后对泺口、杨庄、盖家沟等险工按照公园化的要求，设置风景石，铺设花砖甬路，种植美化树株和草坪，进行了园林式、生态化的建设；在管理设施建设上，结合标准化堤防建设，对管护基地、庭院进行了高标准的建设。近年来，先后建设了21处颇具异域风情的景点式庭院，院内建设了欧式管理房，并配置食堂、浴室、娱乐、水电暖等设施，修建了与主建筑相适应的围墙、大门、道路、绿化等工程，达到了一院一景、各具特色。改造建设后的险工、管理设施绿树环绕，绿化美化布局合理。走进新建的庭院，宛如步如园林之中，令人心清气爽，既极大地改善了基层职工的生产生活条件，也形成了与黄河堤防相协调的景点景观。

充分依托古老的黄河文化、黄河工程景观、生态景观、自然景观和66.55公里的济南第一期标准化堤防工程，建设了以紧靠济南城区的泺口堤段为中心的济南百里黄河风景区。实现了防洪工程建设、生态建设、园林景观建设和黄河文化建设的有机结合，改善了济南北部生态环境，为济南市实施北跨发展创造了有利条件，大大提升了济南黄河河务局在社会上的形象和影响力。现在的黄河堤防，行道林杨柳依依、红叶婆娑、紫薇争艳、背河茵草如毯、绿树掩映、奇石点缀、临河险工雄峻、备石列阵、亭台错落、映衬得工程更加靓丽。黄河这样的景观，在全国有其独特性，建设成高起点的防洪与生态旅游带，有益于黄河今后的发展。

（2）人文环境建设。

山东济南黄河标准化堤防工程，地处窄河段上端卡口，是山东黄河的咽喉河段，也是黄委会"三口"（郑州花园口、开封柳园口、济南泺口）重点规划之一、历史资源众多，人文底蕴深厚，济南黄河河务局以此为依托，对工程进行了多种形式的人文建设。

为弘扬黄河文化，充分体现标准化堤防园林公园化的文化底蕴，在济南百里河风景区的泺口中心景区，建设了以黄河文化和齐鲁文化为主要内容的景观。先后建成：齐鲁文化广场，大型汉白玉栏杆上雕刻有李清照、辛弃疾的代表词配画浮雕；气势宏伟的仿古式建筑公园大门牌、绘制了大量的黄河流域风光和民族故事油漆彩画；古现代治黄方略石雕群，用形式各异的石雕石刻，分别展示了大禹治水、贾让"治河三策"、潘季驯"束水攻沙"和靳辅治河，以及王化云"上拦下排，两岸分滞"等古现代防洪方略取得的巨大成就；坐落在险工坝岸上的2个大型石雕镇河神兽供游人敬瞻，冀人水和谐，祈神兽呈瑞，告万世恒昌；根据黄河总长度按比例制作的黄河龙墙，彰显了人民治黄岁岁安澜的伟业；具有标志性的大型"山东济南黄河标准化堤防工程"纪念广场，展现了黄河标准化堤防工程建设的伟大成就；另外还有观澜亭、治河功绩碑、九烈士纪念碑、奔牛、安澜母子石、云从龙等大量的风景小品点缀在泺口险工坝岸上。上述系列景观项目的建设，既提升了景区的品位，也赋予了济南黄河标准化堤防新的文化内涵，成为了展现黄河文化的新景观和宣传治黄成就的爱国主义教育新基地。

（3）活动载体建设。

济南黄河河务局不断创新载体，在济南黄河标准化堤防工程上先后成功举办了多项丰富多彩的主题教育活动。2004年举办了以"维持黄河健康生命、建设生态效益黄河"为主题的首届黄河文化艺术暨沙雕艺术展，再现了神农尝百草、女娲补天、伏羲与八卦黄帝陵、大禹治水、秦始皇兵马俑、白马西来、清明上河图、四大发明等广为人知的古黄河文化。2006年，举办了"保护母亲河，建解放军青年林"活动，解放军青年林在泺口爱国主义教育基地内正式落成，原济南军区、中共山东省委、省总工会、共青团中央书记处、解放军总政治部等领导与海陆空部队官兵、驻济高校、济南市青年志愿者等3500余人一起参加了植树，解放军青年林总面积6500亩，已成为全国保护母亲河重点工程之一。2008年，举办了台湾大、中学生黄河文化寻根游活动，台湾大学生中华文化研习营成员和140多名台湾中学生齐聚泺口爱国主义教育基地，在基地导游的精彩讲解下，他们领略了爱国主义教育基地独特的人文景观和自然景观，感悟着黄河深厚的文化底蕴，推进了两岸文化的交流。近年来，先后举办了"南北狮王争赛""济南市第六、七届风筝比赛""全民健身山地自行车比赛"等多项具有黄河特色的大型主题活动，2016年10月，由齐鲁晚报、阿里公益和山东河务局共同发起的"江河卫士暨高校志愿者联盟"成立仪式在济南百里黄河风景区举行，吸引更多的年轻人关注母亲河、守护母亲河。2017年6月，由济南河务局、济南市环保局、无痕中国环境教育中心主办的"黄河鹊山无痕净滩行"活动在济南百里黄河风景区举办。济南黄河标准化堤防工程已成为海内外华人华侨寻根和了解中国文化的旅游热线，同时也成为人们认识黄河、了解黄河、体验黄河的重要窗口。

（4）教育功能建设。

一是紧密结合治黄中心工作，大力开展了纪念中国共产党成立85周年、纪念人民治理黄河60周年、纪念改革开放30周年、纪念新中国成立60周年等重大主题宣传教育活动，使爱国主义教育基地真正成为思想道德建设和传播先进文化的重要阵地。二是于2005年，在泺口黄河爱国主义教育基地内建成了"泺口九烈士"纪念碑。几年来，吸引了本地大批中小学生到此实践、参观，成为青少年爱国主义教育和科普教育基地。每年清明节，济南黄河职工均到此祭奠。三是在泺口黄河爱国主义教育基地内开设了大学生素质拓展项目，通过拓展训练，既让大学生们近距离地接触母亲河，感受她的厚重与博大，加深了对祖国的热爱，又培养了他们坚韧不拔的毅力和高度的团队责任感，受到了许多高校的好评,被山东建筑工程学院指定为大学生德育实践基地。

(5)主要效益。

济南黄河标准化堤防工程以黄河自然景观为基础,不断提升文化内涵与品位,集防洪、生态、观光于一体,产生了显著的生态效益、工程效益、社会效益、经济效益等意义巨大。

1)生态效益。济南黄河标准化堤防建设使济南黄河堤防已成为济南城区一道防风固沙的绿色屏障,"黄沙漫天遮望眼"的情景一去不复返,巍然雄厚的黄河堤防在名花佳木的衬托下,构成了一道婀娜多姿的绿色长廊和靓丽的风景线,沿岸生态环境得到显著改善,为济南市实施北跨黄河发展营造了优良的环境基础。

2)工程效益。济南黄河标准化堤防建设经历了多次黄河较大洪水和 2007 年济南"7·18"特大暴雨考验,未出现堤防工程中常见的质量通病,有效地缓解了"地上悬河"对两岸安全的严重威胁,有力地促进了黄河与沿黄地区经济社会的协调发展。

3)社会效益。济南黄河标准化堤防建设将具有深厚历史文化底蕴的黄河景观与充满现代气息的特色旅游巧妙地融合在一起,满足了游客多层次的文化需求,不仅成为济南城市居民休闲娱乐的极佳场所,在国内外展现出独有的风格和鲜明的特性,也是国内外游客来济观光的首选景点之一,同时还是台湾同胞、海外侨胞的寻根之地和青少年爱国主义教育基地。2008 年,被评为国家 AA 级旅游风景区,同时被山东省委、省政府确定为山东黄河绿色风貌带建设示范窗口,并且纳入了省会济南"山、泉、湖、河、城"的旅游定编线路,先后接纳中外游客约 100 多万人次,使济南黄河的社会影响力和知名度日益提高,形成了多方关注黄河治理开发的良好氛围。

4)经济效益。济南黄河标准化堤防建设在提升文化内涵和品位的同时,也取得了明显的经济效益。一是进一步优化了淤背区种植结构,黄金梨园、泰山盒柿园等果品园的效益逐年提高。二是强化了苗圃的建设和管理,一批优质高档苗圃已经成为淤背区开发的亮点。三是加大了济南百里黄河风景区的建设和管理,景区内生态景观、人文景观、工程景观相得益彰,吸引了大量的游人,促进了社会效益和经济效益的双增长。

第四节 水库管理单位文化建设

一、水库的基本知识

水库是拦洪蓄水和调节水流的水利工程建筑物,是在山沟或河流的狭口处建造拦河坝形成的人工湖泊。有时天然湖泊也称为水库(天然水库)。

(一)水库的功能

1.防洪功能

水库是我国防洪广泛采用的工程措施之一。在防洪区上游河道适当位置兴建能调蓄洪水的综合利用水库,利用水库库容拦蓄洪水,削减进入下游河道的洪峰流量,达到减免洪水灾害的目的。水库对洪水的调节作用有两种不同方式,一种是起滞洪作用,另一种是起蓄洪作用。

（1）滞洪功能。滞洪就是使洪水在水库中暂时停留。当水库的溢洪道上无闸门控制，且水库蓄水位与溢洪道堰顶高程平齐时，水库只能起到暂时滞留洪水的作用。

（2）蓄洪功能。在溢洪道未设闸门的情况下，在水库管理运用阶段，如果能在汛期前用水，将水库水位降到水库限制水位，且水库限制水位低于溢洪道堰顶高程，则限制水位至溢洪道堰顶高程之间的库容，就能起到蓄洪作用。蓄在水库的一部分洪水可在枯水期有计划地用于兴利需要。

当溢洪道设有闸门时，水库就能在更大程度上起到蓄洪作用，水库可以通过改变闸门开启度来调节下泄流量的大小。由于有闸门控制，这类水库防洪限制水位可以高出溢洪道堰顶，并在泄洪过程中随时调节闸门开启度来控制下泄流量，具有滞洪和蓄洪双重作用。

2. 兴利功能

降落在流域地面上的降水（部分渗至地下），由地面及地下按不同途径泄入河槽后的水流，称为河川径流。由于河川径流具有多变性和不重复性，在年与年、季与季以及地区之间来水都不同，且变化很大。但大多数用水部门（例如灌溉、发电、供水、航运等）都要求比较固定的用水数量和时间，它们的要求经常不能与天然来水情况完全相适应。所以人们为了解决径流在时间上和空间上的重新分配问题，充分开发利用水资源，使之适应用水部门的要求，往往在江河上修建一些水库工程。水库的兴利作用就是进行径流调节，蓄洪补枯，使天然来水能在时间上和空间上较好地满足用水部门的要求。

（二）水库的等级

我国大、中、小型水库的等级是按照库容大小来划分的。

（1）大（1）型水库库容大于10亿立方米。

（2）大（2）型水库库容大于1亿立方米而小于10亿立方米。

（3）中型水库库容大于或等于0.1亿立方米而小于1亿立方米。

（4）小（1）型水库库容大于或等于100万立方米而小于1000万立方米。

（5）小（2）型水库库容大于或等于10万立方米而小于100万立方米。

（三）水库的组成

水库一般由挡水建筑物、泄水建筑物、输水建筑物三部分组成，这三部分通常称为水库的"三大件"。挡水建筑物用以拦截江河，形成水库或壅高水位，简单说就是挡水坝；泄水建筑物用以宣泄多余水量、排放泥沙和冰凌，或为人防、检修而放空水库等，以保证坝体和其他建筑物的安全；输水建筑物是为灌溉、发电和供水的需要，从上游向下游输水用的建筑物，有隧洞、渠道、渡槽、倒虹吸等。

（四）水库的分类

水库按其所在位置和形成条件，通常分为山谷水库、平原水库和地下水库三种类型。山谷水库多是用拦河坝截断河谷，拦截河川径流，抬高水位形成，绝大部分水库属于这一类型；平原水库是在平原地区，利用天然湖泊、洼淀、河道，通过修筑围堤和控制闸等建筑物形成的水库；地下水库是由地下贮水层中的孔隙和天然的溶洞或通过修建地下隔水墙拦截地下水形成的水库。

二、新中国水库建设成就

新中国成立前，我国只有大型水库 6 座，中型水库 17 座，小型水库 1200 座，大中小水库 1223 座，总库容估计 200 亿立方米左右。

1954 年 5 月 13 日，新中国成立后建设的第一座大型山谷水库——永定河官厅水库宣告建成。时任水利部部长的傅作义到现场讲话，并将毛泽东主席亲笔题词的锦旗授予水库的建设者们。截至 2019 年，我国共建成 98112 座水库，总库容 8983 亿立方米。其中大型水库 744 座，总库容 7150 亿立方米；中型水库 3978 座，总库容 1127 亿立方米；小型水库 93390 座，总库容 706 亿立方米。

我国已建成的十大水库的基本情况见表 5-5。

表 5-5　　　　　　　　我国已建成的十大水库（按库容排名）

排名	水库名称	所在省	所在流域	库容/亿立方米	排名	水库名称	所在省	所在流域	库容/亿立方米
1	三峡水库	湖北	长江	393.0	6	新安江水库	浙江	钱塘江	220.0
2	丹江口水库	湖北	长江	339.1	7	大七孔水库	贵州	长江	190.0
3	龙滩水库	广西	珠江	273.0	8	小湾水库	云南	澜沧江	151.32
4	龙羊峡水库	青海	黄河	247.0	9	水丰水库	辽宁	鸭绿江	146.7
5	糯扎渡水库	云南	澜沧江	237.03	10	新丰江水库	广东	珠江	139.8

（一）三峡水库

三峡水库是三峡水电站建成后蓄水形成的人工湖泊，正常蓄水位高程 175 米，总库容 393 亿立方米，总面积 1084 平方千米，范围涉及湖北省和重庆市的 21 个县市，串流 2 个城市、11 个县城、1711 个村庄，其中有 150 多处国家级文物古迹，库区受淹没影响人口共计 84.62 万人，搬迁安置的人口有 113 万。淹没房屋总面积 3479.47 万平方米。

（二）丹江口水库

丹江口大坝二次加高后，总库容 339.1 亿立方米，总面积 1022.75 平方千米，位于汉江中上游。丹江口大坝总长 2500 米，现坝顶高程 176.6 米，被周恩来同志称赞为全国唯一"五利俱全"的水利工程。丹江口水库是亚洲第一大人工水库，也是亚洲第一大人工淡水湖，于 1958 年始建，1973 年竣工，被誉为亚洲天池。

（三）龙滩水库

龙滩水库库容 273 亿立方米，防洪库容 70 亿立方米，位于广西天鹅县城上游。大坝是世界最高碾压混凝土大坝，坝高为 216.5 米，顶长 836 米，其水电站——龙滩水电站，是仅次于三峡水电站的全国第二大水电站，是西电东送的标志性工程，是西部大开发的重点工程。龙滩水电站拥有三项世界之最，一是最高碾压混凝土大坝；二是最大的地下厂房；三是提升最高的升船机。龙滩水库是中国第二大水利枢纽工程，也是著名旅游名胜区。

（四）龙羊峡水库

龙羊峡水库总库容 247 亿立方米，调节库容 194 亿立方米，总面积 383 平方千米，位于黄河上游青海省共和县和贵南县交界的龙羊峡谷。水库主坝长 396 米,最大坝高 178 米。龙羊峡水库是一个因龙羊峡谷特殊地理位置而形成的天然水库区,是一座具有多年调节性能的大型综合利用枢纽工程,也是黄河上最大的人工水库。

(五)糯扎渡水库

糯扎渡水库总库容 237.03 亿立方米,调节库容 113.35 亿立方米,位于澜沧江下游。水库大坝为心墙堆石坝,最大坝高 261.5 米,在同类坝型中居亚洲第一,世界第三。糯扎渡工程中的开敞式溢洪道规模居亚洲第一,泄洪功率和流速均为世界第一。水库因糯扎渡水电站而得名,是云南省最大的水电站,也是云南最大的水库。

(六)新安江水库

新安江水库总库容 220 亿立方米,有效库容 102.66 亿立方米,总面积 580 平方千米,位于浙江省杭州市淳安县境内。水库大坝最大坝高 105 米,坝顶全长 466.5 米,为混凝土宽缝重力坝。新安江水库,即千岛湖,水源在中国大江大湖中位居优质水之首,被誉为"天下第一秀水",是国内著名的风景名胜区。

(七)大七孔水库

大七孔水库库容 190 亿立方米。水库大坝为混凝土重力坝,最大坝高 25.5 米,坝顶全长 94.5 米,大七孔水电站以发电为主,是贵州水头最高、装机规模较大的水电站。控制流域面积 1320 平方千米,年平均流量 30 立方米每秒,年发电量 254 亿千瓦时。

(八)小湾水库

小湾水库总库容 151.32 亿立方米,调节库容 98.95 亿立方米,总面积 193.98 平方千米,位于中国云南省临沧市与大理白族自治州、保山市交界处。水库大坝为混凝土双曲拱坝,最大坝高 294.5 米,坝顶全长 922.74 米,是目前中国已建成大坝中的第三高坝。小湾水库是以发电为主大型水库,为多年调节水库。

(九)水丰水库

水丰水库总库容 146.7 亿立方米,调节库容 79.3 亿立方米,面积 357 平方千米,位于辽宁省,属东北区辽河-鸭绿江水系,是东北最大的水库。水库大坝为混凝土重力坝,坝高 1066 米,坝顶长 900 米。水丰水库因地理位置的特殊性,在中、朝边境鸭绿江中游,属于中国与朝鲜共有。水丰水库因水电站位于朝鲜水丰区而得其名。其水电站对中朝两国工农业生产及居民用电等发挥巨大作用,并且库区风光优美,是著名游览胜地。

(十)新丰江水库

新丰江水库总库容 139.8 亿立方米,调节库容 64.89 亿立方米,面积约 370 平方千米,位于广东省河源市西部。水库的最大坝高 105 米,坝长 440 米,是世界上第一座经受六级地震考验的超百米高混凝土大坝,于 1969 年建成。新丰江水库又被称为万绿湖,是华南地区第一大湖,因四季皆绿,处处皆绿而得名。

三、水库管理体制

(一)水库工程管理单位的设置

1991 年 3 月 22 日中华人民共和国国务院发布根据 2011 年 1 月 8 日《国务院关于废

止和修改部分行政法规的决定》修订的《水库大坝安全管理条例》（国务院令第77号）第三条规定："国务院水行政主管部门会同国务院有关主管部门对全国的大坝安全实施监督。县级以上地方人民政府水行政主管部门会同有关主管部门对本行政区域内的大坝安全实施监督。各级水利、能源、建设、交通、农业等有关部门，是其所管辖的大坝的主管部门。"

从此条文可以看出，水库主管部门有各级水利、能源、建设、交通、农业等有关部门。也就是说水利、能源、建设、交通、农业等行业都参与兴建水库。但是，所有坝高15米以上或者库容100万立方米以上的水库大坝（以下简称大坝）安全由国务院水行政主管部门会同国务院有关主管部门实施监督。

《水库大坝安全管理条例》第十八条明确："大坝主管部门应当配备具有相应业务水平的大坝安全管理人员。大坝管理单位应当建立、健全安全管理规章制度。"

从此条文可以看出，水库管理单位由大坝主管部门负责设置。

从实际情况看，绝大部分大中型水库都是为防洪灌溉兴建的，都属于水利部门。只有部分以发电为主的水库不属于水利部门。

各省级水利行政主管部门制定的水库管理条例，对水库管理体制的规定更为清晰。

《江苏省水库管理条例》"第五条 水库应当建立管理单位。两座以上的农村集体经济组织所有的小（2）型水库，可以建立共同管理单位，但每座水库应当配备专职管理人员。

县级以上地方人民政府兴建的水库（以下简称国有水库），由所在地设区的市、县（市、区）人民政府负责组建管理单位。

电力、供水以及其他单位兴建的水库（以下简称自建水库），由建设单位负责组建管理单位。

农村集体经济组织兴建的水库（以下简称集体水库），由所在地乡镇人民政府、街道办事处负责组建管理单位。

国有水库和集体水库跨行政区域的，由有关的人民政府协商确定管理单位。

第六条 国有水库的运行管理、维修养护、人员基本费用、除险加固等经费，由县级以上地方人民政府纳入本级财政预算。水库的各项收入应当纳入财政预算管理。自建水库由建设单位安排运行管理、维修养护、人员基本费用、除险加固等经费。集体水库由所在地乡镇人民政府、街道办事处安排运行管理、维修养护、人员基本费用、除险加固等经费。经省水行政主管部门确认并发放注册登记证书的集体水库，县级以上地方人民政府应当给予适当补助。"

根据2011年我国第一次水利普查，全国有水库管理单位4331个，其中广东省最多，有335个；300个以上还有四川省（325个）、湖南省（311个）、云南省（309个）、广西壮族自治区（300个）。

（二）水库工程管理单位的职责

《水库大坝安全管理条例》就水库大坝的安全管理对大坝主管部门提出了一些明确要求，水库管理单位应该坚决执行。水库工程管理单位的职责除了坚决贯彻安全第一的方针，确保水库安全外，还肩负着水库工程的调度运用，以实现水库承担的防洪、灌溉、发电、航运等任务。为此，需要分别明确各个方面的职责、任务。

2020 年 12 月 23 日，中共中央办公厅、国务院办公厅印发了《关于在湖泊实施湖长制的指导意见》，并发出通知，要求各地区各部门结合实际认真贯彻落实。该指导意见指出，在湖泊实施湖长制是贯彻党的十九大精神、加强生态文明建设的具体举措，是关于全面推行河长制的意见提出的明确要求，是加强湖泊管理保护、改善湖泊生态环境、维护湖泊健康生命、实现湖泊功能永续利用的重要制度保障。水库被称为"人工湖泊"，也存在着加强管理保护、改善生态环境、维护健康生命、实现功能永续利用的问题。作为水库工程管理单位应该参照该意见的要求加强水库的管理。

四、水库工程管理单位文化建设

（一）水库管理单位文化建设的重点

水利部门主管的大部分水库管理单位属"承担既有防洪、排涝等公益性任务，又有供水、水力发电等经营性功能的水利工程管理运行维护任务的水管单位"，被列入准公益性水管单位，按企业管理。少部分属于"承担城市供水、水力发电等水利工程管理运行维护任务的水管单位"，属于经营性水管单位，定性为企业。

水库主要建筑物比较集中，管理单位及其基层单位、工作场所、工作人员相对集中，工作内容、工作环境相对固定，实现正规化、规范化的基础较好。因此，企业文化建设条件比较优越，本书第二章介绍的有关企业文化建设的原则、方法不但可以借鉴，还能够推陈出新。

水库管理单位文化建设还是要围绕"内强素质，外塑形象，追求卓越"的目标深入开展，而且因为基础、条件较好，还要在"卓越"上做到高标准、高质量。

对于水库管理单位文化建设要特别重视以下两个方面：

首先是安全文化建设。水库安全事关人民生命财产安全、社会经济发展，必须高度重视。1975 年 8 月，特大暴雨引发的淮河上游大洪水，造成河南省驻马店地区包括两座大型水库在内的数十座水库漫顶垮坝，1100 万亩农田受到毁灭性的灾害，1100 万人受灾，超过 2.6 万人死亡，经济损失近百亿元的教训历历在目。因此，水库管理单位要按照企业安全文化导则的要求，联系水库管理的实际，加强安全文化建设，以此推动安全生产标准化建设，推动《中华人民共和国水库大坝安全管理条例》的全面贯彻落实，确保水库安全无恙。

其次是外塑形象。水库工程（含库区生态环境）的形象代表着水库管理单位的门面，是水库管理单位工程管理和文化建设等工作成果的直观体现。

提升水库主体工程的文化品位，体现水工程人文精神，发挥水工程文化功能，更好地满足人民群众日益增长的精神文化需求是外塑形象的重要手段。南京市水利局王凯教授对此做了深入研究，他认为，水库一般由大水体及相依的山体、大坝（包括溢洪闸、涵洞和管理设施）坝体构成景观要素。对于钢筋混凝土重力坝和堆石坝，其硬质坝体本身就体现了阳刚美与宏伟美；对于土坝，坝身迎水坡混凝土的灰色调与背水坡大面积草坪随季节变化的色彩形成对比美。水库大坝的安全是第一位的，按照大坝设计规范要求设计即可，不提倡在坝体上做不必要的修饰，应重点考虑山、水自然景观和水工建筑物人文景观的和谐统一。景观设计的重点是溢洪闸、涵洞和管理设施等建筑物，建筑风格、色彩的统一能体现地域文化。水文化公园设在坝体后面（一段距离）为好，既不影响大坝安全，又不影响水库水质。

自水利行业开展水文化建设以来，建设富含水文化元素的精品水库工程取得显著进展，在水利部精神文明建设指导委员会开展的全国水利系统水工程与水文化有机融合案例征集展示活动中，有 7 项水库枢纽工程入选，它们是：

（1）陆水试验枢纽。管理单位：长江水利委员会陆水试验枢纽管理局。

（2）小浪底水利枢纽工程。管理单位：小浪底水利枢纽管理中心。

（3）梅林水库。管理单位：深圳市梅林水库管理处。

（4）曼满水库。管理单位：云南省西双版纳州勐海县水务局。

（5）江西省峡江水利枢纽工程。管理单位：江西省峡江水利枢纽工程管理局。

（6）新疆乌鲁瓦提水利枢纽工程。管理单位：乌鲁瓦提水利枢纽工程枢纽管理局。

（7）碧流河水库枢纽工程及水利风景区。管理单位：大连市碧流河水库有限公司。

（二）水库工程管理单位文化建设范例

1. 范例一：汉江集团公司

汉江集团是以汉江集团公司（水利部丹江口水利枢纽管理局）为核心企业，丹江口水力发电厂、湖北汉江王甫洲水力发电有限责任公司、汉江丹江口铝业有限责任公司、汉江集团丹江口电化有限责任公司、汉江集团丹江口地产有限责任公司、山西丹源碳素股份有限公司、山东中兴碳素股份有限责任公司、昆山铝业有限公司、汉江水电开发有限责任公司、华南水资源投资公司、河南淅川九信电化公司、陕西府谷昊田丹江电化公司等二十多家成员企业组成的大型企业集团。集团所管理的丹江口水利枢纽是治理开发汉江的关键工程，也是南水北调中线水源工程的重要组成部分，集团经营范围涉及水力发电供电、有色金属冶炼、水利水电工程施工、发供电设备检修维护、招标代理、工程监理、房地产开发、旅游服务餐饮等领域。近年来，集团公司荣获"全国文明单位""全国五一劳动奖状""全国质量效益型先进企业特别奖""全国水利系统优秀企业""全国老干部工作先进集体""湖北省抗洪抢险特别贡献单位""湖北省文明单位""湖北省安全生产红旗单位"等荣誉称号。

汉江集团因汉江而生，伴汉江而长，凭汉江而兴。历经 60 年的发展，凭借"自力更生、艰苦创业、顾全大局、勇于开拓"的丹江口人精神，实现了从单纯的工程建设、管理单位到大型企业集团的巨大转变。几十年的奋斗，使汉江集团深刻认识到，文化是不可复制的竞争力，是广大职工共同的精神家园。汉江文化是几辈人不懈努力、长期坚守的价值取向，是经过长期发展、不断继承和发扬而逐步形成的智慧结晶，是与集团战略紧密相关、又引领企业发展的不懈动力。近几年来，汉江集团充分发挥文化引领作用，忠实履行了大型国企的政治责任、经济责任与社会责任。

（1）践行水利行业精神，履行水库管理职能。

汉江集团管理的丹江口水利枢纽是开发治理汉江的关键性控制工程，也是南水北调中线的水源工程，更是中国水资源配置工程的战略支点。多年来，汉江集团认真践行"献身、负责、求实"的水利行业精神和"团结、奉献、科学、创新"的长江委精神，始

终牢记使命、忠于职守，确保枢纽安全、优化水资源调度，充分发挥出枢纽的经济效益
与社会效益。

1）承担使命，确保防洪调水安全。

南水北调中线水源工程实施调水后，丹江口水利枢纽工程的任务调整为以防洪、供
水为主，结合发电、航运、生态等综合利用。

作为枢纽运行管理单位，汉江集团公司进一步强化使命意识和责任担当，在新的水
情、新的经济环境下，统筹谋划实施远控调度管理，协调好防洪、供水、发电、航运、
生态的关系，充分发挥集控优势，逐步实现汉江流域水库群联合调度自动化，不断推进
汉江集团公司与水源公司的融合，全面梳理枢纽运行维护和水库管理方面的职责，整合
枢纽安全监测、巡查等相关业务，统一开展枢纽工程安全监测、巡查工作，确保防洪、
供水安全。加强水情的实时监控和坝区的24小时视频监控，确保水资源的科学合理配置
和工程的良性运转，促使流域内经济社会协调发展和南水北调中线供水目标的实现。

2）履行职责，健全水库管理机制。

丹江口大坝加高通水后水域面积达1050平方千米，水库水资源管理、水质保护、水
行政管理任务日益艰巨，无序取水、侵占库容、库区拦汊筑坝行为、非法采砂淘金以及
网箱养鱼等现象还时有发生，这些行为严重侵占了丹江口水库库容、国有土地，损害了
水资源环境。汉江集团公司将积极推进丹江口水库水流产权确权试点工作，进一步强化
水库管理和库区各类水事违法行为的查处，为保障丹江口的水库防洪安全、水质安全、
岸线利用和水事秩序作出积极的贡献。

3）多措并举，构建水源地保护屏障。

坚持生态保护与工程建设同步，依法依规开展环境评价与验收工作。系统规划新建
水电站坝区的绿化工程，开展"关爱山川河流保护水源""世界水日·中国水周"等公益
活动。加大上游库区的拦污清障和下游水草的清理力度，加强鱼类增殖放流站的建设，
改善水域的生态环境。发挥丹江口大坝水利风景区和松涛山庄水利风景区效能，完成丹
江口工程展览馆二楼和三楼水利科普展厅的布展工作，开发王甫洲水库、潘口水电站旅
游资源项目，拓宽水利旅游市场，开展美化环境主题党日活动、志愿者服务活动，共建
美丽大坝。倡导"爱水、节水、惜水、护水"和"绿水青山就是金山银山"的理念，唤
起民众护水意识。

（2）秉承"丹江口人精神"，推进企业转型发展。

汉江集团是水利行业的企业，最根本的优势和最大的擅长在水，始终坚持战略主向
锁定水、投资重点稳在水、人力资源倾向水，形成了"做大水电产业、做精工业产业、
做优服务产业、做强汉江集团"的发展战略。

1）充分发挥党建优势。

十八大以来，汉江集团党委主动认识新常态、适应新常态、引领新常态，秉持"一
心一意谋发展、聚精会神抓党建"的工作理念，把从严治党与从严治企有机地结合起来，
充分发挥党建服务生产经营的优势。坚持"思想建党"，以"三会一课"、中心组学习、
远程培训系统为平台，扎实推进学习型党组织建设。加强企业发展新形势、新思路、目
标和举措宣传教育；紧贴企业发展实际，开展特色党建、红旗党支部、示范基层党组织

创建活动以及"两学一做"学习教育常态化制度化，将党建工作融入生产管理；牢固树立"抓党风廉政建设是本职、不抓是失职、抓不好是渎职"的理念，认真落实"两个责任"，贯彻中央"八项规定"，以"两节"教育、党风廉政宣传教育月、廉政党课为载体，进一步优化企业发展政治生态；以"五个一"活动为载体，积极践行社会主义核心价值观，广泛凝聚爱岗爱企、奋发有为的精神力量，倡导文明、健康、科学的工作与生活方式，强化文明创建活动。2017 年，被评选为第五届"全国文明单位"，2020 年又获得第六届"全国文明单位"的光荣称号。

2）扎实推进产业转型。

汉江集团是水利行业、流域机构的国有企业。在治理汉江、保护汉江、保障国家水安全实践中，继续发挥水利企业自身优势，以长远战略的眼光继续推动水电产业发展，稳步推进汉江孤山航电枢纽项目建设，建成后可实现 500 吨级船队通行，对加快汉江黄金水道建设、推进南水北调中线核心水源区保护具有重要意义。落实国家、湖北省发展内河航运工作部署，做好王甫洲千吨级船闸改造工程建设前期工作。按照水利部、长江委要求，积极参与引江补汉工程前期工作。

坚持创新驱动，鼓励并支持所属企业技术创新。2017 年，集团获得 6 项实用新型专利；"氮化硅结合碳化硅特种陶瓷"荣获湖北省科技进步奖三等奖；"氮化硅结合碳化硅浇注成型工艺的研究"和"堵河潘口水电站工程设计优化及关键技术研究与应用"分别获长江委科学技术进步奖一、二等奖；昆山铝业公司两项产品荣获中国有色金属协会"2017 中国铝箔创新奖"资源效率奖和技术创新奖，有效实现科技创新与经济发展深度融合、相互促进。

积极应对国家产业调整和结构转型，按照习近平总书记提出的"三去一补一降"指示精神，规范开展铝业公司 3 万吨淘汰产能资产处置工作，合理利用闲置厂房、盘活设备资产。加快九信电化公司债权清收、债务清偿，按程序启动破产工作。按期完成工程公司存续项目管理清理、债权清收、债务清理，适时启动、规范实施破产工作。

（3）弘扬企业精神，彰显"责任国企"形象。

汉江集团作为有担当的国有企业，在寻求自身发展的同时，坚持国家、企业、职工利益相统一，大力践行"共创价值、共同成长"的企业精神，做到经济效益和职工利益、社会效益并重，树立了良好的国企形象。

1）积极履行社会责任。

积极落实水利部、长江委要求，认真开展定点帮扶和援藏、援疆工作，开展广西田林县、重庆武隆县定点扶贫对口支援工作；选派 1 名副总经理参加了中组部组织的援疆工作；对口帮扶了西藏满拉水利枢纽管理局和西藏旁多水电站；选派多名干部参加了水利部、长江委对口扶贫工作，展示出集团干部员工的良好风貌。圆满完成湖北省六轮"三万"扶贫工作任务，开展支援新农村建设，精准扶贫丹江口市孙家湾村、常家桥村、四方山村，积极参与长江委精准扶贫范家坪村工作。积极开展"扶贫日"系列活动的同时，在公益助学、赈灾救危、扶贫帮困、环境保护等方面积极回馈社会，以实际行动支持着企业所在地的社会、经济发展。

2）培养员工主人翁精神。

充分尊重职工知情权、参与权和监督权，推进民主管理、厂务公开、党务公开，凡是涉及集团发展规划、年度计划、财务预决算、改革改制以及涉及职工切身利益的事项，均提交职工代表大会审议后实施，增强了职工的参与感、归属感和维权意识；积极营造公平竞争的发展环境，建立健全科学有效考核、激励机制，广大职工干事创业的积极性和创造性不断涌现；注重职工的全面发展，强化职工教育培训，开展"技术大比武""五小""安康杯"等劳动竞赛活动，搭建职工成长发展平台；加强职工文化阵地建设，丰富充实职工的文体生活，增强职工的归属感和幸福感；坚持改革发展成果共享，在建立"五险一金"社会保障体系的基础上，建立了补充养老、补充医疗制度，大病互助团体商业医疗保险等；完善了困难职工帮扶机制，建立了困难职工救助帮扶基金，成立了职工服务中心，让职工时刻感受到"汉江大家庭"的温暖。

经过几十年奋斗，使我们越来越深刻地认识到，文化是不可复制的竞争力，是广大职工共同的精神家园。汉江文化是几辈人不懈努力、长期坚守的价值取向，是经过长期发展、不断继承和发扬而逐步形成的智慧结晶，是与集团战略紧密相关、又引领企业发展的不懈动力。

2. 范例二：广东省飞来峡水利枢纽管理局

飞来峡水利枢纽是新中国成立以来广东省规模最大的综合性水利枢纽工程，位于北江干流中游清远市境内，控制流域面积34097平方公里，枢纽主要功能是以防洪为主，兼有航运、发电、供水和改善生态环境等综合效益。水库总库容19.04亿立方米，发电装机容量140兆瓦，船闸可通过500吨级组合船队，是北江流域综合治理的关键工程。

飞来峡水利枢纽管理局主要承担枢纽防洪、航运、发电运行管理和水资源管理等工作。先后荣获"广东省文明单位""全国水利系统文明单位""全国创文明行业工作先进单位""全国五一劳动奖状""全国先进基层党组织""中国水利工程优质（大禹）奖""国家AAAA级旅游景区"等光荣称号。

飞来峡水利枢纽管理局提出的飞来峡文化内涵为："优质工程，一流管理"的管理目标，"爱局如家，艰苦创业，团结、奉献、创新"的飞来峡精神，"以人为本，科教兴局，规范管理"的管理理念，"安全生产责任重于泰山"的安全文化，"确保枢纽安全高效运行，实现水利枢纽管理现代化"的总目标。

（1）管理目标：优质工程，一流管理。

"优质工程，一流管理"的管理目标，是管理局在枢纽建设以来，在贯彻"工程建设精心设计、精心施工，实现建设速度一流、建设质量一流、建设管理一流、建设效益一流"基础上的继承与创新，是生产运行管理以及各方面工作的指导思想和工作方针。"优质工程，一流管理"的管理目标已被职工认同熟记，逐步成为全局职工的共同价值观，并以"一流管理"的标准，建立和完善了"高效运作的防洪减灾体系""健全可靠的安全生产体系""先进可靠的自动化监控体系""以人为本的目标管理体系""依法行政的水资源管理体系""催人奋进的企业文化体系"等六大体系，内强素质，外塑形象，再创佳绩。

（2）飞来峡精神："爱局如家，艰苦创业，团结、奉献、创新"。

飞来峡精神是飞来峡文化的灵魂，是凝聚职工的精神支柱。"爱局如家，艰苦创业，团结、奉献、创新"的飞来峡精神，蕴含在管理局干部职工建设现代化水平的水利枢纽的实践中，是管理局在建设和管理枢纽中全局职工团结奋斗历程中所体现的崇高精神的提炼和升华。

爱局如家——就是广大职工增强使命感和责任感，做到与管理局荣辱与共，休戚相关，形成一个共同体，真正做到"操主人心、想主人事、干主人活、尽主人责"，管理局的可持续发展靠的是每一职工的共同努力。

艰苦创业——就是发扬党的优良传统，着眼于艰苦创业建设枢纽，开源节流，把有限的财力、物力管好用好。在广大职工中深入持久地进行艰苦创业精神的教育，不断培育、升华和赋予艰苦创业精神新的内容，引导大家树立对社会尽义务的强烈责任感和使命感，锤炼意志，淡化对物质的过分追求，时时刻刻以崇高的社会责任和使命感要求自己，牢记两个"务必"，经过长期的奋斗去实现管理局的目标。

团结——各级班子的团结，职工队伍的团结；襟怀坦白的团结，光明磊落的团结，共同向上的团结，遵纪守法的团结。上下相通，内外协作，部门之间要互相关心、互相帮助、互相爱护、互相支持，也要互相提醒、互相监督、互相批评、互相约束。这是管理局事业成败的关键。

奉献——弘扬水利行业精神，树立正确的人生观，树立以贡献社会为己任的崇高精神境界，把个人前途与祖国命运、民族振兴紧密相连，把奉献作为义不容辞的社会责任，从奉献中体验、寻找乐趣，在乐趣中得到奉献的动力，出一流人才，为社会做一流贡献。

创新——创新是可持续发展的动力，要不断学习，善于学习，博采众长，吸收先进的管理经验，在先进的生产运行管理理论、体系和先进技术的基础上，勇于创新，创造出具有特色的一流管理模式。

（3）飞来峡管理理念：以人为本、科教兴局、规范管理。

1）以人为本。生产运行、管理能力的发展决定着枢纽安全和发展，而人又是生产力中最活跃的因素。人有感情、有创新、有激情、有积极性，也有惰性，可塑性强。因此，管理局始终坚持"以人为本"的管理理念，坚持尊重人、理解人、关心人的原则，强调管人、管事、管思想相结合。以做好职工思想政治工作为手段，通过多种形式的活动为载体，做好人的工作，从而充分调动广大职工的积极性和创造性，不断增强全局的凝聚力，为管理局的发展提供有力的保证。飞来峡文化强调人本管理，以人为本，以德为先，建设一支高素质、复合型的职工队伍。

首先抓好政治思想教育。提高广大职工的政治思想觉悟和理论水平。坚持爱国主义、集体主义、社会主义教育，形成共同的价值观，树立正确的人生观。结合生产运行管理实际，把爱国主义教育融合到热爱水利工作，爱局爱岗、敬业勤业之中，鼓励职工立足岗位勤奋工作，建功立业，为枢纽增光添彩。

其次抓知识教育，培养复合型人才。坚持以技能培训为主，学历培训为辅的原则，鼓励职工学习科学技术和文化知识，走自学成才之路。逐步形成一支掌握现代科学技术和经营管理知识、专业配套、结构合理的专业技术队伍。

2）科教兴局。管好水利枢纽比建好工程的任务更为严峻。确立"科学治水，科教兴局"的发展纲领，成立技术创新委员会。枢纽从建设到运行管理过程中，科技成果的推广应用及对现有系统的有针对性技术改造和技术创新活动开展得有声有色。

3）规范管理。建立了一套用制度管人、管事的严格科学的管理办法，规范单位及职工行为，培育正确的工作态度和方法。通过完善机制，强化管理，积极探索科学的运行管理模式，逐步完善了各部门岗位目标管理责任制和各项规章制度，各项专业管理和基础管理进入科学化和规范化的运作阶段，实现了工作目标化、职责具体化、管理规范化、考评制度化，基本形成了内部管理制度体系、管理能力不断提高，管理水平一步一步、一年一年上台阶，有力地促进各项工作的开展。

（4）飞来峡安全文化：防汛安全责任重于泰山；安全生产责任重于泰山。

充分认识"防汛安全、安全生产责任重于泰山"的重要性。牢固坚持"安全第一，预防为主"的方针，树立如临深渊、如履薄冰的忧患意识，居安思危，从讲政治的高度树立以安全保稳定、促发展、增效益的安全观。强化防汛、安全责任，把防汛、安全责任落实到每一个岗位、每一位职工，确保不发生安全责任事故。在管理上坚决做到严、细、实，确保持续稳定的良好的安全生产局面。

（5）飞来峡文化总目标：确保枢纽安全高效运行，实现水利枢纽管理现代化。

飞来峡水利枢纽的功能决定了它为北江中下游防洪减灾提供保障的作用，因而水利枢纽的奋斗目标就是实现北江大堤联合运行机制最佳结合。飞来峡管理局把确保枢纽安全高效运行的崇高使命和服务社会作为本单位的管理哲学，把管理本局的生存与发展和国家利益、社会效益结合在一起，以此为依据制定出管理局的总目标：确保枢纽安全高效运行，实现水利枢纽管理现代化。

3. 范例三：福建省泉州市山美水库管理处

山美水库位于福建省晋江支流东溪中游南安市境内，是福建省水利厅管辖库容最大的水库，是泉州市一座集防洪、供水、灌溉、发电等综合利用的大型水利枢纽工程。

山美水库管理处系泉州市直属事业单位，水库建成投产后，曾实现连续安全生产10周年无事故记录，先后获国家二级企业、水利部一级管理单位称号；水产品获省级《无公害产品证书》。

山美水库是实行企业化管理的事业单位。几年来，山美水库管理处坚持企业文化建设与生产经营工作有机融合，着力构建"以人为本"的企业文化内核，在企业文化创建过程中，通过管理者团队和全体员工所体现出的认同感和归属感，呈现出与众不同的魅力。

（1）"四个融入"凝聚人文气息。

水库管理处始终坚持以人为本，注重人的管理，在企业文化建设上，坚持做到"四个融入"：一是围绕中心，在凝聚共识上融入；二是围绕热点，在情感贴近上融入；三是围绕难点，在管控模式上融入；四是围绕重点，在落地上融入。

山美水库的企业文化包括"团结、求实、创新、奉献"的山美精神；象征企业发展的山美库徽；山美人智慧和精神的结晶《山美水库之歌》；"泉州人民生命库"神圣称号；展示山美风采的《水的丰碑》等，无不从细微处诠释了山美文化的内涵，起到教育人、影响人、塑造人、激励人的作用。

2007年建成的山美水库文化展馆更是一部涵盖旱涝民殇、治水惠邑、加固扩容、造福于民、现代化管理、领导关怀的山美史诗。突出展现山美水库建设者、管理者艰苦创业、奋发有为的历史，是"文化山美"的重要组成部分，是了解山美水库发展改革的可靠指南和描绘美好未来的重要借鉴。

管理处投资建成了800多平方米的图书阅览室、多功能厅、乒乓球室、健身房，修建了2个篮球场，1个专业网球场，为干部职工搭建了良好的健身娱乐文化生活平台。

（2）"五个引领"聚人心树形象。

山美水库企业文化建设实现了"五个引领"：战略文化引领、价值文化引领、理念文化引领、行为文化引领、人本文化引领。

1）战略文化引领。重点开展三个教育：企业发展愿景教育；"面对现状、正视现实、战胜挑战、创新发展"的形势任务教育；"过紧日子"教育。结合创建国家级水利管理单位和省级文明单位活动，在全处范围内开展标准化管理活动，积极推行目标管理和目标成本管理，取得明显效果。

2）价值文化引领。重点做好三项工作：做好企业核心价值理念的提炼工作，认真筛选具有水库特色并被员工认同的"团结、求实、创新、奉献"的核心价值理念；秉承和丰富"不抛弃、不放弃、不自弃，共同创造美好未来"的员工团队精神，增强员工的团队意识；明确员工队伍三个层次定位。员工要从企业主体作用定位，忠诚企业、爱岗敬业、创造一流工作业绩；管理人员要从企业战略发展定位，服从企业中心工作，服务一线生产；管理处班子成员要从生命库发展定位，增强战略思维能力，提高企业管理能力和水平，廉洁自律，成为企业发展的坚强领导核心。

3）理念文化引领。重点抓好四个环节。一是利用办公自动化系统、管理处网页、《山美水美》内刊等，抓好理念的宣传贯彻；二是抓好文化理念的提升和凝练；三是抓好企业文化理念的学习和内化，打造内化于心、固化于行，"形成一条心、拧成一股劲、干成一番事"的文化强势。四是抓好执行力建设，在思想上树立一盘棋的大局意识；在意识上强化"能办事、会办事、办成事"的创新能力；在作风上养成雷厉风行的良好习惯；工作精神上倡导"站排头、争一流，干就干好"的高昂激情；在执行上形成"不截留、不拖延、不服输、不怕苦"的扎实作风；在结果上推崇"业绩导向、结果第一"的理念。

4）行为文化引领。聘请知名专家主讲心理教育、接待工作礼仪等方面内容，探讨人生观、职业道德、团队精神及个人素质，增强职工公务接待意识和沟通能力。

5）人本文化引领。践行"四个关爱"，即"关爱新人、关爱老人、关爱弱者、关爱一线"，让新员工快速融入企业，健康成长；让退休老同志老有所养、老有所乐；让弱势群体获得真诚的帮助，树立生活的勇气信心；让一线员工感受家的温暖。

第五节　水闸管理单位文化建设

一、有关水闸的基本知识

（一）水闸及其结构

水闸是修建在河道和渠道上利用闸门控制流量和调节水位的低水头水工建筑物。关闭闸门可以拦洪、挡潮或抬高上游水位，以满足灌溉、发电、航运、水产、环保、工业和生活用水等需要；开启闸门，可以宣泄洪水、涝水、弃水或废水，也可对下游河道或渠道供水。在水利工程中，水闸作为挡水、泄水或取水的建筑物，应用广泛，多建于河道、渠系、水库、湖泊及滨海地区。

水闸由闸室、上游连接段和下游连接段组成。

闸室是水闸的主体，设有底板、闸门、启闭机、闸墩、胸墙、工作桥、交通桥等。闸门用来挡水和控制过闸流量，闸墩用以分隔闸孔和支承闸门、胸墙、工作桥、交通桥等。底板是闸室的基础，将闸室上部结构的重量及荷载向地基传递，兼有防渗和防冲的作用。闸室分别与上下游连接段和两岸或其他建筑物连接。

上游连接段包括在两岸设置的溢水水闸墙和护坡，在河床设置的防冲槽、护底及铺盖。用以引导水流平顺地进入闸室，保护两岸及河床免遭水流冲刷，并与闸室共同组成足够长度的渗径，确保渗透水流沿两岸和闸基的抗渗稳定性。

下游连接段由消力池、护坦、海漫、防冲槽、两岸翼墙、护坡等组成，用以引导出闸水流向下游均匀扩散，减缓流速，消除过闸水流剩余动能，防止水流对河床及两岸的冲刷。

（二）水闸的分类

1. 按闸室的结构形式分类

按闸室的结构形式分类，水闸可分为开敞式、胸墙式和涵洞式。

开敞式水闸：当闸门全开时过闸水流通畅，适用于有泄洪、排冰、过木或排漂浮物等任务要求的水闸，节制闸、分洪闸常用这种形式。

胸墙式水闸和涵洞式水闸，适用于闸上水位变幅较大或挡水位高于闸孔设计水位，即闸的孔径按低水位通过设计流量进行设计的情况。胸墙式的闸室结构与开敞式基本相同，为了减少闸门和工作桥的高度或为控制下泄单宽流量而设胸墙代替部分闸门挡水，挡潮闸、进水闸、泄水闸常用这种形式。如中国葛洲坝泄水闸采用 12 米×12 米活动平板门胸墙，其下为 12 米×12 米弧形工作门，以适应必要时宣泄大流量的需要。

涵洞式水闸多用于穿堤引（排）水，闸室结构为封闭的涵洞，在进口或出口设闸门，洞顶填土与闸两侧堤顶平接即可作为路基而不需另设交通桥，排水闸多用这种形式。

2. 按功能可分类

按功能分类，水闸可分为节制闸、进水闸、分洪闸、排水闸、分洪闸、排水闸、挡潮闸、冲沙闸。

节制闸：用以调节上游水位，控制下泄流量。建于河道上的节制闸也称拦河闸。

进水闸，又称渠首闸：位于江河、湖泊、水库岸边，用以控制引水流量。

分洪闸：建于河道的一侧，用以将超过下游河道安全泄量的洪水泄入湖泊、洼地等分洪区，及时削减洪峰。

排水闸：建于排水渠末端的江河沿岸堤防上，既可防止河水倒灌，又可排除洪涝渍水。当洼地内有灌溉要求时，也可关门蓄水或从江河引水。具有双向挡水，有时兼有双向过流的特点。

挡潮闸：建于河口地段，涨潮时关闸，防止海水倒灌，退潮时开闸泄水，具有双向挡水的特点。

冲沙闸：用于排除进水闸或节制闸前淤积的泥沙，常建在进水闸一侧的河道上与节制闸并排布置，或建于引水渠内的进水闸旁。

（三）水闸的等级

（1）平原区水闸枢纽工程应根据水闸最大过闸流量及其防护对象的重要性划分等别，其等别应按表5-6确定。

规模巨大或在国民经济中占有特殊重要地位的水闸枢纽工程，其等别应经论证后报主管部门批准确定。

表5-6　　　　　　　　　　　　平原区水闸枢纽工程分等指标

工程等别	Ⅰ	Ⅱ	Ⅲ	Ⅳ	Ⅴ
规模	大（1）型	大（2）型	中型	小（1）型	小（2）型
最大过闸流量/立方米每秒	≥5000	5000~1000	1000~100	100~20	<20
防护对象的重要性	特别重要	重要	中等	一般	—

注　当按表列最大过闸流量及防护对象重要性分别确定的等别不同时，工程等别应经综合分析确定。

（2）水闸枢纽中的水工建筑物应根据其所属枢纽工程等别、作用和重要性划分级别，其级别应按表5-7确定。

表5-7　　　　　　　　　　　　水闸枢纽建筑物级别划分

工程等别	永久性建筑物级别		临时性建筑物级别
	主要建筑物	次要建筑物	
Ⅰ	1	3	4
Ⅱ	2	3	4
Ⅲ	3	4	5
Ⅳ	4	5	5
Ⅴ	5	5	—

注　永久性建筑物指枢纽工程运行期间使用的建筑物；主要建筑物指失事后将造成下游灾害或严重影响工程效益的建筑物；次要建筑物指失事后不致造成下游灾害或对工程效益影响不大并易于修复的建筑物；临时性建筑物指枢纽工程施工期间使用的建筑物。

二、新中国水闸建设成就

我国修建水闸的历史非常悠久，早在公元前598年至公元前591年，在安徽省寿县就建有5个闸门用以引水，之后随着建闸技术的提高和建筑材料新品种的出现，水闸建设也跟着日益增多了起来。

1949年后，我国开始大规模建设水闸。截至2019年，我国共建水闸103575座，其中大型892座、中型6621座、小型96062座。有分洪闸8293座、节制闸57831座、排水闸18449座、引水闸13830座、挡潮闸5172座。水闸总数江苏、湖南、浙江、广东、湖北排名前五位，分别为21424座、11924座、9524座、8200座、6820座。大型水闸数量湖南、广东、安徽、四川、广西排名前五位，分别为151座、144座、61座、50座、49座。

我国建成的著名水闸有：

（一）中国最大的泄水闸——长江葛洲坝枢纽二江泄水闸

二江泄水闸是长江葛洲坝水利枢纽的主体建筑物之一，布置在二江右侧及原葛洲坝岛所在部位，1971年始建，1988年建成，设计泄洪流量54000立方米每秒，校核下泄流量84000立方米每秒。

二江泄水闸为钢筋混凝土开敞结构，共27孔，溢流前缘总长500.4米。27孔闸分为9个闸段，每3孔联成一个闸段。闸孔采用上为平板下为弧形的双扉门，闸门顶部还设有9米高的固定胸墙。

二江泄水闸建成以来较好地担负起枢纽的泄洪、排沙和控制通航发电水位的任务，为整个枢纽的安全运行起到了重要作用。

（二）万里黄河第一闸——三盛公水利枢纽

黄河三盛公水利枢纽工程坐落于内蒙古自治区磴口县巴彦高勒镇（原名三盛公）东南2千米处的黄河干流上，兴建于1959—1961年，是新中国成立以来在黄河上建设的最大一座大型平原闸坝枢纽。工程由一条长2.1千米的拦河坝闸（包括拦河土坝和拦河闸两部分）、3座进水闸（北总干进水闸、南岸干渠进水闸、沈乌干渠进水闸）和一座渠首电站以及防洪堤、库区围堤等水工建筑物组成。总干渠首闸设计引水流量560立方米每秒，年引水能力45亿立方米。

三盛公水利枢纽建成后，除了主要承担河套灌区农业灌溉引水任务外，还兼有黄河防汛防凌、发电、供水、改善生态、沟通黄河两岸交通等功能。

（三）国内规模最大的分洪水利枢纽——荆江分洪闸

荆江分洪闸位于长江荆江段南岸湖北省公安县南北两端，由进洪闸、节制闸组成，为荆江分洪工程的主体，始建于1952年春末夏初之交，在30万军民的拼搏努力下，以75天的惊人速度大功告成。

进洪闸位于北端虎渡河太平口左侧（东岸），钢筋混凝土底板、空心垛墙、坝式岸墩轻型开敞式结构，全长1054.38米，共54孔，设计最大进洪量8000立方米每秒。其功能是宣泄荆江上游的超标准洪水，确保荆江大堤安全。

节制闸位于荆江分洪区南端，横跨虎渡河两岸，西连湘、鄂交界处的黄山东麓，东接拦河坝。节制闸结构形式与进洪闸相似，总长336.83米，共32孔，设计泄洪量为3800立方米每秒。其作用是控制虎渡河向洞庭湖分流量不超过3800立方米每秒，以确保洞庭湖区防洪的安全。

1954年7—8月，长江发生全流域特大洪水，荆江分洪区三次开闸分洪，蓄纳洪水122.6亿立方米，为确保荆江大堤和武汉及京广大动脉安全发挥了至关重要的作用。

（四）海河平原规模最大的水闸建筑群——四女寺水利枢纽

四女寺水利枢纽位于山东省武城县、德州市德城区和河北省故城县三县（区）交界处，上游接卫运河，下游分别接减河、岔河和南运河，是漳卫南运河中下游的主要控制性工程，也是目前海河平原规模最大的水闸工程建筑群。由南进洪闸、北进洪闸、南运河节制闸、船闸组成，是一座既能分洪、除涝，又能灌溉、输水和航运的大型水利枢纽。

四女寺枢纽的前身是明清时的四女寺减水坝（闸）。新中国成立后，作为卫运河、四女寺减河扩大治理中的重要控制性工程，四女寺枢纽建成于1958年，漳卫南运河

"63·8"大水后，1972年10月至1973年8月，南进洪闸进行了改建，新建了北进洪闸，节制闸和船闸也进行了改建加固。设计泄洪能力由1250立方米每秒提高到3800立方米每秒。

改建后的南进洪闸共12孔，设计泄洪流量1500立方米每秒。新建北进洪闸位于岔河进口处，共12孔，设计泄洪流量2000立方米每秒。改建后的节制闸共3孔，规划泄洪流量150立方米每秒。船闸位于节制闸西北500米处，采取船队顶推形式，设计一次性通行400～1000吨船队，年货运量34.6万吨。船闸自1958年通航至1974年，因水量不济而断航。

（五）世界规模最大船闸——三峡双线五级船闸

三峡水利枢纽双线船闸位于三峡大坝左侧的山体中，全长6442米，其中船闸主体部分1621米，上游引航道2113米，下游引航道2708米。采用双线五级连续布置的方式，以一线上行一线下行、互不干扰的方式过闸。每线船闸主体由6个闸首和5个闸室组成，闸室可通过1.2万吨级的船队，年单向下水通过能力为5000万吨。船闸共有24扇钢人字门，三分之二的人字门高36.75米，宽20.2米，厚3米，重850吨，其外形与重量均为世界之最，号称"天下第一门"。

三峡大坝上下游水位落差高达113米，相当于40层楼房高的巨大水头差，只有通过多级船闸才能实现船舶的翻越。即使这样，单级最高水头仍达45.2米，还是世界之最。为解决五级船闸"翻越"大坝滞留时间过长的问题，建设者还独具匠心地建造了一艘庞大的垂直升船机。升船机全线长约5000米，最大提升重达1.55万吨，最大爬升高度113米，可载3000吨级船舶，提升重量和高度，均为世界之最。

"大船爬楼梯，小船坐电梯"就是两种船舶过大坝的形象描绘。

（六）中国第一河口大闸——曹娥江大闸

曹娥江大闸位于绍兴曹娥江河口、钱塘江畔，是我国强涌潮河口地区所建的一座最大挡潮闸，有"中国第一河口大闸"之誉。

大闸建成于2007年，主要由挡潮泄洪闸、堵坝、导流堤、鱼道等组成，全长约1600米。挡潮泄闸为钢筋混凝土空箱结构，共设28孔。闸内江道形成90千米、相应库容1.46亿立方米的条带状水库。曹娥江大闸建成后，挡潮蓄淡作用突出，并显著改善了两岸平原河网的水环境及航运条件。

需要特别提及的是，曹娥江大闸在闸区范围内建设了以星宿文化和名人说水为核心、娥江十二景为重点的人文景观，实现了水利工程与文化有机结合，堪称一颗璀璨的水文化明珠。

三、水闸管理单位及其任务职责

（一）水闸管理单位的设置

1981年4月20日水利部发布的《水利工程管理单位编制定员试行标准》（SLJ 705—81）规定，一等水闸及以水闸为主的枢纽工程，受益影响范围跨越两县和两县以上者，设置管理处，处下设工程管理科、财供科、人保科及办公室；二、三等水闸设置管理处（所），处（所）下设与上述职能机构相应的科（股）、室，所下也可不设股、室；四、五等水闸设置理所，所下一般不设股、室。综合经营任务较重的单位，也可增设综合经营科（股）。水闸等级按照表5-8标准划分。

表5-8 水闸分等标准表

级 别	大 型			中 型	
等别	一	二	三	四	五
流量/立方米每秒	≥10000	≥5000 <10000	≥1000 <5000	≥500 <1000	≥100 <1000
孔口面积/平方米	>200	800～2000	400～1100	200～400	<200

注 1. 每项水闸工程的等别都应同时满足流量及孔口面积两个条件，如只具备一个条件的，其等别应降低一等。

2. 多座水闸组成的枢纽工程（不计船闸、坝、水电站、河道堤防和机电排灌站），应按各闸流量及孔口面积之和确定等别。

2000年10月24日，全国规模以上水闸（过闸流量5立方米每秒及以上）居第一位的江苏省，江苏省机构编制委员会和水利厅联合发布了《江苏省水闸工程管理单位机构设置和人员编制标准（试行）》。就水闸管理机构设置原则和管理体制明确规定如下：

（1）水闸工程管理机构要按照精简、效能的原则和机构编制审批规定予以设置。新建的水闸工程与现在工程管理单位距离较近且交通便利的，只核定人员编制数，不单独设立管理机构。

（2）凡新建的受益和影响范围在两个省辖市以上的流域性工程，由省水行政主管部门负责管理；受益和影响范围在两个县（市）以上、一个省辖市范围内的工程，由省辖市水行政主管部门管理；受益和影响范围在两个乡（镇）以上、一个县（市）范围内的工程，由县（市）水行政主管部门负责管理。

（3）一、二、三等水闸及以水闸为主的枢纽工程管理单位可设2～4个内设机构；四等以下水闸工程管理单位一般不设内设机构。

（二）水闸管理单位的任务和职责

1990年10月30日水利部颁发的《水闸工程管理通则》明确了水闸管理单位的任务和职责。

（1）水闸管理单位的任务是：确保工程完整、安全，合理利用水利资源，充分发挥工程效益。在管好用好工程的前提下，开展综合经营。积累资料，总结经验，不断提高管理工作水平。其主要工程内容是：

1）贯彻执行有关方针、政策和上级主管部门指示。

2）对工程进行检查观测，及时分析研究，随时掌握工程状态。

3）进行养护修理，消除工程缺陷，维护工程完整，确保工程安全。

4）做好工程控制运用。

5）掌握雨情、水情，做好防洪、防凌工作。

6）做好工程安全保卫工作。

7）因地制宜地利用水土资源，开展综合经营。

8）监测水质。

9）结合业务，开展科学研究和技术革新。

10）收水费、电费等。

11）加强职工政治思想工作和技术培训，关心职工生活。

12）制订或修订工程的管理办法及有关规定并贯彻执行。

13）其他应进行的工作。

（2）水闸管理单位，应在岗位责任制的基础上，建立健全以下管理工作制度：

1）计划管理制度。

2）技术管理制度。

3）经营管理制度。

4）水质监测制度。

5）安全生产和安全保卫制度。

6）请示报告和工作总结制度。

7）财务、器材管理制度。

8）事故处理报告制度。

9）考核和奖惩制度。

《江苏省水闸工程管理单位机构设置和人员编制标准（试行）》对水闸管理单位明确了六项职责：

（1）遵守国家的法律、法规，按照《江苏省水利工程管理条例》等水法规及其有关政策的规定，负责水闸工程的管理。

（2）维护工程完好，确保工程安全，制止破坏工程的行为。

（3）执行水情调度指令，保证工程正常运行，为工农业生产和人民生活服务。

（4）按照水闸工程技术管理规程，承担水闸工程的维修、养护、检查、观测和控制运用等日常工作。

（5）充分利用工程管理单位的水土资源及技术优势，开展对外服务。

（6）注重职工培训，提高职工的政治、业务素质和科学管理水平。

四、水闸管理单位文化建设

水闸管理单位只有大（1）型水闸及以水闸为主的枢纽工程才单独设立。由于它管理的是以水闸工程为主的工程，管理范围相对较小，员工也相对集中，与常规企业单位近似。其单位文化建设可以参考本书第二章企业文化建设。

需要特别指出的是，由于大型水闸和以水闸为主的枢纽工程的安全关系到所辖地区人民生命财产安全和社会稳定经济发展大局，必须高度重视。安全高于一切，责任重于泰山。水闸管理单位文化建设要把安全文化建设作为重要内容。

还需要指出的是，水闸这个水利工程建筑本身就是一个水利独有的特色建筑，是水文化建设的重要载体，是水闸管理单位展现特色文化的天地。水闸管理单位在文化建设中，把水闸及其配套建筑以及所处的环境打造成独具特色的亮丽风景线，是责无旁贷、义不容辞的任务。国内已经有一些水闸管理单位开展了这方面的工作，取得了显著成效。水利部精神文明建设办公室 2016 年以来，开展了三届水工程与水文化有机融合案例推荐评选工作，入选的 37 个工程有水闸工程 5 个，它们是：

（1）浙江省曹娥江大闸枢纽工程。管理单位：浙江省绍兴市曹娥江大闸管理局。

（2）重庆市开州区水位调节坝工程。管理单位：重庆市开州区水位调节坝管理处。

（3）黄河三盛公水利枢纽工程。管理单位：内蒙古自治区黄河工程管理局。

（4）三河闸与洪泽湖大堤工程。管理单位：江苏省洪泽湖水利工程管理处。

（5）泉州市金鸡拦河闸。管理单位：泉州市金鸡拦河闸管理处。

五、水闸管理单位文化建设范例

（一）范例一：浙江绍兴曹娥江大闸枢纽工程

浙江省绍兴市曹娥江大闸枢纽工程是中国第一河口大闸，是浙江省"五大百亿"工程浙东引水工程的枢纽工程。工程主要以防潮（洪）、治涝、水资源开发利用为主，兼顾改善水环境和航运等综合利用功能。

工程先后荣获中国建设工程鲁班奖、中国水利工程优质（大禹）奖、中国土木工程詹天佑奖、大禹水利科学技术奖特等奖，荣获"国家水土保持生态文明工程""国家水利风景区"和"全国建设项目档案管理示范工程"等荣誉称号，通过了水利部国家级水管单位和全国水利文明单位的考核验收。

绍兴是首批历史文化名城，是著名的江南水乡，依水而生，因水而兴。上古大禹治水，汉代马臻开筑鉴湖，明朝汤绍恩修筑三江闸，均反映出绍兴悠久的治水史和灿烂的水文化。建设曹娥江大闸是绍兴治水历史的一种延续，传承和发展好绍兴水文化，是大闸建设者应负的历史责任。

曹娥江大闸在规划建设时同步统筹水文化，把文化元素融入工程规划建设中，将环境与文化配套工程列为重要建设内容，以生态型、文化型、景观型水利工程为目标，以传承绍兴特色水文化为主线，将绍兴先贤的治水精神、古代水利工程的建筑风格、古三江闸的"应宿"文化等有机融合。在施工和管理过程中，完成了陈列馆布展、交通桥石雕、碑亭文化镌刻、名人说水景石点缀等水文化布置工作。

在曹娥江大闸建设中，绍兴的文化名人参与文化项目研究，使大闸工程集水闸文化、星宿文化、石文化、曹娥江文化等于一体，丰富了工程的内涵，提升了工程的品位。其中，"名人说水"文化项目广泛搜集古今中外有关"水"的精辟之言，在108块景石上依石选句，精心雕刻；"娥江流韵"文化项目在28个闸孔石栏板上集中展示了曹娥江流域名胜古迹和典故传说。

曹娥江大闸管理局积极参与绍兴市水文化研究会有关工作，先后编印出版了《娥江十二景》《名人说水》《曹娥江大闸建设纪实》《曹娥江大闸建设论文集》《大闸风韵》等书籍，制作了大闸宣传光盘，取得了良好的文化效果。

管理局注重传播交流、宣传推介水文化，经常开展《浙江省曹娥江流域水环境保护条例》知识竞赛。在每年的"世界水日""中国水周"宣传活动中，管理局网站、《大闸通讯》大力宣传工程水文化，组建大闸"绿水娥江"志愿服务队，承办关爱自然保护钱塘江流域水系志愿服务活动，并在大闸设立志愿服务站。

管理局积极与省内两所高校建立战略合作关系，在大闸设立实践教育基地，经常与大闸附近中小学开展亲水、爱水、护水主题活动。

此外，还在坐落在曹娥江大闸导流堤北端的建设了大闸陈列馆，馆内分设"决策篇""创新篇""管理篇""施工篇""运行篇"等五个部分，用图片、实物和模型，向人们展示中国第一河口大闸从决策、施工到运行的生动记录。同时，还附设国内外著名大闸资料陈列室和绍兴海涂围垦史陈列室，它们与主馆陈列互为映照，混成一体。

站在曹娥江河口，可以看到，一座大闸的建成是大禹治水事业的延续，是水利行业精神的弘扬。一个以大闸为核心的景区，是水利工程和生态景观，现代文明和历史文化的完美结合，是大自然的杰作，是建设者的凯歌。曹娥江大闸水利风景区宛如一颗魅力四射的亮丽明珠，婀娜多姿，艳丽迷人。

（二）范例二：独流减河防潮闸管理处

独流减河防潮闸管理处（以下简称：防潮闸管理处）位于天津市滨海新区大港独流减河入渤海口处，隶属于水利部海委海河下游管理局，主要负责水利工程的运行管理、维修养护及河口区域水行政执法等工作，为改善天津市的水生态环境质量、保障南部地区防汛防潮安全发挥着重要作用。近年来，防潮闸管理处高度重视精神文明建设工作，紧密结合单位实际，以职工需求为导向，以组织建设为统领，充分发挥工青妇等群团组织的作用，合力改善单位环境，倾心打造职工之"家"，营造浓厚的"家"文化，增强了职工的归属感幸福感获得感，重塑职工的凝聚力向心力战斗力，彻底改变单位外在形象，促使防潮闸焕发新的生机与活力。

1. 解决职工基本需求　努力营造"家"的温馨

防潮闸管理处由于地理位置偏僻，生活环境恶劣，周边社会环境复杂等因素，职工的凝聚力向心力曾出现过波动。自新的领导班子组建以来，从细处着眼，从小处着手，从实处着力，关心关爱职工，满足职工日常需求，让职工感受到"家"的温馨。积极协调南港水务公司引进自来水管网，解决吃水用水难的问题；聘请厨师开办职工餐厅，解决职工用餐难的问题；投入经费粉刷办公楼、食堂、宿舍，修缮值班室、职工澡堂，改变单位环境差的问题；安装地源热泵，解决了冬季取暖的问题；主动沟通通信公司优化完善通信基站，解决职工上网难的问题；特别是新冠肺炎疫情发生后，第一时间为广大职工采购口罩、消毒液、体温枪、橡胶手套等防疫物资，及时解决职工防疫需求的问题。通过一系列的暖心举措，日常办公生活条件得到极大改观，职工住得舒心、吃得放心、工作顺心，真正体会到"家"的温暖，让防潮闸这个大家庭重新焕发生机。

2. 加强文化阵地建设　着力提升"家"的品位

防潮闸管理处充分发挥工会职能服务作用和广大职工主观能动性，广泛开展形式多样的文化体育活动，打造办公场所文化阵地建设，着力提升"家"的品位。加强楼道文化建设，大力宣传水文化和廉政文化，筑牢基层文化阵地；购买配置跑步机、综合训练器、动感单车、乒乓球台、篮球架、户外健身器材等器械，改善配套活动场所，丰富广大职工业余文化生活；举办摄影作品征集、水文化宣传、学雷锋志愿服务等活动，大力提升职工的文化素养；充分发挥青年骨干的优势，组织开办科技大讲堂、道德讲堂等，培养青年文化骨干力量；因地制宜建设"开心农场"，让职工自己动手种植蔬菜瓜果等，培育职工"家"的理念；在疫情防控中，广大职工积极参与社区执勤，大力宣传防疫知识和水文化，党员主动捐款捐物，以实际行动助力打赢疫情防控阻击战。近年来，通过打造职工群众精神文化家园，弘扬社会主义核心价值观，大力提升了职工的文化素养和精神风貌，营造了良好的和谐氛围，进一步增强了单位的凝聚力。

3. 强力推进水事监管　充分发挥"家"的作用

防潮闸辖区内"四乱"问题由来已久，过去由于执法力量薄弱，职工的凝聚力向心力出现波动，导致水事监管能力出现弱化，辖区水事违法行为多发频发。近年来，防潮闸管理处积极倡导以单位为"家"的理念，进一步增强职工的主人翁责任感，凝聚力、战斗力不断提升。牵头创建联合执法机制，定期开展联合执法行动，维护辖区水事秩序稳定。按照河湖"清四乱"专项部署，结合渤海综合治理攻坚战，防潮闸管理处向辖区内的沉疴顽疾亮剑，发挥联合执法机制作用，会同多家执法单位，对辖区非法存在多年的房屋及码头进行强制拆除，多年顽疾彻底得到清理解决，并对河口区域实施封闭式管理。目前，防潮闸管理处严格落实上级安排，加大对辖区堤防、排泥场、海域岸线的巡查力度，强化水事监管能力，坚决打击各类违法占地和违法建设行为，持续巩固独流减河河口区域河湖"清四乱"和生态环境整治成效。通过强力推进水事监管的措施，防潮闸管理处水政监察支队连续两年荣获海委优良水政监察队伍称号。

4. 打造水闸文化展示馆　倾力塑造"家"的形象

近年来，防潮闸管理处内外部环境持续向好，各项水利事业均取得重大进展，单位文化氛围浓厚，花园式管理已现雏形，职工精神风貌充满生机和活力，进一步推动了单位精神文明建设。为发挥工程社会属性，挖掘水闸文化内涵，防潮闸管理处以与海委机关团委共建水情教育基地为契机，着力实施水情教育和文化提升工程，建造一座水闸文化展示馆。一直以来，向广大求知者展示和介绍水闸文化，对于水闸的起源、沿革，结构模样、功能作用，以及水闸大观园的佼佼者等，提供所需要的答案。水闸，是水工建筑物的骄子，演绎着除水害、兴水利的动人乐章；建闸，是治水的一种措施，是人类与水相依相争相和过程中智慧的结晶；千百年来，水闸在演进中不断书写着创造和传奇，人类治水的脚步也不断更上一层楼。今后，坚持以水闸文化展示馆为依托，进一步丰富水闸文化建设，将防潮闸周边打造成一个懂水爱水护水的水闸文化景点，并免费向社会公众开放，让广大群众共赏水闸文化、共享文明成果，倾力塑造防潮闸管理处"文明之家"形象。

通过深入开展精神文明创建活动，引导干部职工把单位当家建，潜移默化间，在水闸文化的滋养下，真正对"家"文化有了更为深刻的理解和认识。广大干部职工到单位有了家的感觉，积极投身水利发展事业，责任意识更强，担当精神更浓，基层党组织的战斗堡垒作用更加明显。防潮闸管理处党支部连续2次荣获下游局"五好支部"标兵荣誉称号，2019年荣获天津市农业系统"优秀基层党支部"称号。

第六节　灌区管理单位文化建设

一、灌区系统结构及类型

(一) 灌区系统结构

灌区是指有可靠水源和引、输、配水渠道系统和相应排水沟道的灌溉区域，是人类经济活动的产物，随社会经济的发展而发展。在我国，灌区农业规模化生产基地和重要的商品粮、棉、油基地，也是我国农业、农村乃至国民经济发展的重要基础设施，已成为直接关系当地人民群众生命安全、生产发展、生存环境的民生水利工程。

第一次全国水利普查明确：灌区是指单一水源或多水源联合调度且水源有保障，有统一的管理主体，由灌溉排水工程系统控制的区域。灌区需同时具备3个条件：

（1）具有单一水源或多水源联合调度且水源有保障。灌区如果具有多种水源类型，则多种水源类型应能够进行联合调度、相互补充。

（2）具有统一的管理主体。统一的管理主体既可以是专门的管理机构，如灌区管理局等，也可以是村委会、乡水管所、用水者协会等群管组织，也可以是企业或个人等。

对于设计灌溉面积30万亩及以上的灌区，统一的管理主体特指为灌区管理而专门成立的专业管理机构。

（3）由灌溉排水工程系统控制。要求灌区内有相应的灌溉排水系统，对于无灌溉工程设施，主要依靠天然降雨种植水稻、莲藕、席草等水生作物的区域，不能作为灌区填报。

灌区由灌溉水源工程，灌溉排水渠、沟及控制建筑物和量测水设施系统及灌溉农田组成。灌溉水源工程是灌区的首部枢纽，按取水方式可分为蓄水灌溉、引水灌溉、提水灌溉、蓄引提结合灌溉。灌溉系统的功能是将从灌溉水源引取的灌溉水输送、配置到农田和其他用水户。灌溉输配水系统分为渠道系统及管道系统，有些情况下，是由渠道和管道共同组成的混合式输配水系统。田间灌溉方法和技术包括畦田灌溉、沟灌、格田灌溉、淹灌、波涌灌、涌泉灌、喷灌、微喷灌和滴灌等技术。排水系统的功能是排除灌区多余降水和灌溉回归水、控制地下水位。灌区的建设与管理包括水源工程、输配水工程、田间灌溉工程和排水工程的建设与管理。

第一次全国水利普查罗列并定义了灌区的灌排渠（沟）系及各种建筑物：

（1）灌排渠（沟）系。灌区内灌溉渠道和排水沟通常是并存的，两者互相配合，协调运行、共同构成完整的灌区水利工程系统。

灌溉渠道是指将水从水源地输送到田间的各级固定渠道。不包括毛渠及以下的非固定渠道，也不包括渠首排沙渠、中途泄水渠和渠尾退水渠等退（泄）水渠。

灌排结合渠道是指在灌溉季节承担向田间输送水任务、汛期又承担农田排水任务的固定渠道。

排水沟是指将多余地表水或地下水由农田输送到容泄区的各级固定排水沟。

（2）渠（沟）道上的建筑物。渠（沟）道上的建筑物是指各级渠（沟）道上的建筑物。渠（沟）系建筑物种类繁多，其型式和功能各不相同。本次灌区普查中只统计主要建筑物数量。按建筑物型式进行分类，主要有水闸、涵洞、渡槽、倒虹吸、隧洞、农桥、量水建筑物、跌水和陡坡。此外，还对为满足灌排要求而设置在灌区渠（沟）道上的泵站进行了普查。

水闸是指由闸墩支撑的闸门，控制流量、调节水位的中、低水头水工建筑物。普查时渠道上的水闸数量包括本级渠道渠首的进水闸和渠道上的节制闸、退水闸等，分水闸作为下一级渠道的进水闸统计。

涵洞是指埋设在填土下面具有封闭形断面的过水建筑物，包括涵洞、涵管等形式。

渡槽是指跨越山冲、谷口、河流、渠道及交通道路等的桥式交叉输水建筑物。

倒虹吸是指以倒虹形式敷设于地面或地下，用以输送渠道水流穿过其他水道、洼地、道路的压力管道式交叉建筑物。

隧洞是指在山体中开挖的具有封闭断面的过水通道。

（二）灌区的类型

（1）按水源类型不同，分为利用地面水的河流灌区、水库灌区以及利用地下水的井灌区等。

（2）按取水方式不同，分为自流灌区和提水灌区。

（3）按灌区设计灌溉面积大小不同，分为大型灌区、中型灌区和小型灌区。

根据《灌区改造技术规范》（GB 50599—2020），大型灌区是指设计灌溉面积为 20000 公顷（30 万亩）及以上的灌区，中型灌区是指设计灌溉面积为 666.7 公顷（1 万亩）及以上，且小于 20000 公顷（30 万亩）的灌区，小型灌区是指设计灌溉面积为 666.7 公顷（1 万亩）以下的灌区。

二、新中国灌区建设成就

（一）新中国灌区发展举世瞩目

新中国成立 70 多年来，我国灌区建设与管理取得了举世瞩目的成就，农田灌溉面积由 1949 年的 1593 万公顷发展到 2019 年的 6867 万公顷，位列世界第一，保障了我国粮食安全供给和社会经济发展。我国灌区建设与管理已经历了三个大的发展阶段，依靠科技进步解决了发展过程中出现的各种问题，使我国灌区建设与管理水平逐步得以提升。

第一阶段为 1949—1979 年 30 年的大规模工程建设时期，我国农田灌溉面积从 1949 年的 1593 万公顷发展到 1980 年的 4889 万公顷。

第二阶段为 1980—1990 年 10 年的农村土地经营及灌区管理体制改革时期，这个时期由于投资、投劳的减少使我国农田灌溉面积从 1980 年的 4889 万公顷减少到 1990 年的 4839 万公顷，这也是新中国成立以来唯一的农田灌溉面积减少时期。

第三阶段为 1990 年至今 30 多年的大力研究推广节水灌溉技术与大型灌区续建配套改造与节水改造时期，这个阶段的重点任务是对已建的灌溉工程进行改造升级和完善，我国农田灌溉面积从 1990 年的 4839 万公顷发展到 2019 年的 6868 万公顷。

经过 70 多年的发展，我国灌溉面积约占全世界灌溉面积的 21%，位居世界首位。截至 2019 年底，我国灌溉面积为 7503 万公顷，其中耕地灌溉面积 6868 万公顷，占全国耕地面积的 51%。全国共建成设计灌溉面积大于万亩及以上的灌区 7884 处，灌溉面积 3350 万公顷。其中灌溉面积在 50 万亩以上灌区 176 处，灌溉面积合计 1261 万公顷；灌溉面积在 30 万～50 万亩的大型灌区 284 处，灌溉面积合计 539 万公顷。

据第一次全国水利普查，按灌溉水源工程划分，可得全国水库灌溉面积 1.88 亿亩（其中提水泵站灌溉面积 0.18 亿亩，占水库灌溉面积的 9.2%）；塘坝灌溉面积 0.95 亿亩（其中提水泵站灌溉面积 931.48 万亩、占塘坝灌溉面积的 9.8%）；河湖引水闸（坝、堰）灌溉面积 2.72 亿亩；河湖泵站灌溉面积 1.78 亿亩（其中、固定站 1.27 亿亩、流动机

0.51 亿亩、分别占全国河湖泵站灌溉面积的 71.1%、28.9%）；机电井灌溉面积 3.61 亿亩；其他水源工程灌溉面积 0.35 亿亩。

我国设计灌溉面积大于 500 万亩的特大型灌区有 6 处，分别为四川都江堰灌区（设计灌溉面积 1167.41 万亩）、安徽淠史杭灌区（设计灌溉面积 1198 万亩）、内蒙古河套灌区（设计灌溉面积 1100 万亩）、新疆叶尔羌河灌区（设计灌溉面积 558 万亩）、山东位山灌区（设计灌溉面积 540 万亩）和河南赵口引黄灌区（设计灌溉面积 506 万亩）。

（1）都江堰灌区。位于四川省西部，始建于公元前 256 年，是通过都江堰枢纽从长江一级支流岷江引水灌溉。这项工程主要由鱼嘴分水堤、飞沙堰溢洪道、宝瓶口进水口三大部分和百丈堤、人字堤等附属工程构成，科学地解决了江水自动分流（鱼嘴分水堤四六分水）、自动排沙（鱼嘴分水堤二八分沙）、控制进水流量（宝瓶口与飞沙堰）等问题，消除了水患。新中国成立后多次改扩建，已成为具有多种功能效益的水资源综合利用工程。灌区设计灌溉面积 1467.41 万亩，灌溉面积 853.45 万亩。2018 年 8 月 14 日凌晨，四川都江堰水利工程和配套工程体系，入选世界灌溉工程遗产名录。

（2）淠（pi）史杭灌区。位于安徽省中、西部和河南省东南部大别山余脉的丘陵地带，是以淠河、史河、杭埠河为水源的 3 个毗邻灌域的总称。灌区建于 1958 年，主要从佛子岭水库、磨子潭水库等 6 大水库取水，主要引水工程有横排头渠首枢纽、红石嘴渠首枢纽、牛角冲进水闸、梅岭进水闸等取水枢纽。灌区设计灌溉面积 1198.00 万亩，灌溉面积 1045.3 万亩（河南境内 69.56 万亩）。灌区以艰苦卓绝的创业历史闻名，以宏伟的灌排体系著称。灌区以六大水库、四大渠首、2.5 万千米七级固定渠道、6 万多座各类渠系建筑物，以及 1200 多座中小型水库、21 多万座塘堰组成的蓄、引、提相结合的"长藤结瓜式"的灌溉系统，纵横交错在岗峦起伏的江淮大地上，沟通淠河、史河、杭埠河三大水系，横跨江淮两大流域，实现了雨洪资源的科学利用和水资源的优化配置，使昔日赤地千里的贫瘠之地变成了今天的鱼米之乡，被誉为新中国治水历史上的一颗璀璨明珠。

（3）内蒙古河套灌区。主要位于内蒙古自治区巴彦淖尔市，包括巴彦淖尔市 7 个旗（县、区），阿拉善盟、鄂尔多斯市、包头市的一部分。灌区是我国著名的古老灌区之一，始建于秦汉时期，引黄灌溉已有 2000 多年的历史，为无坝引水。新中国成立之后，多次改造扩建，并于 1961 年在黄河干流上建成了三盛公引水枢纽，大大改善了灌区的引水条件。灌区设计灌溉面积 1100.00 万亩，灌溉面积 893.61 万亩。是亚洲最大一首制自流引水灌区。它地处我国干旱的西北高原，降雨量少、蒸发量大，属于没有引水灌溉便没有农业的地区，灌区年引黄水量约 50 亿立方米，占黄河过境水量的七分之一。灌区地处黄河冲积平原，地势平坦，耕作性能良好，自古就有"天下黄河、唯富一套"之美誉，现在这里已经成为中国北部地区的重要粮仓。2019 年 9 月 4 日，河套灌区成功入选世界灌溉工程遗产名录。

（4）新疆叶尔羌河灌区。位于新疆维吾尔自治区西南部，包括莎车、叶城、泽普、麦盖提、巴楚县和岳普湖县一部分，以及 14 个军垦农场。灌区属于塔里木河流域的叶尔羌河水系，通过喀群引水枢纽从叶尔羌河引水灌溉。灌区设计灌溉面积 558.00 万亩，灌溉面积 660.48 万亩。灌区内共有 12 个民族，是一个以维吾尔族为主体多民族聚集居住的地区。灌区历史悠久，早在秦汉时期灌区人民就在沿河两岸堵水灌溉发展农业。现在灌区处于完善配套和改造阶段，已建成大中型水库 40 余座，库容总计 15 亿立方米，建成大中型引水枢纽工程 8 座，总引水能力 1100 立方米每秒，建成装机容量 500 千瓦以上的水电站 10 座，总装机容量 5.9 万千瓦。建成总干渠 428 千米，基本保证和改善了农业灌溉引水条件，对全流域农业生产的发展起着重要作用。

（5）山东位山灌区。位于山东省西部，是黄河下游最大的自流引水灌区，通过位山渠首引黄闸从黄河引水灌溉。设计灌溉面积 540.00 万亩，灌溉面积 440.84 万亩。始建于 1958 年，1962 年停灌，1970 年复灌。现渠首设计引水流量 240 立方米每秒，控制聊城 8 个县（市、区）90 个乡（镇）的全部或大部分耕地，是黄河下游最大的引黄灌区。位山灌区作为确保聊城农业丰产增收的重要基础设施，有效地缓解了十年九旱给聊城农业带来的严重困难，提高了粮食生产能力，保障了粮食安全。灌区还为聊城工业、城镇居民生活及环境用水提供了大量优质水源。引黄补源有效地缓解了地下水位下降的趋势，保障了机井的正常使用，改善了区域生态环境。向电厂供水有力地服务了工业建设。向东昌湖、古运河、徒骇河供水，为打造"江北水城"提供了水源支持，改善了投资环境，促进了旅游业的发展。灌区自 1981 年以来还先后承担了 6 次引黄济津和 10 次引黄入卫跨流域调水任务，向天津、河北送水 52 亿立方米，有力地支援了两省（直辖市）的经济建设。

（6）河南赵口引黄灌区。位于河南省中东部，修建于 1970 年，在开封市赵口引黄灌区取水口从黄河引水灌溉。设计灌溉面积 572.00 万亩，灌溉面积 431.99 万亩。涵盖郑州、开封、许昌、周口、商丘 5 地 14 个县（区）。2019 年 12 月 23 日，赵口引黄灌区二期工程正式开工建设。建成后将使灌区面积达到 587 万亩，比原来增加 220.5 万亩，成为河南省第一大灌区。

（二）灌区建设与管理技术进展显著

我国在灌区建设与管理领域取得了显著的技术进步，科技成果应用为我国灌区建设和管理提供了有力的技术支撑。

1. 水源工程及水资源联合调度技术

我国的灌溉水源主要有地表水和地下水，除了地表水和地下水常规水源，我国灌溉也用灌区排水和渠道退水，以及渠道和田间渗漏等产生的回归水和再生水及微咸水等非常规水。基于降水、地表水、土壤水和地下水"四水"转化的理论，开发了灌区地表水、地下水联合调度技术。

2. 灌区输配水骨干渠系工程技术

（1）在渠道防渗材料方面，具有防渗性能好、质轻、延伸性强、造价低等特点的聚乙烯（PE）、聚氯乙烯（PVC）及其改性塑膜，具有竖向防渗、水平导水、透气等多项功能的聚氯乙烯（PVC）复合土工膜得到广泛应用。在新型接缝止水材料方面，伸缩缝填料已由最初的沥青砂浆发展到聚氯乙烯塑料胶泥、焦料胶泥。在"九五"期间，研究出冷施工的遇水膨胀橡胶止水带、聚氨酯弹性填料等。在新型防冻害保温材料方面，采用将聚苯乙烯泡沫塑料板铺设于防渗层下，通过保温防治冻害。

（2）在渠道断面结构型式方面，研究提出了大型渠道采用弧底梯形、弧形坡脚梯形渠，中小型渠道采用 U 形断面，新型结构型式改善了水流条件和结构受件。在渠道防渗衬砌结构型式方面，在微冻胀地区，研究提出利用混凝土助梁板、楔形板、板、槽形板、空心板等特殊结构型式减轻冻胀破坏；在冻胀严重地区研究提出利用板膜复合、换填砂砾料复合、板与保温材料复合、设置冻胀变形缝等技术进行渠道冻胀防治。在施工机具方面，我国从1970年代末开始研究U形渠道施工机械，相继研究开发出U形渠道和梯形渠道开渠机、U形渠道衬砌机、大中型U形渠道喷射法施工和小型U形渠道预制构件生产设备。

（3）在渠道冻胀破坏机理与防治理念方面，在理念上从"抵抗"冻胀逐步转变为"适应、削减或消除冻胀"的冻害防治理念，归纳出"土、水、温、力"是冻胀产生的必要条件，提出了冻胀预报模式和基土冻胀性分类方法，进而研究提出了埋入法、置槽法、架空法等回避冻胀的措施，置换、隔热保温、化学处理、压实基土、隔水排水等削减冻胀的措施，以及通过结构优化设计来适应、回避冻胀或局部抗冻胀的措施。

3. 低压管道输水及田间灌溉技术

（1）在低压管道输水技术方面，在机井灌区和有条件的渠灌区研究推广应用了低压管道输水技术；研制出了用料省、性能好的刚性薄壁塑料管和内光外波的双壁塑料管；开发了多种类型的当地材料预制管及相应的制管机具；现场连续浇筑、无接缝整体成型的混凝土管施工机械和施工工艺；研制了多种与管道配套的管件设备和保护装置。

（2）在田间灌溉技术方面，开展了大量改进地面灌溉技术的研究工作，结合研究推广应用激光控制平地技术、波涌灌溉技术、田间闸管灌溉技术确定合理的畦田规格、沟灌的长度和断面尺寸，把过去单纯研究灌水技术要素对灌水均匀度、水分深层渗漏的影响，转向综合研究多种灌水技术要素组合对土壤水肥运移和水肥利用效率的影响，根据不同区域的土地特征和种植作物优化确定地面灌溉技术要素，从而提高灌溉均匀度和水肥利用效率。在水稻种植区研究推广"薄、浅、湿、晒"控制灌溉技术，不但实现了节水、节肥，还提高了水稻产量，减少了稻田化肥和农药的流失及面源污染物排放。

（3）在喷灌技术方面，引进、研制开发出了PY系列摇臂式喷头、全射流喷头、喷灌泵、快速拆装薄壁铝管和镀锌薄壁钢管及管件，轻、小型喷灌机组，绞盘式、滚移式、中心支轴式和平移式喷灌机。开展了喷灌系统规划设计理论和方法研究以及技术标准制定。

（4）在微灌技术方面，在引进国外滴灌和微喷技术的基础上，立项开展滴灌带生产线国产化研制工作。国产滴灌管生产线在整体性能方面达到国际先进水平。随着国产滴灌管生产技术的提高、生产成本大幅度降低，滴灌技术在棉花、番茄、蔬菜及葡萄等经济作物灌溉中获得了大面积推广应用。

（5）在节水灌溉技术与农艺结合方面，把滴灌技术与地膜覆盖技术有机结合，创造性研究形成了膜上、膜下滴灌技术，取得了显著的节水、增产和省工效益；把滴灌技术与灌溉制度优化技术紧密结合，实现了亩次灌水定额少、灌水次数多的优化灌溉制度；与水肥一体化技术相结合，实现了精准同步灌溉与施肥，大幅度提高了作物单产。

4. 农田排水技术

我国农田排水技术从明沟排水向明沟与暗管相结合排水模式过渡，广泛利用塑料管道及新型合成过滤材料，研制开发新型排水施工设备，研制成功多种形式的开沟铺管机和无沟铺管机等，极大地提高了施工速度和质量。农田排水技术研究转向涝渍碱兼治和排水再利用等多目标综合治理，由单一工程技术模式转向多种措施综合集成，由单一的水量、水位控制调节到水量、水位、水质控制、污染防治、环境保护等相结合的综合技术。近10多年来对农田排水条件下减少氮污染的农艺、管理、工程等措施和预测评价软件方面做了大量的研究和实际应用，广泛采用计算机模拟软件评价排水系统对水环境的影响。

5. 灌区水位水量监测技术

我国开展了实用测量技术研究，取得的成果可归纳为两大类：①水位-流量关系测量技术，利用堰、槽、孔口建筑物，测量渠道中某一点或两点的水位，根据水位与流量关系，由水位计算流量。在水位测量技术方面，在传统的水尺和浮子式水位计基础上研发应用了水位自动记录仪、压力式水位传感器、雷达水位计、超声波水位计、视频水位监测技术等。②流速-流量关系测量技术，渠道和管道流量可以用旋桨或旋杯流速仪和超声波流速仪来测量。旋桨或旋杯流速仪是通过旋转来标定单点流速，超声波流速仪是通过测量声音信号传递的时间来得出通过一个断面的平均流速，用测量的流速与过流断面计算流量。近些年，超声波流时差法流速仪在灌区量水上获得了验证和应用。编制并修订了《灌溉渠道系统量水规范》。

6. 灌区信息化管理技术

我国于2002启动大型灌区信息化建设试点工作，在全国选定了少量灌区开展了信息化试点工作。开发集成应用的灌区信息化技术包括实时的水情、雨情、工情信息、作物需水状况等信息监测、数据传输系统和灌区管理信息系统技术。灌区信息化技术的研究、集成和应用为灌区管理人员及时掌握灌区水资源状况、工程运行状况、作物生长状况、用水户对水资源的需求状等提供了高效的手段和工具，使灌区水资源调配更具科学性和合理性，促进水资源开发、利用和保护的良性循环及可持续发展区管理信息系统的建成应用，在提高灌区自身管理水平和工作效率，更好地服务用水户的同时，用水户也可以通过信息查询了解灌区的工程情况、管理及供水政策、水资源管理、用水及水费等情况，实现互动，提升了灌区的公众影响力和用水户的参与积极性，促进灌区更好地为农业生产和城镇生活及生态供水服务。

7. 灌区管理体制机制改革

我国灌区积极探索实现灌区良性循环的可持续管理途径，推进灌排设施管理专业化、规范化，建立良性运行机制。骨干工程实行专管机构管理，小型灌排设施推进农民用水合作组织参与管理。专业化管理经费由政府财政资金支持，按照定岗定员规范化运行，小型灌排设施由农民自己承担，主要通过水费来解决，政府给予补助。目前，我国灌区正在全面推进农业水价综合改革、农田水利设施产权制度改革和创新运行管护机制试点、农民用水合作组织多元化发展以及农业用水水权制度改革等。灌区管理体制和机制的改革促进了灌区逐步实现财务收支平衡和灌溉工程的可持续利用管理。

8. 标准化建设与管理

为了规范灌溉与排水工程建设与管理，我国编制了大量的相关规程、规范和导则等技术标准。灌溉与排水建设与管理方面的主要技术标准有：《灌区规划规范》（GB/T

50509—2009)、《灌区改造技术规范》（GB 50599—2010）、《灌溉与排水工程设计规范》（GB 50288—99）、《高标准农田建设通则》（GB/T 30600—2014）、《防洪标准》（GB 50201—2014）、《渠道防渗工程技术规范》（GB/T 50600—2010）、《节水灌溉工程技术规范》（GB/T 50363—2006）、《微灌工程技术规范》（GB/T 50485—2009）、《渠道防渗工程技术规范》（GB/T 50600—2010）、《治涝标准》（SL 723—2016）、《灌溉渠道系统量水规范》（GB/T 21303—2007）、《泵站设计规范》（GB 50265—2010）、《灌溉与排水渠系建筑物设计规范》（SL 482—2011）、《大型灌区技术改造规程》（SL 418—2008）等。

9. 生态恢复与治理

我国针对灌溉发展出现的生态问题采取了相应的技术措施进行恢复与治理。对于由过量引水灌溉造成土地次生盐碱化问题，加大排水工程建设，利用明沟和暗管进行排水，发展井渠结合的灌排系统针对由上游过量引水发展灌溉面积造成下游生态退化问题，在核定区域水资源总量的基础上加强了灌溉用水管理，通过推行总量控制、定额管理的方式控制灌溉用水总量和亩次灌水量，推广节水灌溉技术和实行阶梯水价等体制机制改革措施实现农业灌溉节水。针对部分地区过量抽取地下水发展灌溉引发的大面积地下水下降问题，通过推广节水灌溉技术和农艺节水措施、应用非充分灌溉技术、调整种植机构、减少高耗水作物种植面积等措施减少地下水开采。针对一些地区推广应用渠道衬砌等节水措施引发的渠道周边树木枯死和下游湿地水量减少、水质退化问题，采取了综合评估节水效益以及可能产生的生态问题，选取适当的节水技术和措施，综合考虑生态环境用水和水循环过程，发展适度的节水工程规模，同时制定水权制度保证生态用水量不被挤占，通过水权交易鼓励推广应用节水技术和措施。把在灌溉用水总额范围内通过应用节水和措施节约下来的水用于生态建设或其他用水效益好的部门。

10. 灌区状况评估方法

"十一五"国家科技支撑计划"大型农业灌区节水改造工程关键支撑技术研究"项目对灌区状况诊断评价技术与方法进行了系统的研究，提出了我国灌区状况评价需考虑的因素，综合考虑灌区状况评价所涉及的内外因素，提出了灌区状况评价指标的定量化分析评估方法，筛选出了灌区状况评价指标，构建了反映灌区水土资源状况、工程状况、灌溉效率效益情况、灌区管理及生态环境状况的综合评价指标体系（包括 39 个评价指标），以及反映灌区内部管理服务水平、灌溉渠系和建筑物等硬件设施状况的细部评价指标体系（包括 31 个主指标）。编制了大型灌区状况诊断指南，开发了灌区状况评价诊断系统。

三、灌区标准化规范化管理

（一）灌区标准化规范化管理的重要性

我国作为一个有 14 亿人口的大国，解决全国人民的粮食安全问题是治国安邦的首要任务。在我国这样一个水资源相对贫乏的国家，耕地面积仅占世界耕地面积的 9% 左右，却养活了世界 22% 的人口，灌区的存在功不可没。2019 年年底，我国耕地灌溉面积达到 6868 万公顷，占全国耕地面积的 50.9%，灌溉耕地生产的粮食约占全国粮食总产量的 75%、经济作物约占全国的 90%。目前，大中型灌区耕地灌溉面积占全国总耕地面积的

24.8%，生产的粮食约占全国总产量的 50% 左右。与小型灌区相比，大中型灌区工程设施相对完善，基础条件相对较好，管理水平较高，是我国粮食安全的重要基础保障。另外，随着经济社会发展，大中型灌区服务领域不断延伸，成为区域经济社会发展的重要支撑，在水资源配置中占有重要地位。大中型灌区实现标准化规范化管理，提升灌区管理水平，是保证国家粮食安全的需要。

我国土地辽阔，水资源时空分布不均，再加上人口众多，人均水资源仅为世界平均值的 1/3，是世界 13 个人均水资源贫乏的国家之一，合理利用水资源、节约用水是我国的基本国策之一。2014 年 3 月，习近平总书记在中央财经领导小组第五次会议上提出了"节水优先、空间均衡、系统治理、两手发力"的治水思路，强调节水意义重大，对历史、对民族功德无量，要从观念、意识、措施等各方面都把节水放在优先位置。我国农业是用水大户，据 2019 年统计，农业用水 3682.3 亿立方米，占总供水量的 61%；农田灌溉水有效利用系数却只有 0.559。因此，节水潜力较大。据第一次全国水利普查统计，设计灌溉面积 30 万亩及以上的大型灌区有 456 处，灌溉面积 2.78 亿亩，占全国灌溉面积的 27.8%；设计灌溉面积 1 万亩及以上的中型灌区有 7293 处灌溉面积 2.23 亿亩，占全国灌溉面积的 22.3%。现状用水量约占全国农业用水总量的三分之一，是农业用水大户，节水任务重。通过大中型灌区标准化规范化管理，推进农业节水，是贯彻落实基本国策的需要。

为助力和保障乡村振兴奠定坚实的水利基础。习近平总书记在党的十九大报告中提出了乡村振兴战略，实现乡村产业兴旺、生态宜居、生活富裕离不开水利的支撑和保障。灌区是社会主义新农村建设主要阵地和战场，建设社会主义新农村的首要任务便是发展现代化的农业生产，而良好的灌区建设是保证其健康有序发展的动力。大中型灌区标准化规范化管理是推进灌区建设的重要举措，是推进乡村振兴战略的需要。

（二）灌区标准化规范化管理要求

水利部 1981 年印发的《灌区管理暂行办法》，明确灌区管理组织，实行按渠系统一管理、分级负责的原则，采取专业管理机构和群众性管理组织相结合的办法进行管理。

按照 2002 年国务院办公厅转发的《国务院体改办关于水利工程管理体制改革实施意见》精神，灌区专业管理机构属于"承担既有防洪、排涝等公益性任务，又有供水、水力发电等经营性功能的水利工程管理运行维护任务的水管单位"，称为准公益性水管单位。

2019 年水利部办公厅印发的《大中型灌区、灌排泵站标准化规范化管理指导意见（试行）》明确大中型灌区标准化规范化管理的总体要求是：以习近平新时代中国特色社会主义思想为指导，贯彻落实"节水优先、空间均衡、系统治理、两手发力"十六字治水思路，按照"水利工程补短板、水利行业强监管"的水利改革发展总基调，构建科学高效的灌区标准化规范化管理体系，加快推进灌区建设管理现代化进程，不断提升灌区管理能力和服务水平，努力建成"节水高效、设施完善、管理科学、生态良好"的现代化灌区。灌区标准化规范化管理应坚持政府主导、部门协作，落实责任、强化监管，全面规划、稳步推进，统一标准、分级实施的原则有序推进。

大中型灌区标准化规范化管理要求包括组织管理、安全管理、工程管理、供用水管理和经济管理。

1. 组织管理

（1）不断深化灌区管理体制改革。根据灌区职能及批复的灌区管理体制改革方案，落实管理机构和人员编制，合理设置岗位和配置人员。全额落实核定的公益性人员基本支出和工程维修养护财政补助经费。结合当地和灌区实际，确保灌区管理体制改革到位，推行事企分开、管养分离等，建立职能清晰、权责明确的灌区管理体制。

（2）建立健全灌区管理制度，落实岗位责任主体和管理人员工作职责，做到责任落实到位，制度执行有力。

（3）加强人才队伍建设。优化灌区人员结构，创新人才激励机制，制订职业技能培训计划并积极组织实施，确保灌区管理人员素质满足岗位管理需求。

（4）重视党建工作、党风廉政建设、精神文明创建和水文化建设。加强相关法律法规、工程保护和安全的宣传教育。

2. 安全管理

（1）建立健全安全生产管理体系，落实安全生产责任制，建立健全工程安全巡检、隐患排查和登记建档制度。建立事故报告和应急响应机制，在工程安全隐患消除前，应落实相应的安全保障措施。

（2）制定防汛抗旱、重要险工险段事故应急预案，应急器材储备和人员配备满足应急抢险等需求，按要求开展事故应急救援、防汛抢险、抗旱救灾培训和演练。

（3）应定期对检测设施进行检查、检修和校验或率定，确保工程安全设施和装置齐备、完好。劳动保护用品配备应满足安全生产要求。特种设备、计量装置要按国家有关规定管理和检定。

（4）对重要工程设施、重要保护地段，应设置禁止事项告示牌和安全警示标志等，依法依规对工程进行管理和巡查。

3. 工程管理

（1）建立健全工程日常管理、工程巡查及维修养护制度，落实工程管理与维修养护责任主体。

（2）建立健全工程维修养护机制，确保工程设施与设备状态完好，工程效益持续发挥。

（3）灌区骨干工程应明确管理和保护范围，设置界碑、界桩、保护标志。基层运行管理用房及配套设施完善，各类工程管理标志、标牌齐全、醒目。管理运行配套道路畅通安全。

（4）建立健全灌区档案管理规章制度，按照水利部《水利工程建设项目档案管理规定》建立完整的技术档案，逐步实现档案管理数字化。

（5）积极推进灌区管理信息化。依据灌区管理需求，开展信息化基础设施、业务应用系统和信息化保障环境建设，不断提升灌区管理信息化水平。

4. 供用水管理

（1）灌区管理单位应统筹兼顾灌区范围内生活、生产和生态用水需求，科学合理调配供水。

（2）强化灌区取水许可管理，推行总量控制与定额管理，制定灌区用水管理制度。编制年度（取）供水计划，报水行政主管部门审批。灌区水量调配涉及防汛、抗旱等内容应按规定报备或报批。

（3）根据需要设置用水计量设施与设备，制定用水计量系统管护制度与标准，积极推进在线监测，为灌区配水计划实施、用水统计、水费计收以及灌溉用水效率测算分析等提供基础支撑。

（4）结合灌区生产实际，积极开展灌溉试验和相关科学研究，推进科研成果转化。

（5）积极推广应用节水技术和工艺，推进农业水价综合改革，建立健全节水激励机制，提高灌区用水效率和效益。

5. 经济管理

（1）建立健全灌区财务管理和资产管理等制度。灌区人员基本支出和工程运行维修养护等经费使用及管理符合相关规定，杜绝违规违纪行为。

（2）人员工资、福利待遇达到当地平均水平，按规定落实职工养老、失业、医疗等各种社会保险。

（3）科学核定供水成本，配合主管部门做好水价调整工作，完善灌区水费计收使用办法。

（4）在确保防洪、供水和生态安全的前提下，合理利用灌区管理范围内的水土资源，充分发挥灌区综合效益，保障国有资产保值增值。

四、灌区管理单位文化建设

如前面所述，灌区在保障我国粮食安全、贯彻落实节约用水基本国策及实现乡村振兴战略中有着举足轻重的作用，肩负着为人民群众提供持久水安全、优质水资源、健康水生态、宜居水环境和先进水文化的历史使命。灌区管理单位要深入开展文化建设，进一步提升水工程的文化品位，体现水工程的人文精神，发挥水工程的文化功能，更好地满足人民群众日益增长的精神文化需求的任务。

灌区管理单位现在大多数都属于准事业单位性质，按企业单位管理。所以单位文化建设与企业文化建设大致相同，文化建设的内容、应遵循的原则等都与企业文化建设大同小异，第二章、第三章有关企业文化、水利行业企业文化建设的相关内容可供参考和借鉴。由于灌区管理工作有其特殊性，灌区管理单位的文化建设也应该根据灌区管理工作的特点和发展方向，按照党的十九届五中全会关于科学把握新发展阶段，深入贯彻新发展理念，加快构建新发展格局的要求，开拓进取，不断创新，以此推进灌区标准化规范化管理工作。

（一）开展文化建设的必要性

灌区管理单位是负责对灌区灌溉水源工程、灌溉排水渠、沟及控制建筑物和量测水设施系统及农田灌溉用水进行管理的单位。

我国灌区管理单位具有以下特点：一是灌区涉及地域较广，工程输水线路较长，要跨越多个行政区，灌区管理单位要协调处理好上下游、左右岸方方面面、各行各业的关系，任务艰巨；二是灌区管理单位工作内容繁多，既要管工程安全运行维护，还要管引水、配水和用水，工作繁重；三是大部分管理职工常年日夜坚守在输水渠道及其建筑物上，人员分散，条件艰苦；四是灌区灌溉季节较长，必须保证渠道及其建筑物输水安全，责任重大；五是灌区用水单位多，甚至要面对情况千差万别的千家万户，要做到按计划分配水量，难度很大。

以上灌区管理工作的特点，给灌区管理单位带来的压力很大。我国一些灌区开展文化建设的实践证明，灌区文化建设发挥的导向功能、约束功能、凝聚功能、激励功能、协调功能、塑造形象功能能提高职工积极性、创造性、自觉性，增强职工的约束力、凝聚力、向心力，提高单位的影响力，从而增强搞好灌区管理工作的动力、减轻各种不利条件带来的压力。开展文化建设非常必要。

特别是我国西部地区的扬水灌区，肩负着向干旱、贫困地区提供生活用水、生态用水、粮食和经济作物用水的多重任务，而灌区管理单位及职工的工作、生活条件非常艰苦，灌区管理单位经费和人员工资除了政府有限的拨款几乎没有其他来源。这些灌区管理单位开展文化建设，通过开展社会主义核心价值观等学习教育，使全体员工发扬艰苦奋斗的革命精神，吃苦耐劳的革命作风，保持坚韧不拔的革命斗志；通过开展丰富多彩的文化体育活动活跃员工的生活，使员工永葆青春活力；通过提升水利工程文化内涵和品位的建设，不断改善和提高工作生活环境，使员工感受党和国家的温暖。从而坚定跟党走的信心，提高克服困难、战胜困难，献身灌溉管理事业的决心和勇气，就显得极为重要。

（二）灌区管理单位文化建设目标

《水利部关于加快推进水文化建设的指导意见》要求将水文化与水安全、水资源、水生态、水环境统筹考虑，加快推进水文化建设，保护、传承、弘扬我国优秀水文化，为推动新阶段水利高质量发展提供有力支撑。

2019年水利部办公厅印发的《大中型灌区、灌排泵站标准化规范化管理指导意见（试行）》明确了大中型灌区标准化规范化管理的总体要求，即：构建科学高效的灌区标准化规范化管理体系，加快推进灌区建设管理现代化进程，不断提升灌区管理能力和服务水平，努力建成"节水高效、设施完善、管理科学、生态良好"的现代化灌区。这是水利部对大中型灌区管理工作提出的最新、最全面的要求，这是灌区管理工作的目标。

灌区管理单位文化建设要按照上述两个指导意见精神，为努力建成"节水高效、设施完善、管理科学、生态良好"的现代化灌区提供有力支撑。

（三）灌区管理单位文化精神

2019年全国水利工作会议审议通过的"忠诚、干净、担当，科学、求实、创新"的新时代水利精神，是五千年水利精神传承的体现，是水利行业的集体智慧，充分体现了历史的传承性、发展的时代性、行业的独特性，代表着行业的形象，凝聚着行业的灵魂，彰显着行业的特色，引领着行业的未来，需要用新的行动来铸就。因此，在灌区文化建设中必须贯彻和发扬，在灌区文化精神中要有体现。

（四）灌区管理单位文化建设内容

灌区管理单位的文化建设，可以视为灌区文化建设，涵盖灌区管理工作的方方面面，包括组织管理、安全管理、工程管理、供用水管理和经济管理，以及灌区水利管理的优

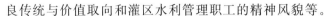

良传统与价值取向和灌区水利管理职工的精神风貌等。

1．工程管理方面

灌区工程管理方面需要特别关注的文化建设内容有两大项，一是深入开展安全生产标准化建设，创建安全生产标准化一级单位；二是提升水利工程的文化内涵和文化品位。

（1）灌区管理单位安全生产标准化建设。

灌区水利工程安全是事关人民生命财产安全、灌区社会经济发展的大事，安全生产是灌区管理单位的头等大事。2011年7月，水利部根据《国务院安委会关于深入开展企业安全生产标准化建设的指导意见》（安委〔2011〕4号）精神，结合水利实际，制定了《水利行业深入开展安全生产标准化建设实施方案》，提出"以科学发展观为统领，牢固树立以人为本、安全发展的理念，坚持'安全第一、预防为主、综合治理'的方针，大力推进水利安全生产法规规章和技术标准的贯彻实施，进一步规范水利生产经营单位安全生产行为，落实安全生产主体责任，强化安全基础管理，促进水利施工企业市场行为的标准化、施工现场安全防护的标准化、工程建设和运行管理单位安全生产工作的规范化，推动全员、全方位、全过程安全管理"。部署在工程建设和运行管理单位开展安全生产标准化建设，并制定《水利工程管理单位安全生产标准化评审标准》，组织水利安全生产标准化达标单位评审工作。灌区管理单位要争创水利安全生产标准化一级单位。灌区管理单位的文化建设要从精神、行为、制度、物质文化层面为安全生产标准化建设提供推动和保障作用。

（2）提升水利工程文化内涵和品位。

我国大多数灌区水利工程都兴建于二十世纪五六十年代，农田水利工程都是由农民投劳自办的，大型水工建筑物投资中只计入水泥、钢材、木材三大材和技工的费用，土方等其他材料和小工的费用全由受益区域内农民出劳解决。在这样的条件下，水利规划和工程的设计只能要求满足其水利功能，几乎没有也不可能考虑把文化元素融入水利规划和工程设计中，也无法解决提升水利工程的文化内涵和文化品位的问题。另外，虽然古往今来的水工程都具有一定的文化内涵与品位，但是没有把提升水工程文化品位的问题作为专门的领域进行研究，致使在不同程度上人们忽视水工程文化品位。随着人们物质文化生活水平不断提高，对水工程建设精神文化需求越来越强烈的形势下，灌区一些水利工程已难以满足人民群众精神文化需求的需要，不能适应我国经济社会发展对水工程的文化需求。因此，灌区在工程管理方面，单位文化建设赋予了在更新改建或兴建工程时要纳入提升水工程文化品位的内容。

为推动提升水工程文化品位工作，彰显水工程的文化内涵，发挥水工程在水文化建设中的示范作用，水利部精神文明建设指导委员会自2016年起在全国水利系统开展水工程与水文化有机融合案例征集展示活动，已开展三届活动确认37个案例。其中就有灌区的水利工程。

灌区水利工程体系包括的水利工程类型较多，有大坝、水闸、渠道、堤防、涵闸、渡槽，有的还有倒虹吸、隧洞等，这些水利工程建筑分布较广，有的与城镇和文化古迹相邻。如何让这些水利工程建筑和这些地区的景观和谐一致甚至增添光彩，满足人民群众精神文化的需求，是灌区管理单位文化建设的重要内容之一。新时期一些水利科技工作者对水利工程的景观设计、美学解读与文化品位开展了深入研究和实践，取得了显著成效。

南京市水利局王凯教授对此做了深入研究，成果颇为丰硕。

王凯教授认为，景观设计是通过艺术的手法创造合乎人性的空间与生活环境，它不同于绘画、雕塑这些纯欣赏的艺术，始终与人的使用联系在一起，与工程技术密切联系，是功能、艺术与技术的统一体。景观设计的基本要素为点、线、面、体、空间、色彩、肌理，这些都是景观设计的基本语言。

水景观指由自然水体构成的景观。水是地理环境中最重要的组成要素之一，是建设景观的重要物质资源。水体以它特有的魅力，可以美化环境、调节气候、彰显灵气，可以提供五彩缤纷的景观姿态，提供丰富多彩的旅游资源。

人们对水体景观的需求是多层次多方位的，概括起来就是希望通过各种亲水行为和活动，获得亲切、舒适、愉快、安全、自由、有活力的心理感受。

王凯教授指出，水工建筑物与滨水空间的景观设计就是要根据设计、绘画和建筑美学的原理，结合人们的生活实际，与人的审美需求、兴趣爱好紧密联系，创作出其外观形体和空间，赋予其精神内涵，从而给人以美的享受。

水景观设计的基础理论，有图底关系理论、连接理论、场所理论和生态水利工程学理论。图底关系理论是研究建筑实体和开放空间之间关系的理论，目标是要建立一种不同尺寸大小的、单独封闭而又彼此有序相关的空间等级层次；连接理论指以"线"为主连接各景观元素的方法，目的在于组织一个连接系统，以建立有序的空间结构；场所理论指空间与人的需要、历史文化、社会和自然等外部条体的联系；生态水利工程学理论是关于在工程技术层面上通过工程措施、生物措施和管理措施，尽量避免、缓解水利工程的负面影响的方法，其主要依据是董哲仁先生提出的"生态水利工程学"的概念。生态水利工程学是在水利工程学的基础上吸收生态学的理论和方法，以完善水利工程规划设计理论和管理方法。其要义是不仅要考虑人类对河流（湖泊）的需求，还要考虑河流（湖泊）自身的健康生命。

王凯教授就河道堤防、河流护岸、水闸、小流域治理、水库、桥梁等水利工程的景观设计分别提出了见解。

关于河道堤防工程的景观设计：

堤防是使河水在河道内安全下泄的重要水利工程，必须有足够的强度，不论平时和汛期都不能被破坏。应从防洪的角度出发，确定堤防的形状与断面。堤防具有河流与堤内的"边界"之意；因为堤防明显高于堤内、外地面，其堤顶成为眺望的场所；堤防是连续长大型结构，给人以舒适、自然和单调的印象，因此，堤防连续的坡面对景观效果影响极大。

河道堤防的景观设计要把堤防作为河流周围生活空间的要素之一来看待，处理成容易接近的结构，使堤内外一体化，形成和谐关系。可以选择适合眺望的地带、可使堤防向内凸起，可设置供休息和眺望用的亭子；可以通过灵活运用堤防上的坡道和台阶等构造，使坡面呆板的景观有所变化；通过保护现有树木或适当选择树的品种、在堤防背水坡平台营造出植物的季节感，在水流冲刷不严重的坡面，尽量使用当地的地被植物护坡。

关于河流护岸工程的景观设计：

河道护岸是保护河岸和堤防免受河水冲刷的水利工程、既是防洪的重要水工结构，又是水与陆地的过渡段，还是水与人接触的支撑点。随着水位的涨落，护岸的尺度会变化，水位高时，护岸淹没于水下；水位低时，护岸暴露于水上。不管是对岸景还是纵向景，护岸都是主要的视点对象，其一定程度的变化可以丰富人们的视觉感受，提供趣味性。

河道护岸的景观设计要满足：①安全性，在水深和流速快的河段最好不设接触水的设施，特别注意观景的安全性；②亲水性，可设置平台用作钓鱼或休闲场所，设置阶梯或缓坡便于人们亲水。如果河流受潮汐的影响，可设置不同的平台高度，让潮汐变化时平台时隐时现，使观景的人可以观察到这种变化；③生态性，避免使用混凝土护岸，尽量利用当地石材、木材护岸，种植当地的水生植物、水滨树林，为各种生物提供栖息、繁殖的环境。

关于水闸工程的景观设计：

水闸是实现河道泄水、蓄水、调水、挡潮等功能，连通或截断河网水系的水利工程。从景观设计角度看，水闸是一条河流的重要景观视点和景观对象。所以，水闸的设计不仅要满足其水利功能，而且要充分考虑其景观效果，还要反映工程所在区域的文化。水闸与水的关系是跨越与横卧，与两岸的堤防相连又大大高于堤防，其本身的景观设计（外形）十分重要。水闸与河流方向垂直，横卧水上，位于水、天之间，其闸的竖向结构韵律和天际线是景观设计的重点。水闸周边有两岸的堤防和岸坡，有上、下游河道连接段，闸区的环境设计要对水闸主体起烘托和陪衬作用。

水闸工程的景观设计要考虑水闸与周边景物的关系，有突出法、隐蔽法和融入法三种设计手法。①突出法。用于闸址周边空旷、闸门采用上下启闭方式、体量大的水闸设计，突出水闸的主体位置，突出工程的雄壮美。具体设计根据闸的结构，考虑闸墩、胸墙、启闭机房等水面以上构件连接的形状，根据闸的孔数重点考虑横向韵律和水闸顶部的天际线。②隐蔽法。用于闸址周边已有醒目的自然或人文景观且闸的规模比较小的情况，要将水闸对原区域景观的影响降至最小，尽量淡化水闸的存在，设计时主要考虑闸的使用功能即可。这种水闸闸型一般选择橡胶坝、翻板闸或卧倒门结构。③融入法。充分利用闸址已有景观，使水闸成为原有环境的一个元素，融入原地域景观环境。这种闸型一般使用下卧式旋转闸门，把闸门置于水闸工作桥以下，减小水闸的实体高度。

2. 供用水管理方面

灌区供用水管理的主要服务对象是农业，其建设与发展关系到人民群众的切身利益，灌区供用水管理应以维护广大农民利益为主。文化建设要突出廉政文化建设。

陕西省渭南市东雷抽黄水库灌溉管理局袁国栋和陕西省渭南市洛惠渠管理局雷声深入灌区进行调研，走访灌区 20 个村、30 个村民小组、"灌农" 120 余户，发放行业评议测评表 120 份，召开各类座谈会 15 次，通过现场测评，发现灌区灌溉管理存在以下问题：一是有少数水利职工特别是农民行水干部服务态度生硬、服务效率不高，工作作风不扎实；二是有时会出现搭车收费、乱加码加价变相加重农民负担的现象；三是有个别行水干部有以水谋私、虚加水量、中饱私囊的行为；四是在部分段斗出现水费征收环节不透明、收费不开票、送票不到户等问题，直接影响水管部门形象。因此，灌区管理单位应该把廉政文化建设纳入单位文化建设的主要内容。他们认为，灌区灌溉管理廉政文化建设是灌区文化建设的主旋律，要把灌区灌溉管理廉政文化建设放在构建社会主义新农村这个大环境中去谋划，其建设根本在于维护灌农的利益，落脚点在于促进灌区改革和发展，着眼点放在促进现代农业科技服务上，推动灌区全面建设，真正使灌区廉政文化建设成为确保农村稳定、建设社会主义新农村和富裕、和谐、绿色人文效能灌区的保障。

灌区灌溉管理中廉政文化是以廉洁从政为主题，围绕灌溉管理和服务对象"灌农"开展的一系列廉政教育活动，其文化体系是职工关于廉政知识信仰、规范和与之相适应的生活方式及社会评价的总和。其内涵包括崇尚法纪、公正乐善的社会文化；爱岗敬业、开拓进取的职业文化；团结向上、诚实守信的组织文化；清正廉洁、昌明有序的政治文化等。

灌区灌溉管理廉政文化建设有以下作用，其一对职工树立正确的世界观、人生观和价值观具有基础性舆论导向作用；其二能使全体职工尤其是广大党员干部以相同的价值观念、思维模式、行为方式聚集起来，形成强大的、向心的力量；其三可以产生辐射效应，廉政文化激浊扬清、去恶扬善，内化为廉洁奉公的行为准则，有助于净化灌区风气，唤起人们的监督意识，有效监督灌区反腐倡廉工作；其四可以促进行为自律，灌区灌溉管理中廉政文化可通过一系列为职工群众所接受的价值观念来约束和控制人们的思想和行为，在意识上形成一种"软约束"，无形中产生纠偏作用，警醒领导干部廉洁自律。

加强灌区灌溉管理廉政文化建设的主要经验是：

（1）进行经常性思想教育，是提高行水干部免疫力的有效途径。开展主题性教育，树立正确的价值观，精心选择先进典型，以先进典型的思想境界为"等高线"，从典型身上分析人民敬仰的优秀品质和价值追求，教育行水干部生活正派，情趣健康，摆正主与仆位置，将全心全意为人民服务的宗旨转化为行动，做一个对社会有贡献、对家庭负责的人，以普遍的公民守法标准为"水平线"，树立正确的人生观。常言道"在职一阵子，做人一辈子。"只有坚守遵纪守法这一底线，坚持权与责相统一，强化岗位意识和责任意识，才能使自己的人生和事业平稳发展；以腐败分子结局为"高压线"，树立正确的权力观。挑选近年来职务犯罪方面的反面典型作为反面教材，警示行水干部自励、自重、自省，做到常在河边走，就是不湿鞋，让廉洁铭刻人生，把清白留给历史，把思想教育、纪律教育与社会公德、职业道德家庭美德和法制教育结合起来，引导行水干部做到用权不滥财不贪，教育和引导他们珍惜岗位、廉洁守纪。

（2）建立有效的约束权力机制，有利于防范和遏制行业不正之风的滋长和蔓延。健全行业纠风领导机制，不定期深入灌区，深入灌溉一线，深入田间地头进行监督检查，实行"谁负责、谁出问题、谁负责"的责任追究制度，形成站、段、斗、乡、村、组廉洁工作机制。加大宣传力度，提高灌农参与监督的力度。发放水价明白卡，公布水费廉政举报电话，张贴水价宣传公告，出动宣传车辆，利用广播、电视、网络等媒体向灌农多方宣传，使水价、水费征收办法人人皆知，与灌农建立快捷的沟通平台，便于群众监督，使灌农充分了解政策，明确自己的权力，参与灌溉管理和行业纠风工作；完善规章制度，强化管理措施。做好用水市场调查，提前做好供水规划。逐村（组）建立水费公布栏，即时向灌农公布水价、流量、结算标准等供水信息，严格水价政策，实行一价到户，花名册田间地头填写，水费灌后五日内公布，开票送票到户，并实行灌中跟踪检查和灌后核查及局、站、段、斗、户五级配水机制，送水到田，收费到户，减少中间环节，杜绝乱收费、乱加码现象发生。

（3）抓热点突出问题，力求廉政工作实效。要突出灌区农民群众的主体地位，主动征求群众意见，切实把用水户的声音作为评议的第一信号，评议过程依靠群众参与，把群众满意不满意，答应不答应作为基本目标；想问题办事情，把农民群众利益作为工作的出发点和落脚点。通过评议使灌区管理单位达到有强烈的服务意识、有规范的办事程序、有良好的工作作风、有满意的服务质量、有较高的社会评价的目标。要深入用水户个别走访和个别交流，敞开群众讲话的渠道，把真实情况反映上来，把村组党组织、村民委员会和农民用水者协会的意见征询放在优先地位；聘请责任心强，群众威望高，敢于开展批评的灌农担任行风监督员，为他们开展监督工作创造条件；坚持水务公开，只有公开，群众才能了解工作和服务是不是到位，开门搞行风评议，直接向农民公布征收水费项目，实行水量、水价、水费公开，充分发扬民主，广开言路，自觉接受群众监督，防止征收水费中的暗箱操作、收费不公和搭车收费等问题。

（4）加大惩处力度是直接最有效的预防工作。加大举报宣传力度，通过电视、报纸、网络、举报箱、电话等各种途径，向人民群众大力宣传行业纠风和危害，举报的意义和方式、方法等，通过广泛的宣传，使每个灌农能敏锐觉察到身边腐败问题及举报这些问题的途径方法，进一步深挖行水干部违纪违规的问题；加大查处力度，通过纪检、监察、审计等部门联合起来，进行综合治理，加大打击力度，发现一起，查处一起，决不姑息，克服以往执法过程中的软骨病，来实的真的，一般违纪问题党纪处分，严重问题坚决移交司法机关，绝不包庇纵容。

3. 文化载体建设方面

灌区管理单位的各级基层单位所在地是灌区管理单位职工工作生活的场所、灌区管理单位对客户提供服务的窗口、灌区管理单位和群众性管理组织沟通的平台、水利方针政策和水文化的重要传播阵地、展现灌区管理单位形象的基本要素，要作为灌区单位文化的重要载体建设予以高度重视。特别是大型灌区，基层单位数量多，分布广，把基层单位的工作生活场所建设好，连同有文化品位的水利工程，在灌区构成一道亮丽的风景线，也是对新农村建设和实施乡村振兴战略的一大贡献。全国文明单位——宁夏回族自治区唐徕渠管理处在构建平安唐徕、节水唐徕、廉洁唐徕、智慧唐徕、美丽唐徕、人文唐徕"六位一体"发展格局中，争取资金3000多万元，翻建了8个管理所、13个管理段，更新配备了办公生活用品。深入开展了环境大整治和小菜园、小环境、小食堂建设活动，栽植各种景观树2万多棵、花木草坪2.6万多平方米，人均绿化面积达75平方米，渠道绿化率达86%，被银川市命名为"园林式单位"。基层单位房屋亮了、环境美了、人心更加凝聚了。

（五）灌区管理单位文化建设范例

1. 范例一：宁夏回族自治区唐徕渠管理处

宁夏回族自治区唐徕渠管理处是宁夏青铜峡唐徕渠灌区的管理单位，从设定文明创建奋斗目标，到扎实创建的"加速起跑"，到最后的"成功跨栏"，一步一个脚印、一步一个台阶向前迈进，凝聚了全体唐徕人的艰辛和梦想，加强科学管理，凝聚发展能量，提升服务水平，健全创建组织，明确责任分工，并且坚持把创建工作和中心工作有机结合，做到同部署、同检查、同考核，统筹协调，整体推进，经费保障，实现了文明创建工作制度化、规范化、经常化，形成了水利建设与文明建设两促进、双丰收的良好局面。管理处先后荣获"水利部文明单位""宁夏回族自治区文明单位""全国水管体制改革先进集体""全国农林水利工会劳动奖状""全区防汛抢险先进集体""自治区劳动关系和谐单位""全区节水先进单位"等荣誉称号。2015年和2020年连续获得"全国文明单位"光荣称号。他们的主要做法是：

（1）播种梦想，确立目标，积极培育文明沃土。

加强宣传引导，全力营造文明创建的思想文化氛围。注重水文化建设，先后投入80余万元，深入挖掘唐徕水文化，编辑出版了《唐徕渠历史与新貌》《唐徕渠管理处精细化管理规程》《管理处廉政学习读本》等书籍。在全处设置文明展板、标牌960多块，并且公开征集唐徕处徽，谱写《唐徕之歌》，凝练唐徕精神，邀请自治区原主席王正伟撰写《唐徕赋》，创办了唐徕网站和《唐徕之声》内部小报，开通了QQ群、微信群、手机短信平台，与宁夏新消息报社联合开展"唐徕渠与宁夏"征文活动，制作画册、宣传片，使文明创建有形、有声、有物，营造了有浓郁特色的唐徕文化氛围。

积极为职工办实事、好事，使大家在参与文明创建中受教育，在实践中得到提高，在创建中体验荣誉。近5年来，争取资金3000多万元，翻建了8个管理所、13个管理段，更新配备了办公生活用品。深入开展了环境大整治和小菜园、小环境、小食堂建设活动，栽植各种景观树2万多棵、花木草坪2.6万多平方米，人均绿化面积达75平方米，渠道绿化率达86%，被银川市命名为"园林式单位"。如今基层单位房屋亮了、环境美了、人心更加凝聚了。

（2）科学管理，服务民生，彰显水利文明风采。

积极构建平安唐徕、节水唐徕、廉洁唐徕、智慧唐徕、美丽唐徕、人文唐徕"六位一体"发展格局。

科学管水用水、服务民生水利是唐徕渠管理处始终坚持的首要任务。近5年来，争取投资2.6亿元，完成工程建设892项，砌护渠道146千米，渠道砌护率达49%；翻建和改造建筑物192座，是前10年的7倍，不但为安全生产提供了硬件基础，而且灌溉水利用系数从过去的0.43提高到0.46。与此同时，推行"阳光水务"，科学管水用水，让群众淌明白水、交放心费，被评为"全区节水灌溉先进单位"。实施延伸服务，深入田间地头，维护灌溉秩序，化解突出矛盾，做到交流"面对面"、服务"零距离"，连续在全区基层政风行风评议中名列前三，实现了连年节水、作物适时灌溉、灌区均衡受益的目标，为全区粮食"十一连增"贡献了力量。

打造"美丽唐徕"、支持生态文明建设是唐徕渠管理处新增的一项重要职责。近5年管理处科学调节农业与生态用水需求，适时为沿线20万亩湖泊湿地生态补水3.72亿立方米，使得银川平原人水和谐、景色秀美。今日的唐徕渠成为了名副其实的"生态渠、风景线和旅游线"，所流经的银川市、平罗县、惠农区，城市两岸，群楼错落有致，林间小道绿树成荫，湿地湖泊水色涟漪，处处充满着生机与活力，吸引了越来越多的创业者在这里投资、置业。水在城中，印证着唐徕渠发展的力度；城在水中，体现着唐徕渠发展的美度；人水和谐，诠释着唐徕渠发展的高度。

改革创新、增强内部发展潜力是唐徕渠管理处的不懈追求。根据近年来水利改革发展的新政策、新变化，管理处重新梳理修订了70多项规章制度，全力推进科学化、标准化、精细化管理模式和新的工资绩效考核办法，极大地调动了干部职工的工作积极性。针对水管单位长期管理粗放，手段落后，管理处确立了"智慧唐徕"建设方案，实施门户网站、电子地图、调度运行、工程管理、防汛预警、自动测控、手机应用等8大建设任务。目前，"智慧唐徕"信息构架系统基本形成。

适应新常态肩负新使命厚积薄发正当时。全体唐徕人将继续坚持"文明创建、兴水惠民"的总方针，进一步解放思想、开拓创新、扎实工作，不断推动精神文明建设水平向更高层次迈进，以更加澎湃的激情书写改革奋进的新华章，以更加铿锵有力的脚步迈向新的征程，创造现代水利的新辉煌。

（3）教育为先，提升素质，夯实文明创建之基。

始终把干部职工队伍建设作为创建文明单位的基础工作，着力抓班子、带队伍，通过集中学习、专题辅导、座谈交流、答卷测试等形式，做到学习常态化、制度化。抓党风、提作风、树行风，认真落实党风廉政建设主体责任和"一岗双责"，严格执行《八项规定》和《唐徕渠管理处"三重一大"廉政风险防控管理办法》，开展经常性警示教育，平均每年监督工程建设200余项、大宗物资采购6次、每月开展一次效能督查，干部职工的责任、法纪和廉洁明显增强。

积极培育和践行社会主义核心价值观，大力弘扬"献身、负责、求实"的水利行业精神。全处设立"道德讲堂"12处，坚持开展中华传统文化、文明守礼知识教育，制定职工行为规范，倡导"厉行节约、文明用餐、健康生活"，不断提高干部职工的思想素质和道德水平。积极开展岗位练兵，提升业务技能，每年挤出40多万元用于职工教育培训。近3年来，管理处共集中培训人员1200多人次，在全国各类公开刊物发表论文67篇，其中核心期刊发表学术论文11篇，有21人取得了高级专业技术职称，有3人次在全区行业技能大赛上获得优秀名次。目前，全处大专以上学历人员有187人，初级以上职称人员有121人，分别比5年前增长了近30%。

（4）创新载体，突出特色，汇聚文明发展之力。

突出服务型党组织建设，发挥党员骨干作用是管理处长期坚持的一项"品牌"。处党委全面落实党建目标责任，健全基层党组织，设置党员示范岗72个，广泛开展创先争优、"三服务一推进""百名党员下灌区""四查四看"等活动，引导每个党员干部"带着任务下灌区、带着决心下灌区、带着解决问题的措施下灌区"，内容实、影响大、群众反映好。仅2014年全处131名在职党员中，人均下灌区服务6次，解决用水户涧水难的突出问题78件，使党的先进性真正得到了体现，进一步深化了文明单位创建成效。

坚持宣扬先进典型，引领文明创建风潮。积极以"十双"评选为载体，选树先进典型，每年开展文明单位、文明家庭、文明标兵、"最美水利人"评选活动，张榜公布，表彰奖励，并且通过多种方式，用身边的先进典型教育身边的人。2014年，经过自下而上的评选推荐方式，管理处评选了 6 名不同岗位的"四德"干部职工代表组成宣讲队，在全处巡回宣讲 4 场次，听众达 300 多人。近年来，管理处干部职工救助溺水者 6 人次，每年人均捐款 300 元以上，有 1 人被评为自治区道德模范，有 11 人次受到厅局级各类表彰奖励。

携手结对共建，扩大文明创建社会影响力。管理处主动与灌区用水户、驻地街道社区、学校结对共建，定期开展业务讲座、参观学习、联谊会、文体比赛等活动，加大双向交流。2013 年，为了解决宁夏武警部队后勤基地用水困难，管理处积极协调，争取资金 310 万元，对新开渠进行了较大规模的改线砌护，使新开渠成为警民共建的"连心渠"。管理处"双拥共建"工作被新华网及《宁夏双拥》杂志报道，并被宁夏民政厅授予"双拥共建示范点"称号。

2. 范例二：山东省济南市邢家渡引黄灌溉管理处

山东省济南市邢家渡引黄灌溉管理处文化建设经验丰富，成效显著。2012 年以来一直是山东省省级文明单位。

（1）"创一流"文化理念统领灌区发展。

2007 年邢家渡引黄灌溉管理处提出了争创"一流"的文化理念，即把灌区建设为全省一流水利工程，一流管理水平，一流灌区效益，一流职工队伍，一流工程设施。经过 5 年多的努力，灌区取得了一定的成绩：主干渠 39.5 千米的渠道衬砌已全部改造完成，新建、改建分水建筑物 60 余座；往年渠道引水流量最多 30 立方米每秒，2012 年春灌期间达到了 60 立方米每秒，超出设计流量 10 立方米每秒；灌溉水有效利用系数由 0.45 提高到 0.58，年节约灌溉用水 5000 万立方米，扩大改善灌溉面积 2 万公顷，年新增粮食生产能力 4000 万千克。该处工程建设、工程管理和社会效益在全省灌区中名列前茅。

（2）培育形成独具特色的"创一流"精神文化体系。

邢家渡灌区的特色文化体系，可以概括为"13459"文化体系，分解来说其基本内容是：一个统领，以水利的精神理念为统领；三大理念，"以人为本""以水为业""创新发展"；四个目标，发展更好、管理更优、灌区更靓、生活更美；锤炼五支队伍，有一定技术技能的职工队伍、有一定科研能力的科技队伍、有一定创作能力的文艺队伍、有一定特长的文体队伍、有一定创新能力的管理队伍；建设九大灌区：民生灌区、生态灌区、平安灌区、标准灌区、风景灌区、阳光灌区、数字灌区、幸福灌区、文化灌区。

在灌区文化体系中，以"创一流"为统领，形成一套精神文化理念，如：在新领导班子上任初期管理处提出了"维护大局、保持稳定、无私奉献、团结拼搏"的创业精神；在灌区续建配套改造时期提出了"艰苦奋斗、兴水为民、团结进取、奉献灌区"的延渠扩灌精神；在引水灌溉期间提出了"立足本职、兴水为民、情系灌区、安全供水"的供水精神；在创先争优活动中提出了"解放思想、爱岗敬业、脚踏实地、争创一流"的敬业精神。

正是这一系列的"精神"创建，汇聚成了强大的灌区精神；润物容人，正己成事。灌区提出润物容人的价值观念，是以"水之道"和"水之德"的奉献与尚德精神来体现组织追求和职工行为规范。灌区将水的品德人性化，作为职工做人处事的自然价值观。

灌区服务的价值在于利人利他，倡导一种"利万物而不争"的核心价值观。宽容是人生的一种崇高境界，宽待人必先严于律己。灌区以水文化的平凡特质为核心，以正己的谦卑心态为原则，教育职工厚积"水德"，在工作中摆正姿态，坚韧不拔，不畏艰苦、甘于奉献，将每一项具体工作做精细、做规范，通过这种文化信念的鞭策，以水的感悟和启迪，凝聚职工的文化共识，不断激励自己，将灌区的和谐发展和职工的全面提升融为一体，在实现灌区价值的同时实现个人的人生价值，进而达成灌区的崇高事业追求。

灌区创优使命：争创省、国家一流灌区，全面推动灌区跨越发展。创建灌区品牌：效益最大化的灌区、社会最和谐的灌区、员工最有幸福感的灌区，即"和谐灌区，幸福家园"品牌灌区。"三讲"基本观念：灌区要讲效率求效益、干部要讲责任长才干、职工要讲敬业做能手。精细化管理理念：实行预测、预防、预案管理精细化，工作做深做细做到极致。安全生产理念：坚信"只要采取措施，一切事故都是可以预防的"，强化安全优先、坚持安全责任到人、安全管理"一把手"三种模式，坚持安全承诺制。生态理念："物我同舟林跟水走绿色永驻福泽后裔"。

（3）建设完善的灌区文化工作机制。

制定有关文化建设的规章制度，明确文化建设的责任、内容和运行机制，将文化建设列入每年的工作安排，将文化建设任务分解到办公室、党支部办公室、工会、团支部等部门。管理处将文化建设费用列入年度财务预算，为文化建设提供物质保障。把贯彻实施单位文化建设工作作为年度考核的重要内容，把认同和自觉实践灌区文化理念的情况作为年度考核的重要指标。以此形成了人人关心单位文化建设、人人宣传单位文化的良好局面。

（4）建设丰富多彩的文化建设载体。

精心设计六大载体，即组织载体、交流载体、考评载体、网络载体、阵地载体、活动载体；搭建党建理论学习平台、"交互式"学习平台和"读书论坛"学习平台；使灌区文化蕴含精神文化、党建文化、学习文化、制度文化、服务文化、管理文化、执行文化、廉政文化、安全文化、创新文化十个方面的内容。开设网站、青年 QQ 群等，通过多种渠道传播灌区生产、服务和党建文化信息。

（5）举办寓教于乐的文化活动。

管理处专门设立党团活动室，根据职工的要求设立了羽毛、乒乓球、篮球、足球及文艺协会，制定了活动章程、办法，各协会根据情况定期合理安排活动内容；2012 年按计划建设了青少年节水教育示范基地、举办"民生灌区"杯摄影图片展、制作灌区宣传片、出版《润物有声》等内部刊物。通过各种活动的开展，使员工在自觉参与中精神生活得到充实，思想感情得到熏陶，进一步提升该处精神文明创建水平和职工群众的文化品位。

第六章　水利科研单位文化建设

水利科研单位是从事研究水利科学的基础理论及水利生产建设中有关科学技术问题的单位。其主要任务是开展水利科学基础理论研究；解决水利生产建设中带普遍性或关键性的技术问题；开展新技术、新材料、新学科在水利上应用的研究；推广技术革新成果和经验；开展水利事业宏观战略的研究。

第一节　我国水利科研工作的发展历程

我国水利历史悠久，大禹治水的传说已逾4000多年，历代治水记载史不绝书，但我国开展水利科学研究工作只有100多年历史。

一、水利科研机构的建设历程

我国水利科研机构发展历程可分为三个阶段。

（一）20世纪30年代以前

我国水利科研工作处于起步阶段。由于国内没有实验室，有关课题的研究多次聘请外国专家进行，并在国外开展试验研究。

1917年、1919年先后两度聘请美国专家费里曼教授来华研究运河改善及黄河问题，发表了《中国的洪水问题》。

受费里曼教授委托，恩格斯教授在德国德累斯顿工业大学进行了丁坝水工试验，撰写了《黄河丁坝简要试验报告》及《制驭黄河论》。《制驭黄河论》由参加试验的郑肇经译成中文。

1929年德国汉诺威大学教授方修斯来华任导淮委员会顾问工程师，在汉诺威大学水工及土工试验所两次进行黄河试验，发表《黄河及其治理》。

1932年在黄河利津宫家坝取样品寄往德国汉诺威大学水工试验所，首次开展黄河河床质颗粒分析。

1932年恩格斯教授在德国瓦尔兴湖水工试验场进行大型黄河模型试验。

1934年全国经济委员会再次委托恩格斯教授进行黄河大模型试验（沈怡参加）。

上述诸例说明，1917—1934年间，我国已开始注意到引进西方现代水工科技的进展，但因缺乏实验手段，多次邀请外国专家来华及在国外进行研究。恩格斯教授两次主持治黄试验，成绩显著，1936 年荣获我国一等宝光水利奖章。

（二）20 世纪 30 年代至 1949 年

20 世纪 30 年代初期，国内有识之士纷纷呼吁修建水工试验所。1928 年成立的华北水利委员会于第一次会议上通过李仪祉、李书田关于筹建河工试验场的提案。1929 年 12 月江西省水利局局长在内政部民政会议上提出"设立中央水工试验所"的提案。1931 年 2 月，汪胡桢在内政会议上提出"设立水工试验所以改进水利工程"的提案。同年 3 月，沙玉清在《大公报》发表"水工研究所设立之必要"。1931 年 8 月中国水利工程学会成立，第一届年会通过了"呈请设立中央水工试验馆文"。

1934 年 6 月 1 日，华北水利委员会与河北省立工学院合办的天津第一水工试验所破土动工，次年 10 月竣工。后有导淮委员会、太湖流域水利委员会、北洋工学院等单位参加，改称中国第一水工试验所。1935 年 11 月举行开幕典礼，当时正在天津召开中国水利工程学会第五届年会，与会人员参加了开幕典礼。七七事变后被毁。

1934 年 9 月全国经济委员会决定设立直属的中央水工试验所。筹备委员会于 1936 年春在清凉山选定了所址，8 月开工兴建。由于工程建设需要，1935 年 12 月先在中央大学内建成临时水工试验室，次年 1 月开始，先后完成了杨庄活动坝、三河活动坝等 7 项试验。七七事变后于当年 12 月迁往重庆。迁移时清凉山试验大厅才建成了底层。

1938—1941 年间中央水工试验所设 6 个科研单位：①磐溪水工试验室（与中央大学合设）；②石门水工试验室；③土工实验室；④昆明水工试验室（与西南联大合设）；⑤武功水工试验室（与西北农学院合设）；⑥灌县水工试验室（与四川省水利局合设）。此外，中央水工试验所还从事航空测量、水工仪器研制、水利文献史料整理和编纂，以及西南诸省水文观测等技术工作。

中央水工试验所于 1941 年 9 月转归水利委员会管辖，次年 1 月改称中央水利实验处。抗战胜利后，于 1946 年迁返南京。以后有以下主要演变：①恢复中央大学内的水工实验室，后扩建为南京水工试验所；②增设河工实验区；③增设控制衡量队；④磐溪、石门、灌县水工试验室合并为重庆水工试验室（后迁成都）；⑤昆明水工试验所停领，后有北平水工试验所；⑥设立水文研究所，增加与有些省、市共同领导的水文总站。

1934 年，清华大学的水力实验馆建成，李仪祉题写了馆名。七七事变后，清华大学南迁昆明，水力实验馆工作停顿。1946 年水利部与清华大学在原馆合办北平水工实验馆。

1947 年 5 月，华北水利委员会（后改组为华北水利工程总局）与北洋大学在大红桥边西菜园子合建水工试验所。

新中国成立时，水利部直属水工试验研究单位只有中央水利实验处和西北水利科学研究所。

（三）新中国成立后

新中国成立以来，水利水电建设事业蓬勃发展，水利科研机构建设也相应发展。

1934 年成立的中央水工试验所易名南京水利科学研究院。中国第一水工试验所 1956 年并入水利部水利科学研究院，1958 年再经合并改称水利水电科学研究院。之后根据需要又创建了一些独立的水利科研所。河海大学、武汉水利电力学院、清华大学等也都设有水利科学研究机构，承担有关水利建设的基础理论和生产技术方面的科学研究任务。

20 世纪 80 年代末，我国水利科研单位已基本上形成体系：部系统所属 58 个，省、直辖市、自治区所属 38 个，高等院校所属 12 个。其中部系统包括：直属 21 个、流域机构所属 12 个、设计院属 8 个、工程局属 9 个、修造单位属 5 个、部属高等院校属 3 个。这些遍布全国的科研机构所设置的科研专业有：水工水力学 38 个、岩工力学 35 个、结构材料及化学 41 个、农田水利 25 个、河流泥沙及港口 15 个、科技情报 22 个、仪器研制 16 个、计算机应用 14 个、技术咨询及工程设计 12 个。

据第一次全国水利普查，2011 年底全国有水利科研咨询机构 206 个，属事业法人单位；有科技交流和推广服务业单位 18 个，为企业法人单位。

国家、流域、地方三个层次科技创新中心基本形成，以中国水科院、南京水科院为依托的 2 个国家级创新基地立足于解决全局性、战略性和前瞻性的重大水利科技问题。各流域机构创新机制，形成了不同形式的流域创新中心，太湖局联合相关单位发起成立太湖水科学研究院，长江委推动长江治理与保护科技创新联盟，着重解决流域重大水利科技问题。各地主要依托省级水利科研院所，加强了地方水利科研创新中心和科研基地建设。

截至 2019 年，已建成 2 个国家重点实验室、2 个国家工程中心以及 10 个部级重点实验室、13 个部级工程中心，形成了较为完善的水利科技创新平台体系。2 个国家重点实验室先后被科技部评估为优秀，部分实验室和工程中心的综合科研能力已达到国际先进水平。

二、新中国水利科研成就

（一）重大水利技术研究成果丰硕

围绕水利中心工作积极开展水利科技创新，"流域水循环演变机理与水资源高效利用""水库大坝安全保障关键技术研究与应用""生态节水型灌区建设关键技术及应用"连续三年获得 2014 年度、2015 年度、2016 年度国家科技进步一等奖。

以大江大河水沙调控体系的研究与实践、水库泥沙减淤技术等为代表，我国工程泥沙研究处于国际领先地位。以非均匀悬移质不平衡输沙理论为代表，我国泥沙理论研究处于国际先进行列。

水文监测预警预报技术跻身国际前列，预警预报精准度不断提高、预见期不断延长，有力支撑了我国水旱灾害防御能力的显著提升。从洪涝灾害死亡人数来看，20 世纪 50 年代年均洪涝灾害死亡人数近 8600 人，2010 年降为 900 人，2018 年降为 187 人。

坝工技术处于国际领先地位，实现了 100 米级高坝、200 米级高坝和 300 米级高坝建设的多级跨越，建成了世界最高拱坝、混凝土面板堆石坝，成为世界上拥有 200 米级以上高坝最多的国家。三峡工程是世界水利水电综合功能最强的枢纽工程，习近平总书记称之为"大国重器"。智慧大坝建设技术取得突破性进展，十余个大坝工程获得国际菲迪克工程项目杰出成就奖、国际大坝委员会里程碑工程奖。

巨型水力发电机组设计制造水平处于国际领先位置，白鹤滩水电项目的单机容量达 100 万千瓦，是当今世界上水电站中单机容量最大的水电机组并具有完全自主知识产权。

水资源配置和高效利用方面达到世界领先水平，调水工程建设技术进入世界先进行列。南水北调工程是世界上规模最大的调水工程，东、中线一期工程直接受益人口超 1.2 亿人。水资源配置领域理论研究和实践取得重大成果，增强了我国流域水安全保障的科技支撑能力。

高效节水灌溉技术水平大幅提升，我国农田灌溉面积从新中国成立之初的 2.4 亿亩扩大到目前的 10.17 亿亩，居世界首位。在高效节水灌溉技术支撑下，我国以占全国耕地面积 50% 的灌溉农田，生产了超过全国总量 75% 的粮食和 90% 以上的经济作物，实现了农产品供给从长期短缺到基本平衡的历史性转变。通过组织实施"948 计划"水利部科技推广计划、水利科技示范项目，一大批国内外先进适用技术得到推广应用，有力地提升了水利行业科技水平。

（二）水利科技创新环境不断优化

2011 年中央 1 号文件《中共中央国务院关于加快水利改革发展的决定》对水利科技创新提出明确要求。为加强水利科技创新能力，水利部制定了《"十一五"水利科技发展规划》《"十二五"水利科技创新规划》，出台了《关于实施创新驱动发展战略加强水利科技创新若干意见》《关于促进科技成果转化的指导意见》等政策文件，指导和推动水利科技创新，完善加强水利科技项目与经营管理、科研诚信制度等规章制度，充分调动科研单位和科研人员的积极性。

近年来，水利科技投入持续提高。据统计，"十一五"中央财政水利科技投入约 38 亿元，是"十五"时期的 2.6 倍。"十二五"中央财政水利科技投入进一步加大，年均达 12 亿元，是"十五"时期的 4 倍。"十三五"科技计划体制改革后，年度水利科技投入达到年均 14 亿元，为水利科技创新提供了坚实保障。

（三）水利标准化工作成效显著

从新中国成立至今，共发布五版《水利技术标准体系表》。现行有效水利技术标准共 854 项，为水利中心工作提供了坚实的技术支撑。大力推进水利标准化改革，研究提出 10 项强制性水利技术标准。免费向社会公开含强制性条文的水利行业标准文本。优化完善推荐性标准体系，推进水利行业"强监管"标准编制。加强团体标准的规范、引导和监督，中国水利学会发布的《农村饮水安全评价准则》被三部委采用。标准国际化取得突破，2019 年水利部、国家标准委、联合国工发组织共同签署《关于协同推进小水电国际标准的合作谅解备忘录》，联合国工发组织正式发布由水利部主导编制的系列国际标准《小水电技术导则》，国际标准化组织发布其中的术语和选点规划两本国际标准，这是我国制定的第一个"国际标准化组织"/"国际研讨会协议"标准。翻译完成的 40 余本标准在亚非拉国家诸多领域得到应用，为我国水利技术输出和企业开拓国际市场奠定了基础。

（四）水利资质认定等技术监督工作持续推进

通过国家级计量认证质检的机构达 93 家，组建了一支由 98 名具备国家级实验室资质认定评审员组成的国家计量认证水利评审组。组织对 877 家企业开展节水产品认证，共计发出证书 3235 张；对 425 家企业开展质量管理体系认证，共计发出证书 912 张。现有 75 种国家有证标准物质，直接服务于最严格水资源管理目标考核。

三、水利科学研究精神

我国在水利科研工作中，形成了团结协作、科学民主、求实创新、追求卓越的精神。这在举世闻名的三峡工程的科学论证工作中得到充分体现。

三峡工程是治理和开发长江的关键工程，规模宏大、举世瞩目。它具有防洪、发电、航运等多种综合效益，是一项涉及科学技术、经济、社会发展等多门类的复杂的系统工程。在其论证、决策、实施过程中所面临的技术、经济以及环境等诸多重大问题，都必须通过科学研究的途径才能解决。尤其是在三峡枢纽工程的勘测、规划、设计、施工及管理等方面，科学研究更是贯穿了不同实施阶段的全过程，科学技术在三峡工程建设中发挥了基础和先导作用。

早在 20 世纪 50 年代，党中央、国务院就责成有关部门组织开展对三峡工程的勘测、规划的科学研究工作。国家发展各个"五年计划"对应的五年科技攻关计划中都开展了有关三峡工程的科技攻关研究。同时，国家有关部门也相继组织进行了大量的科学研究。

就在三峡工程紧锣密鼓进行开工准备的时候，全国政协副主席、93 岁的孙越崎率众考察三峡，向中共中央提交了《三峡工程近期不能上》的长篇调查报告；一些政协委员、专家学者纷纷发表观点，撰写文章，反对三峡工程上马。党中央对此非常重视。

1986 年 6 月，党中央、国务院下发 15 号文件，即《关于长江三峡工程论证有关问题的通知》，决定由水利电力部负责广泛组织各方面的专家进一步论证，重新提出三峡工程可行性报告。

1986 年 6 月，水利电力部成立了三峡工程论证领导小组，时任水利电力部部长钱正英任组长；副部长陆佑楣任副组长；水电部总工程师、中科院学部委员潘家铮为副组长兼技术总负责人。三峡工程论证划分为 10 个专题：地质地震、水文与防洪、泥沙与航运、电力系统规划、水库淹没与移民、生态与环境、综合水位方案、施工、工程投资估算、经济评价。论证领导小组聘请了全国各行各业第一流水平的 412 位专家、2 位特邀顾问，分别组成地质地震、枢纽建筑物、水文、防洪、泥沙、航运、电力系统、机电设备、移民、生态环境、综合规划与水位、施工、投资估算、综合经济评价 14 个专家组，参加这一世界水利建设史上少有的论证工作。同时，国家科委配合论证，组织全国 300 多个单位、3200 多名科技人员对四十五个专题进行科技攻关，取得了 400 多项科研成果。

论证程序分两大阶段。第一阶段，将各种建设方案归纳为设计蓄水位 150 米、160 米、170 米、180 米、分级开发、分期开发等 6 个方案，然后由各专业组进行初步论证，最后由综合规划与水位组进行综合分析，优选出一个各方面都能接受的方案，经各专业组通过后，作为三峡建设方案的"代表队"。第二阶段，是综合论证。根据"代表队"的综合效益，研究等效益或相似效益的替代方案。其方法是先由防洪、电力系统、航运专家组分别提出替代方案，然后综合规划与水位专家组综合提出一个替代方案。最后由综合经济评价专家组对"代表队"和替代方案进行国民经济综合评价。综合经济评价分两个层次：一是工程建与不建的分析比较；二是早建（假定 1989 年）与晚建（假定 2001 年）的分析比较。评价的结论就是论证工作的总结论。

根据以上部署，14 个专家组、工作组的专家们秉承对人民负责的严肃精神和严格的科学态度，在深入调查研究丰富的基本资料的基础上，反复分析讨论，分别提交了专题论证报告。根据科学民主的原则，专家组的论证工作完全独立进行。专家组内部则充分尊重不同意见，论证报告不强求一致。14 个专题论证报告有 9 个是一致签字通过的，有 5 个专题报告分别有 1～3 位专家组成员（9 位专家 10 人次）对专题报告的结论有不同意见未签字，并提交了书面意见。

论证的主要结论：关于三峡工程的水位方案，综合 14 个专家组的意见，推荐"一级开发，一次建成，分期蓄水，连续移民"的方案。主要结论为：三峡工程是难得的具有巨大综合效益的水利枢纽，经济效益是好的，建三峡工程的方案比不建三峡的方案好，早建比晚建有利。

据此，1989 年 5 月，《长江三峡水利枢纽可行性研究报告（审议稿）》在三峡工程论证领导小组第十次会议上通过，并于当年 7 月上报国务院审查。报告认为三峡工程建比不建好，早建比晚建有利。报告提出的三峡工程实施方案是：坝高 185 米，蓄水位 175 米。

1990 年，国务院召开三峡工程论证汇报会后，组成以邹家华副总理为主任的国务院三峡工程审查委员会。1991 年 8 月，委员会通过了可行性研究报告。

1992 年 2 月 20 日，江泽民同志主持召开中央政治局常委会，讨论兴建长江三峡工程的议案，决定将这个议案提交全国人民代表大会审议。1992 年 4 月 2 日，七届全国人大第五次会议以 1767 票赞成、177 票反对、664 票弃权、25 人未按表决器通过了《关于兴建长江三峡工程的决议》。三峡工程终于被列入中国国民经济和社会发展十年规划。

2020 年，三峡工程完成整体竣工验收。此时，距孙中山先生在《实业计划》中提出"以水闸堰其水，使舟得溯流以行，而又可资其水力"的伟大设想 102 年，距毛泽东主席写下"更立西江石壁，截断巫山云雨，高峡出平湖，神女应无恙，当惊世界殊"的磅礴诗篇 64 年，距七届全国人大五次会议审议通过关于兴建三峡工程的重大决议 28 年。至此，三峡工程伟大建设历程画上圆满句号，中华民族百年三峡梦想梦圆今朝！

2018 年 4 月 24 日，习近平总书记在视察三峡工程时指出，三峡工程是国之重器，是改革开放以来我国发展的重要标志，是我国社会主义制度能够集中力量办大事优越性的典范，是中国人民富于智慧和创造性的典范，是中华民族日益走向繁荣强盛的典范。三峡工程作为人类历史上最宏伟的水利工程，矗立在浩瀚江水中，屹立在每个中国人心底，以大国重器之力护佑长江安澜、助力经济发展、创造美好生活，用百年风雨历程记录山河变迁、承载价值追求、凝聚民族精神。

第二节　水利科研单位文化建设

一、水利科研文化特色

水利科学研究单位文化是水利行业文化的重要组成部分，尽管中国水利科学研究单位成立历史不长，但其秉承的水利文化具有深厚的历史渊源，同样具有源远流长、积淀深厚、内容丰富、特色鲜明的特色。

科学研究的基本任务是探索未知、认识未知，它具有探索性、创造性、继承性、连续性四个特点，即：①探索性，科学研究就是一个不断探索的过程；②创造性，科学研究就是把原来没有的东西创造出来，没有创造性就不能成为科学研究；③继承性，科学研究的创造是在前人成果基础上的创造，是在继承中实现的，这就决定了科研人员只有掌握一定科学知识，才有资格和可能进行科学研究；④连续性，科学研究是一项长期性的活动，必须连续不断地进行；这一特点决定了在科研组织管理中，要给科研人员指供充分必要的条件，才能获得较高的效率并取得成果。

水利科研单位肩负的上述基本任务及其具有的四个特点，特别是探索性和创造性的特点，决定其单位文化具有创新的特色。

文化创新是科研单位自身发展的内在要求和必然趋势。正确理解创新文化的内涵并进行实践，是创新文化建设首要的任务之一。中国自然科学最高学术机构、科学技术最高咨询机构、自然科学与高技术综合研究发展中心的中国科学院的经验值得借鉴。中国科学院经过不断探索，提炼出了创新文化的基本共识。

一是明确创新文化建设的总体要求。紧紧围绕并服从服务于知识创新工程试点总体目标，为推动中国科学院改革与发展，促进出成果、出效益、出人才提供良好的政策环境、学术环境、管理环境、园区环境，营造科学民主、锐意创新、协同高效、廉洁公正的文化氛围。

二是明确创新文化的共性内涵。树立国家利益与科技创新目标相统一的价值观，革除实际上不同程度存在的重发现轻发明、重成果轻转化、重研究轻管理等价值观念；以"科学、民主、爱国、奉献"优良传统和"唯实、求真、协力、创新"院风为基础，弘扬艰苦奋斗、开拓进取的精神，尊重植根于团队合作的个体学术自由，营造百家争鸣、开放和谐的良好氛围；信守科研道德规范，弘扬科学精神，创造人才脱颖而出、敢为天下先的人文环境；提供服务优质、信息便捷、园区优美的工作条件。

三是对创新文化建设提出了具体要求。在基础层面，具有理念先进、特色鲜明的组织形象；信息畅达、设施先进的工作平台；和谐质朴、优雅宜人的园区环境。包括园区建设、形象标识、支撑体系等。在制度层面，具有系统严密、科学合理的制度规范。包括制度的制定、坚持和持续改进等。在精神层面，形成以科技报国为核心、以遵循科学精神和尊重民主传统为导向的价值观。

二、水利科研单位文化建设情况

我国水利科研单位的文化建设一直走在水利行业的前列。突出的标志就是从我国水利科研单位中评选出的全国文明单位和全国水利文明单位占的比例高居榜首。据我国第一次水利普查，我国水利行业有事业法人单位共有 32370 个，其中水利科研咨询机构 206 个。截至 2020 年底，全国水利系统共有全国文明单位 74 个、全国水利文明单位 206 个。全国文明单位和全国水利文明单位分别占事业单位总数的 0.23%、0.64%；而水利科研单位就有 5 个全国文明单位、13 个全国水利文明单位，分别占全国水利科研单位总数的 2.4%、6.3%，均是前者的 10 倍。

截至 2020 年年底，荣获全国文明单位光荣称号的 5 个单位是：中国水利水电科学研究院、水利部交通运输部国家能源局南京水利科学研究院、黑龙江省水利科学研究院、江西省水利科学研究院、新疆水利水电科学研究院。

荣获全国水利文明单位光荣称号的 13 个单位是：中国水利水电科学研究院、水利部交通运输部国家能源局南京水利科学研究院、黑龙江省水利科学研究院、江西省水利科学研究院、新疆水利水电科学研究院、河北省水利科学研究院、辽宁省水利水电科学研究院、黑龙江省水利科学研究院、浙江省水利河口研究院、江西省水利科学研究院、江西省水土保持科学研究院、云南省水利水电科学研究院、新疆水利水电科学研究院。

三、水利科研单位文化建设经验

（一）制定总体发展目标

制定和实现院所发展的战略定位和总体目标是创新文化建设的立足点和着眼点。以中国水利水电科学研究院为例。

中国水利水电科学研究院党委提出了"到 2020 年进入世界一流科研院的行列，到 2035 年进入世界一流科研院的前列，到 2050 年成为引领世界水利水电科技的排头兵"的总体发展目标，以及面向世界科技前沿、面向经济主战场、面向国家需求，坚持"123456"（瞄准一个目标、抓住两个重点、提高三种能力、建成四大基地、搞好五个建设、达到六个一流）总体发展思路，锐意进取、攻坚克难、勇攀高峰，奋力加快水利水电科技创新，切实加强科技供给与服务，为推动水利水电跨越发展提供有力支撑，为建设世界水利水电科技强国贡献应有力量。并从学科发展、人才发展、实验室发展、基础设施建设、信息化发展、科技企业发展六个方面制订了《中国水科院总体发展规划》。

（二）凝练核心价值观

确立正确的使命、愿景、价值观，培育和提炼积极向上的院所精神，是创新文化建设的重要内容。

南京水利科学研究院提炼出的"人才立院、创新立院、成果立院"的办院方针，"科学、规范、诚信、卓越"的质量方针，"勤奋、严谨、求实、创新"的科研精神，"科学、民主、宽容、关爱"的创新文化，"爱院、爱所、爱岗、爱家"的"四爱"教育，以及"面向国际水利科技前沿、面向国家经济社会发展需求、面向新时期水利发展与改革的重点"（三个"面向"），实现"一流的学科、一流的人才、一流的平台、一流的管理、一流的成果、一流的服务"（六个"一流"）的目标。

长江水利科学研究院梳理了 60 多年的治江科研实践，形成了全院干部职工普遍认同的"长江特色的水利科研文化"，以此为基础，凝练了主题突出、实践性强、具有导向作用的"爱水、爱江、爱院"（简称"三爱"）文化，和蕴含其间的"创新、协作、诚信、奉献"（简称"八字"）精神。

（三）建立健全管理制度

现代管理制度是实现科技创新的重要保证。要以深化科技体制改革为动力，构建激励创新的机制。要根据各类科技活动的特殊性，进一步修订和完善规章制度，把激励创新的价值观念转化为激励创新的体制、机制、制度和规范，建立起既能够激发创新，调动职工积极性，又做到有章可循、依法治院（所）、民主办院（所）、高效快捷的体制机制和制度。特别是在人才队伍建设中，要确立以人为本的管理，实行开放流动的体制，建立和健全有利于人才成长的培养机制，人尽其才、才尽其用的使用机制和有利于调动人才积极性的激励机制，使优秀人才能够脱颖而出，健康成长。

中国水利水电科学研究院在体制改革中，不断完善激励保障制度，宣传和表彰在科研业务和三个文明建设中取得突出业绩的职工；坚持开展优秀员工、文明职工、优秀研究生和优秀研究生干部评选表彰活动。

（四）塑造完善创新形象

物质文化是体现组织价值理念，展现组织外在形象的一个重要方面，是组织价值理念外化于形的过程。

1. 美化环境，营建创新平台和园区环境

环境是创新文化建设的重要物质外延。中国水利水电科学研究院十分重视科研平台和基地的建设，目前已逐步形成了以南北院、大兴、延庆基地为核心的科技创新平台体系。同时自 2008 年搬迁新址以来，办公环境得到进一步改善。

2. 提升文化品质和形象

标识是体现科研院所创新文化内涵的外在载体，往往能最直观地体现其文化品质和精神风貌。设计特色鲜明的院徽、院旗，建设网站、院刊、院报等文化传播平台。中国水利水电科学研究院目前主办了《中国水利水电科学研究院学报》《水利学报》《泥沙研究》《中国防汛抗旱》《水电站机电技术》《生态水力学》等学术期刊。

（五）加强人才队伍建设

人是文化创新的主体，任何一种先进的文化都要体现以人为本的思想，并最终作用于人。

1. 完善人才培养机制

科研院所综合竞争力的核心就是自主创新能力的竞争。要完善引进、培养和使用创新人才的政策体系，要建立开放、流动、竞争、协作、激励、宽容的创新型人才发展机制，要努力改善其工作和生活条件，大力营造激发创新活力，使创新人才积极致力于提高创新能力，推动科研院所创新发展的良好氛围。

2. 强调以人为本，加大人文关怀力度

"以人才为本"特别是"以创新型人才为本"是创新文化建设要坚持的基本原则之一。长江水利科学研究院在改革发展过程中，针对科研人员工作实际，提出了创建"蓝十字工程"的理念，即通过有计划、有组织、有系统的健康生活方式教育和行为干预活动，提高职工防护意识，保持身体健康状态，提升身心健康水平，构建和谐向上的单位人际关系，保持创新活力，最终为创建一流水利水电科研单位提供源源不断的动力。

在人才队伍建设上，江苏省水利科学研究院的做法很有特色。为深入贯彻落实习近平新时代中国特色社会主义思想，进一步提高党员干部职工的思想政治建设，夯实新时代水利科研队伍"思想递进、行动递进、作风递进"的良好根基，塑造"比、学、赶、帮、超"的浓厚科研氛围，他们结合研究院实际工作，大力开展"五个讲坛"活动，从理论、道德、文化、法治、业务五个方面开展多维度、多角度、多层次的教育活动，取得了明显成效。

一是开办"理论讲坛"，坚定信念、引路领航，实现"指南三递进"。以习近平新时代中国特色社会主义思想为指导，结合习近平总书记视察江苏时对水利工作提出的具体要求，围绕幸福河湖建设等进行重点宣讲，从理论层面对习近平总书记讲话精神进行深入学习，并结合业务工作开展"座谈精神"大讨论，以理论指导实践引路领航，倡导职工建言献策，拓展业务实施思维，确保思想指南递进、行动指南递进、作风指南递进。

二是开办"道德讲坛"，修身立德、净化环境，做好"纯度三递进"。水科院致力于营造良好的院风、所风，塑造干部职工修身立德的良好品质，基于社会主义核心价值观的相关内容大力开展"道德讲坛"活动。作为群众性精神文明创建活动的重要一环，院党委按照习近平总书记"着力培养担当民族复兴大任的时代新人"这一基本原则，依托垃圾分类、禁烟控烟、人口普查、生态环境保护等内容，重点在精神文明创建方面打牢基础。同时，大力弘扬老一辈科学家特别是新中国成立后的水利工程建设先驱精神，引导院属干部职工为江苏水利发展无私奉献、舍己为人、敢于牺牲、善于钻研，展现出水利科研工作者的良好精神风貌。此外，"道德讲坛"邀请"南京好人"获得者进行"家风、立德、做人"的讲座，为树立新时代水利科研队伍家风家训、为科研工作者稳固家庭风气奠定了基础，确保思想纯度递进、行动纯度递进、作风纯度递进。

三是开办"文化讲坛"搭桥铺路、升华境界，做好"引领三递进"。水科院党委高度重视自身文化建设和创新能力提升，在全院各科所大力弘扬传统文化特别是治水名人轶事、优良用水传统等知识，向干部职工展现当代治水的文化底蕴和目标，推广国内外先进水利科学技术。各支部充分结合"水韵江苏"独特水文化形成的历史动机，对中华民族起源发展与水利规划设计、治水之间的密切联系进行梳理和讨论，尤其注重对习近平总书记提出的江苏"两争一前列"目标，以及江苏水利高质量发展要求进行学习，在文化层面进行深入分析，为新时代水利科研队伍建设营造了良好的文化氛围，确保思想引领递进、行动引领递进、作风引领递进。

四是开办"法治讲坛"正风肃纪、筑牢堡垒，做好"建设三递进"。在党风廉政建设方面，水科院邀请纪检监察专家开展讲座，以发生在身边的实际案例为警示，为干部职工的言行举止划好航道。各支部依托主题党日活动平台，基于水利法规宣传要点、"水法宣传月"活动，结合自身工作实际，深入开展宪法知识宣传、党章党规学习、科技项目合同效力认定讲解等活动，重点强化干部职工之间、对外的人际交往管理，着力塑造干净、清爽的水利科研队伍风气，强化科研诚信，为进一步提高水科院法治建设，为业务工作更好地在法律轨道上运行打下坚实基础，确保思想建设递进、行动建设递进、作风建设递进。

五是开办"业务讲坛"践行使命、凝聚力量，做好"能力三递进"。结合院水下检测工作、水生态监测、河湖空间管控、农村水土保持等重点业务，大力开展"水苑讲堂"活动，邀请行业内的技术专家，在水利科技发展、提升科研和技术服务能力、开拓新时代的发展思路等方面进行深入讲解。同时，各业务部门依托支部阶段性活动，给予一线工作人员施展拳脚的舞台，以学术报告的形式拓展交流空间，为水利科研队伍进一步践行使命，凝聚科技力量固本培元，为提升水利科研队伍能力素质持续用力，确保思想能力递进、行动能力递进、作风能力递进。

（六）以党建文化建设为引领

在水利科研单位中以党建文化建设为引领，实现党的建设与文化建设相结合，发挥二者的良性互动效应，不仅有助于增强党的思想理论建设、制度建设、组织建设，并对科研单位的文化建设、文化创新发挥引领、规范、保障、示范和激励作用。而且，通过加强文化建设，有助于促进职工群体价值观的整体提高，有助于培养多元化的专业技术人才党员和管理人才党员，使之更好地发挥党员先锋模范作用进而形成特色文化，提升科研单位的核心竞争力和文化软实力，实现党组织凝聚力和战斗力的提升。

水利科研单位党建与文化建设之间存在着天然的内在联系。从指导思想层面，二者都要体现先进性和导向性；从内容载体层面，二者既要体现时代共性又要结合水利行业、单位个性；从组织结构层面，二者都要体现自上而下的系统性以及二者在人员构成方面的交叉性；从实践主体层面，二者都要体现群众性和参与性。

首先，单位党建与文化建设的指导思想与目标任务具有一致性，都是以马列主义、毛泽东思想，邓小平理论、"三个代表"重要思想、科学发展观和习近平新时代中国特色社会主义思想为指导，都是以尊重人、理解人、关心人、激励人为共同的出发点，都强调协调好单位内部的关系，都重视培养人的集体意识和提高人的思想道德素质，都是为最大限度地调动干部职工的积极性和主动性，按照"围绕中心、服务大局"的要求，为水利科技发展提供强大的精神动力和力量源泉。

第二，单位党建与文化建设的主要内容具有交叉互补性。文化建设中的精神文化与党建中的思想建设和反腐倡廉建设内容部分相同；文化建设中的制度文化与党建中的制度建设内容部分相同；文化建设中的行为文化与党建中的组织建设和作风建设内容部分相同。党建和文化建设都是以思想、观念、精神和文化因素为改造对象，追求对水利科研单位工作整体，长久和系统性的影响，体现了人民群众是历史的创造者观点，强调广大干部职工能动性作用，促进人的全面发展。

第三，单位党建与文化建设的组织实践具有系统重合性。党建和文化建设任务都需要"围绕中心，服务大局"。根据上级主管部门党组织的部署，由本单位党组织提出贯彻和落实意见，并组织实施。在组织和实践的主体上，党建的实践主体是以单位党组织为核心的广大党员，但它是扎根于职工群众中的，而脱离群众的党组织是有悖党的宗旨和组织原则的。文化建设的实践主体主要是广大职工群众，但它离不开党的领导。党建的政治性和指导性、文化建设的导向性和群众性特点为二者的契合提供了可能。

因此，在确保水利科研正确发展方向和发展战略的前提下，围绕水利中心工作，实现党建与文化建设二者在组织实践，工作思路、方式载体等方面的结合与对接，不但可以凝聚科学发展的合力，而且可以丰富党建的内涵。

（1）以价值观培育为重点，推进二者在理论方面相结合。从指导思想上讲，必须体现先进性；从文化形式和内容上讲，必须体现民族性和时代性。所以，将党建与水利文化建设相结合应做好以下几点。一是要坚持理论研究与实践探索相结合，用马列主义、毛泽东思想，邓小平理论、"三个代表"重要思想、科学发展观和习近平新时代中国特色社会主义思想指导文化建设。二是要坚持"围绕中心，服务大局"的宗旨，既确保党组织适应新形势新任务新要求，在日常科研、管理工作中切实发挥实效，又确保文化建设能满足国家、行业、社会、职工的多元利益需要，解决实际问题。三是要坚持与时俱进，改革创新，既要继承和弘扬党建与文化建设的优良传统，又要借鉴一切优秀的文化成果，既要善于从实践中探索总结规律，又要善于结合水利行业的理论方法和研究成果，进而完善、升华文化建设理论体系。

（2）以制度建设为保障，推进二者在机制方面相结合。水利科研单位党建与文化建设在制度建设领域结合，要把文化建设层面的内容贯穿于党的制度建设中，不断丰富文化建设的内容，并为党建其他领域提供制度保证。一要完善基层党建的领导机制。基层党组织书记对本级党建的重视程度直接影响到党组织的工作环境和条件，也直接影响到党建工作的成效，应形成基层党组织负总责、党组织书记带头抓、一级抓一级、层层抓落实的工作格局，形成责任明确，领导有力，运转有序，保障到位的工作机制。二要建立健全基层党建的工作联动机制。各级党委应重视发挥上级党委的作用，支持基层党组织开展工作。基层党组织应主动了解和正确把握上级党委的工作意图，在其领导下积极主动地开展工作，认真履行好工作职责，做到协助有力、监督到位。三要推进党内基层民主制度。健全党务公开制度，充分发挥基层广大党员的积极性和创造性，形成集体的智慧和力量，参与到文化建设中来。四要引入文化建设的目标责任制，把无形的党建和文化建设纳入有形的量化目标管理中。定期确定一个主题，明确一个总目标，并将目标逐级分解，细化为分目标、岗位目标，实行归口管理。注重各个环节的监控，通过年考核，月讲评、周检查、日巡查等环节，建立科学可操作的考评机制，对工作进行量化考核，实行目标责任制，使工作的评价和考核实现由无形向有形，由数量到质量，由定性轮廓型向定量指标型转变。

（3）以组织建设为抓手，推进二者在队伍方面相结合。水利科研单位党建与文化建设在组织精神领域的结合，就要充分发挥文化教育、激励、引导、凝聚的功能，造就一支具有水一样品行的高素质的科研人才队伍，使科研人员把个人荣辱与科研单位的兴衰紧密结合起来，与国家的经济建设和社会发展紧密结合起来，自觉地把科研工作主动纳入到科研单位发展战略中去、纳入到国家经济社会战略需求中去，整合集成科研单位的科研创新能力，提升科研单位的整体能力。一要优化组织设置。水利科研单位大都属于事业单位，与行政机关、企业等在基层党组织的设置、领导体制、工作职能等方面的情况不尽相同。应坚持有利于加强对党员教育管理、有利于发挥党的领导作用、有利于巩固党的执政地位的原则，积极探索新形势下不同类型党组织的设置和发挥作用的有效途径，特别是研究解决水利科研实际中党组织职能定位、履行职责等方面的新情况新问题，不断增强党组织的创造力、凝聚力和战斗力。二要严格组织生活。结合科研单位的实际制定工作细则，认真执行党的组织生活的各项规定，坚持对党支部"三会一课"、换届改选、报告工作等制度进行监督检查，提高组织生活的质量。三要以人为本。密切重视科研、管理、服务等不同岗位党员群众的情绪，通过召开座谈会、研讨会、发放调查问卷、组织个案访问等形式，了解干部文化倾向，密切关注影响党员干部情绪的因素，注重人文关怀和心理疏导，运用多种手段调节干部职工情绪，增强干部职工工作中的满足感，把基层党组织建成党员干部乐观积极，工作环境文明和谐的战斗堡垒。

四、水利科研单位文化建设的误区

在 2001 年水利部非营利性科研机构体制改革中，部分具有营利性质的科研院所改制成为水利科技企业，尽管他们既继承了科研事业单位的优秀文化，又形成了具有自身特色的企业文化，但在进行企业文化建设的过程中，或多或少都存在一些误区，必须引起高度重视。

（一）企业文化建设与企业实际管理相脱离

认为企业文化就是要塑造企业精神，而与企业管理没有多大关系的思想。企业的经营理念和企业的价值观是贯穿在企业经营活动和企业管理的每一个环节和整个过程中的，并与企业环境变化相适应的，因此不能脱离企业管理。脱离了企业管理的企业文化，就是不符合实际的企业文化，不能长久。

（二）企业文化建设注重外在表现而忽略精神内涵

认为企业文化建设就是多搞些文体活动，丰富职工的文体生活；或者提炼出几个口号，将企业文化口号化；或者统一员工的服饰，注重企业外观的协调统一，美化工作环境等。这些只是体现了企业文化的表层，并没有真正对企业的价值与理念进行有效的构建和认识，并不能体现企业文化的精神内涵。

（三）忽略员工在企业文化建设中的主动参与性

一些企业的企业精神的提炼都是由企业负责人和相关部门来完成，并没有发挥公司员工积极主动参与。企业精神是来自全体员工之中，而不能是个别领导者。这样提炼出来的企业精神，不一定能够得到大多数员工的认同，因此也就没有存在的价值。

（四）简单地把企业文化建设等同于精神文明建设或者政治思想工作

精神文明建设只是企业文化建设的一个重要组成部分，思想政治工作是企业文化的一个载体，不能完全等同于企业文化建设。抓好精神文明建设，做好思想政治工作，对企业文化的建设有促进作用，但不是企业文化建设的全部。

（五）不能很好地处理文化继承与创新的关系

科研事业单位在改制前的某些文化特征，在一定程度上影响了企业的效率与市场竞争力。如在企业内部过分注重资历、稳定和公平。注重职称、工龄，论资排辈的现象明显存在；过多地强调稳定，致使在制度设计上偏重公平，从而缺乏有效的激励机制，压抑了个人能动性的发挥，使效率受到影响。面对越来越激烈的市场竞争，公司内外环境、经营思想、经营机制、发展战略等发生了巨大变化，在文化建设中必须摒弃这些惯性和惰性文化，建设开拓进取、积极向上的先进文化，以此振奋精神，提升企业的工作效率和市场竞争力。

第七章　水文单位文化建设

《中华人民共和国水文条例》明确指出："水文事业是国民经济和社会发展的基础性公益事业"。其工作内容包括"从事水文站网规划与建设，水文监测与预报，水资源调查评价，水文监测资料汇交、保管与使用，水文设施与水文监测环境的保护等活动。"

水文事业在国民经济和社会发展的作用，主要是服务防汛抗旱减灾、服务水资源管理、服务水生态保护、服务工程建设运行、服务社会公众日常生活。因此，水文被誉为"水利建设的尖兵、防汛抗旱的耳目、水资源管理与保护的哨兵、现代水利的基石、经济社会发展的基础"。

第一节　中国水文事业发展历程

一、中国水文事业历史悠久

据史料记载，距今 4000 多年前的大禹治水时，经过调查研究，认识了水势，采取疏导措施，取得了成功。说明当时已经懂得了治水必须先知水，并有了初步的水文调查意识。

公元前 251 年，秦国李冰在四川岷江都江堰工程上设立石人观测水位；到隋朝，改用木桩、石碑或在岸边石崖刻划成"水则"观测江河水位；宋朝熙宁八年（公元 1075 年），重要的河流上已有记录每天水位的"水历"，宋朝"吴江水则碑"把水位与附近农田受淹情况相联系；明、清时期，水位观测已较普遍，并乘快马驰报水情。

长江两岸留下了古代大量记录水位涨落的石刻，这就是水文石刻。其中最著名的是重庆的"白鹤梁题刻"。白鹤梁题刻位于长江三峡库区上游涪陵城北的长江中，是三峡文物景观中唯一的全国重点文物保护单位，联合国教科文组织将其誉为"保存完好的世界唯一古代水文站"，距今已有 1200 多年。在 5000 多平方米岩面上，现存题刻 163 幅，计 1 万多字，还有石鱼 14 尾。白鹤梁题刻记录了自唐以来 1200 多年间长江中上游 72 个年份的枯水水文资料。

公元 1110 年，引泾丰利渠渠首渠壁的石刻水则，用来观测水位（水深），以便推算引水水量（流量）；1837 年，在长江荆江河段郝穴设立水尺，用以观测水位。

公元前 11 世纪的商代，甲骨文字中有降雨的定性描述。从秦朝开始，历代都有要求全国各地报送雨量的制度。宋淳祐七年（公元1247年），秦九韶的《数书九章》书中记有"天池盆"测雨的具体计算方法。明洪熙元年（公元1425年），制成统一尺寸的雨量器，在全国各地观测雨量。清雍正二年（公元1724年）开始逐日记录北京的天气情况和降雨、降雪的起止时间以及雨雪大小的定性描述，即称《晴明风雨录》，直至光绪二十九年（公元1903年）停记，但可惜的是没有定量记录。

战国时期的慎到（约公元前395年—前315年）曾在黄河龙口用"流浮竹"测量河水流速；汉朝张戎在元始四年（公元4年）提出"河水重浊，号为一石水而六斗泥"，说明当时曾对黄河含沙量做过测量。宋元丰元年（公元1078年），开始出现以河流断面面积和水流速度来估算河流流量的概念。

春秋战国至西汉时期，开始有《山海经》《尚书·禹贡》《周礼·职方式》等水文地理书籍。北魏郦道元的《水经注》则是其后的一部水文地理著作。明末徐弘祖的《徐霞客游记》中载有岩溶考察初期内容，并正确指出金沙江为长江正源的论断。

成书于大约公元前5世纪的《黄帝内经·素问》和公元前239年吕不韦主编的《吕氏春秋·圜道》等书籍，都提出了水循环的概念。西汉张戎最先认识黄河下游易决溢的主要原因是泥沙淤积，并主张靠河水冲刷力来排沙。东汉王充所著《论衡》一书中第一次指出海洋潮汐大小与月亮圆缺有关。

上述遗迹和史书上的记载，是我国水文事业历史悠久的见证。

二、新中国水文事业持续发展

（一）水文机构站点建设

1. 1949—1957年

1949年10月1日，新中国宣告成立。次月，成立水利部，并设置黄河、长江、淮河、华北等流域水利机构。随后，各大行政区及各省（自治区、直辖市）设立水利机构。这些水利机构内均有主管水文工作的部门。水利部内，起初设测验司，1950年成立水文局。至1951年年底，水文部门拥有水文站796处，连同其他水文测站共有2644处，超过了以往历史（公元1937年）最高水平（409处）。

1954年，各大行政区水利机构撤销，各省（自治区、直辖市）水利机构设立水文总站，地区一级设立水文分站或中心站。

1955年起，进行第一次全国水文基本站网规划，至1957年水文站达2023处，连同其他水文测站共有7259处。此外，水利、水电勘测设计部门和铁道、交通部门还设立了一批专用水文测站。气象部门的降水、蒸发观测站和地质部门的地下水观测站也有了迅速发展。

2. 1958—1978年

1958年4月，由水利、电力两部合并的水利电力部召开了全国水文工作跃进会议，制定了《全国水文工作跃进纲要（修正草案）》。1959年1月，全国水文工作会议提出"以全面服务为纲……，社社办水文，站站搞服务"的工作方针。在水利电力部的督促下，各省（自治区、直辖市）将水文管理权下放给地县一级。在一个短暂的时期内，中国水文有一定新发展。

1960—1962 年期间，水文体制大范围下放，许多测站被裁撤，技术骨干外流，测报质量下降，中国水文陷入困境。

1962 年 5 月，水利电力部召开水文工作座谈会，提出"巩固调整站网，加强测站管理，提高测报质量"的方针。1962 年 10 月，中共中央、国务院同意将水文测站管理权收归省（直辖市）一级水利电力厅（局），扭转了中国水文下滑的局面。

1963 年 12 月，国务院同意将上海、西藏以外的各省（自治区、直辖市）水文总站及其基层水文测站收归水利电力部直接领导，由省（自治区、直辖市）一级水利电力厅（局）代管，在 1964—1965 年期间，中国水文有了新发展。

1966 年年底，全国有水文站 2883 个、水位站 1155 个、雨量站 10280 个，实验站 49 个，报汛站 4838 处，职工 18369 人。

"文化大革命"期间，水文工作受到干扰。1968 年，水利电力部水文局被撤销，变为水利电力部水利司内的水文处，一些省级水文机构也被合并或撤销。1969 年 4 月，水利电力部军事管制委员会通知：将省一级水文总站及所属水文测站下放给省一级革命委员会。大多数省、自治区又将水文管理下放给地县一级，再度出现上次下放给地县一级所产生的问题。

1972 年，水利电力部召开水文工作座谈会后，陆续有所纠正，中国水文开始好转。1977 年 12 月，水利电力部召开了全国水文战线学大庆、学大寨会议，提出要加快水文队伍革命化和水文技术现代化的步伐，为水利电力和其他国民经济建设当好尖兵，水文工作逐步走向恢复。1978 年 1 月，水利电力部成立水文水利管理司（下设水文处和预报调度处），省级水文机构也陆续恢复，但水文管理仍大部分在地县一级。

1978 年年底，全国有水文站 2922 个、水位站 1320 个、雨量站 13309 个、实验站 33 个、地下水监测站 11326 个、水质站 758 个、报汛站 9010 处、职工 21571 人。

3.1979 年至今

改革开放以来，随着国民经济和社会发展对水文工作的需求不断增长，水文机构站网建设发展很快。据 2019 年统计，全国有水文站 7645 个、水位站 15294 个、雨量站 53908 个、蒸发站 12 个、实验站 56 个、地下水监测站 26020 个、水质站 12712 个、墒情站 3961 个、报汛站 66956 处，职工 25462 人。与 1978 年相比，从数量上，水文站增加了 1.6 倍、水位站增加了 10.6 倍、雨量站增加了 3 倍、水质站增加了 15.8 倍、地下水监测站增加了 1.3 倍、报汛站增加了 6.4 倍；从类别上，2005 年开始新增蒸发站，2009 年开始新增墒情站。

（二）水文业务发展进程

1.1949—1957 年

1951 年，水利部确定了"探求水情变化规律，为水利建设创造必备的水文条件"的水文建设方针。

从 1949 年 10 月开始组织进行江淮流域积存水文资料的整编工作。随后，又组织进行其他流域、省（自治区、直辖市）的水文资料整编。在 20 世纪 50 年代，旧中国积存的水文资料全部整编刊印、分发，共计 91 册，水文资料整编技术也得到了较大提高。新中国的水文观测资料，则从 1955 年开始做到当年资料于次年完成整编刊印完成。

1950 年，水利部颁发《报汛办法》。从 1951 年起，逐步开展国内重要河段洪水预报的研究与实践，水利部水文局先后于 1951 年、1955 年编印《怎样预报洪水》和《洪水预报方法》，以推动该项工作的开展。水文情报预报在 1954 年长江大洪水等的历年防汛抗洪工作中发挥了重要作用。枯水预报和施工预报也都有所发展。流域规划和水利水电工程建设促进了水文分析与计算工作的发展。1954 年，黄河规划委员会提出了根据流量资料计算设计洪水的方法。水利部组织人员从 1951 年起集中研究暴雨洪水的频率分析方法。一些科研和规划单位还研究了从暴雨计算设计洪水的方法和设计洪水的计算标准。

1955 年，水利部颁发了《水文测站暂行规范》，在全国贯彻实施。在测验组织形式方面，则从新中国初期的巡测与驻测两种并存方式，走向全国一律驻测。水文部门和勘测设计部门广泛开展了历史洪水调查工作，取得了重要成果。广大水文职工创造的长缆操船、水轮绞锚、浮标投放器和水文缆道等，均有较好的效果。

在此期间，水文部门设立了一批径流、蒸发、水库和河床实验站，进行实验研究。中国科学院地理科学与资源研究所（简称中科院地理所）等单位开展了区域水文研究。1957 年，中科院地理所第一次提出全国水量算成果，并进行第一次全国水文规划。20 世纪 50 年代中期，勘测设计部门两次估算全国水能蕴藏量。

从 1950 年起，华东军政委员会、东北水利总局、淮河水利专科学校和黄河水利专科学校等开设短期水文干部训练班，培养水文人员。随后，一些中等水利学校开设水文专业。1952 年华东水利学院创办，设置了中国第一个正规水文系，1954 年起开始设本科。与此同时，清华大学、天津大学、四川大学也都开办水文班。1956 年以后，成都工学院、南京大学、中山大学和新疆大学等也先后创办了水文专业。通过实践锻炼，水文队伍建设基本满足了该时期的工作需要。

从 1951 年起，中苏、中朝分别签订了水文合作协定。从 1953 年起，中国先后向越南、印度和巴基斯坦等国拍报跨国河流的水情。中国向苏联派遣了一批留学生。在1955—1959 年间，水利部还聘请苏联水文专家索科洛夫来华协助工作。

2.1958—1978 年

在 1958—1959 年间，水文预报技术曾普及到基层水文测站，水文预报项目从洪水扩展到枯水、风暴潮、泥沙、冰凌、地下水和墒情等方面。水文情报预报在 1958 年黄河、1963 年海河、1975 年淮河等大洪水的防汛工作中发挥了重要作用。1975 年淮河大洪水后，加强了水库防汛无线通信设施的建设。从 20 世纪 70 年代起，研究并使用电子计算机翻译、存储水情电报，研究使用流域水文模型进行水文预报。

在 1958—1959 年间，针对中小水利工程建设需求，各地普遍研制《水文手册》，供中小型水利工程水文计算使用。1959 年 8 月，水电部水文两局召开算水账工作会议，以推动该项工作。1963 年出版了《中国水文图集》。20 世纪 70 年代中，许多地方重新修订了《水文手册》。1975 年淮河大洪水后开展了对防洪标准、可能最大降水和可能最大洪水的研究。

1972 年，水利电力部水利司组织修订新规范并出版了水文测验手册，基本扭转了质量下降的局面。

1973 年，中国派团参加世界气象组织成立 100 周年庆祝大会，之后又派员参加第一届国际水文会议，还参加了联合国教科文组织的国际水文计划。

1977 年，中国水利学会水文专业委员会参加国际水文科学协会。从该年起，中国在南京举办过三期国际洪水预报讲习班。

1978 年恢复水利水电科学研究院，成立泥沙研究所，翌年成立水资源研究所。水文教育也逐步恢复。

20 世纪 70 年代中期，水文缆道和水位与雨量自记有明显进展。1976 年，长江流域规划办公室水文处试用电子计算机整编刊印水文年鉴成功，以后陆续推广。从 20 世纪 70 年代起，随着地下水的大量开采和江河水污染的加剧，水利与地质部门的地下水观测和水利与环保部门的水质监测也都有了显著进展。

3.1979 年至今

1978 年底以来，国家持续加大水文投入，加强基础设施建设，充实完善水文站网，深化管理体制改革，构建法规体系，水文技术装备现代化水平大幅提高，水文测报和信息服务能力显著增强，人才队伍素质和科技创新能力明显提升。2007 年，《中华人民共和国水文条例》颁布实施，标志着水文工作进入有法可依、规范管理的新阶段。水文事业的蓬勃发展为水利和经济社会发展提供了有力支撑。

一是服务防汛抗旱减灾。新中国成立以来，在长江、黄河、淮河等大江大河和部分中小河流发生的一系列大洪水中，全国水文部门迎难而上，精心测报，强化预报预警，提供了及时、准确的水文情报预报信息，在支撑科学决策、减少灾害损失、保障人民群众生命财产安全等方面发挥了重要作用。截至目前，全国水文报汛站点达到 11 万多处，已覆盖有防洪任务的 5 千多条中小河流。全国 170 多条主要江河的 1700 多个水文站和重点大型水库可制作发布洪水预报成果。全国已有 6 个流域机构和 20 个省（自治区、直辖市）出台了水情预警发布管理办法，制定了 700 多个主要江河重要断面的预警指标，有效增强了群众防灾避险意识，减轻了灾害损失。为迎战 1998 年长江、嫩江、松花江流域性大洪水，2019 年超强台风"利奇马"，水文测报工作在支撑科学决策、减少灾害损失、保障人民群众生命财产安全等方面发挥了重要作用，取得了显著的防灾减灾效益。加强土壤墒情监测，积极运用卫星遥感等新技术开展旱情监测评估分析，为战胜西南等地连续四年大旱、2019 年南方部分地区严重旱灾发挥了重要作用。

二是服务水资源管理。水文部门不断完善水资源监测体系，加强行政区界、供水水源地、水功能区、重要取退水口等水量水质监测，推进地下水动态监测、水平衡测试等工作，强化水资源分析评价与预测预报，为水资源调度、配置、节约、保护等提供重要支撑和保障。20 世纪 80 年代初，水利电力部组织开展第一次全面系统的全国水资源评价，1985 年完成《中国水资源评价》成果。目前，基本完成水利部开展的跨省江河流域水量分配涉及的 53 条河流省界断面水文站建设，建立健全省界断面水资源监测体系，基本满足跨省江河流域水量调度管理与最严格水资源管理制度监督考核的需要。2015 年水利部建设国家地下水监测工程，在全国共建设 10298 个地下水监测站，实现了水位、水温、流量、水质四要素监测，有效监测面积达 350 万平方千米，基本实现了对大型平原、盆地、岩溶山区、重要水源地和超采区为重点的全国地下水动态监测体系的建立。

三是服务水生态保护。水文部门围绕生态文明建设，大力推进水生态监测工作，在实现重要湖泊、水库等水域藻类监测常态化的基础上，不断拓展浮游生物、底栖生物、鱼类、水生植物等监测内容，加强分析与评价，为水生态保护与修复、建设环境友好型社会等提供有力支撑。水质监测已由单一的水化学监测发展为全方位水资源监测，监测类型包含地表水、地下水、污废水、水生生物等，监测指标近 200 项，基本覆盖陆地水循环的主要环节，反映水体污染的主要影响，可为水环境治理提供全方位的支撑。2016 年，水文部门按照河湖长制管理要求，开始强化跨界断面和重要水系节点水质监测工作，为河湖长制"从有名到有实"提供有力的保障。

四是服务水利工程建设和运行。为满足水利水电工程建设和管理调度需求，水文部门积极收集基本水文资料，设立专用水文站、水位站和雨量站，精心测量计算，科学分析评估，及时提供基础数据和预测预报信息，在水利工程规划、设计、施工和运行中发挥了重要作用。在三峡工程施工期间特别是大江截流和导流明渠截流期间，长江委水文局抽调精兵强将，运用先进仪器设备，为顺利截流提供了科学依据。在黄河调水调沙工作中，从方案制定、水文监测预报、异重流监测到下游扰沙，黄河水文工作者全程参与，充分应用雷达、全球定位系统、卫星遥感等高科技手段，对调水调沙过程进行全天候监测，及时对调水调沙效果进行科学分析，发挥了重要的作用。

五是服务突发水事件应急处置。水文部门初步构建了反应迅速、技术先进、保障有力的应急工作机制，应对突发灾害的应急处置能力明显提升，在应对汶川地震唐家山堰塞湖、舟曲特大泥石流、松花江爆炸物污染、金沙江白格堰塞湖等一系列突发水事件中，迅速响应，全力做好水文应急监测工作，及时提供监测信息和分析预测成果，在有效应对突发灾害事件中发挥了重要作用。2018 年汛末，金沙江上游、雅鲁藏布江下游相继发生四次堰塞湖，尤其是"11·3"金沙江白格堰塞湖事故，其水位高、库容大、历时长，极为罕见。面临严峻险情，长江委与四川、云南、西藏等省水文部门迅速行动，近百名水文人与洪水赛跑，使用自制夜明浮标、全站仪等传统人工手段，结合无人机、电波流速仪等现代化仪器，历尽艰辛抢测到完整的万年一遇洪水资料。

六是服务经济社会发展。水文部门加强水文资料公开共享，通过水文信息系统、微信公众号和各类简报、公报、专报等方式及时向政府部门和社会公众提供水文信息服务。承担完成全国河湖普查专项工作，全面查清全国流域面积 50 平方千米以上河流和常年水面面积 1 平方千米以上湖泊基本情况，取得宝贵普查资料，填补基本国情信息空白。在奥运会、世博会等国家重大活动中，做好水文监测等相关保障工作。在涉水旅游区开展河流湖泊水位、流量、水温信息的监测和预报等，使水文服务更多地融入人民群众日常生活。

七是服务国际交流合作和跨界河流报汛。水文部门积极拓宽水文国际交流与合作领域，参与联合国教科文组织国际水文计划（IHP）、世界气象组织（WMO）等国际组织的重大活动，承担国际义务；开展中哈、中俄、中朝、中蒙、中印、中孟、中越、中国-湄委会等跨界河流水文资料交换、国际报汛、水文科技交流与合作为维护国家外交大局做出了重大贡献。

第二节　水文单位文化建设

一、中国水文文化的特点

（一）历史悠久，积淀厚重

中国水文文化是中国水文化的重要组成部分，与中国水文化一样源远流长。

人类生存繁衍离不开水，自古以来都是依水而居。黄河、长江是中华民族的摇篮，孕育出了许许多多的华夏儿女。依水而居也相应地会面临兴水利除水害的问题，人类在治理水害时就开始有了治水文化，水文文化也随之产生。比如，长江两岸留下了大量记录水位涨落的石刻，这就是水文石刻。其中最著名的是重庆的白鹤梁题刻。白鹤梁题刻位于长江三峡库区上游涪陵城北的长江中，是三峡文物景观中唯一的全国重点文物保护单位，联合国教科文组织将其誉为"保存完好的世界唯一古代水文站"，距今已有1200多年。在5000多平方米岩面上，现存题刻163幅，计1万多字，还有石鱼14尾。白鹤梁题刻记录了自唐代以来1200多年间长江中上游72个年份的枯水水文资料，为利用长江进行灌溉、航运、发电以及城市、桥梁建设等提供了可靠依据，具有很高的科学价值；同时它又是珍贵的历史文献，有的可补史书阙误；此外它还具有较高的书法和文学艺术价值，是世界水文史上的奇迹。

水文文化是伴随着人们治理水、认识水、开发水、利用水、保护水和鉴赏水的过程中逐步成长起来的，积淀厚重。下面重点讲述最常用的观测水位的方法——水尺的发展历程。

中国古代，把测量水位的水尺叫水则，又叫水志。最早的水则是李冰修都江堰时所立的三个石人，以水淹至石人身体某部位来衡量水位高低和水量大小。宋代已改为刻石十画，两画相距一尺的水则。北宋时江河湖泊已普遍设立水则，主要河道上已有记录每日水位的水历。明清时江河为了报汛、防洪，往往上下游都设有水则。古代水则有三种形式：

（1）无刻画，如石人水则。这类水则，如南宋在今宁波设立的平字水则，是在石人身上刻一大"平"字。规定涨水淹没平字，即开沿江海各泄水闸放水，以免农田受灾；落水露出平字就关闭闸门。明万历时绍兴重修三江闸，于闸旁改设"则水牌"，刻金木水火土五字，规定水淹至某字，开闸若干孔放水。

（2）只有洪枯水位刻画，如《水经·伊水注》记载三国魏黄初四年（公元223年）伊阙石壁上的刻画及题词；自唐代已有的长江涪陵石鱼只刻记枯水位等。民间自刻的这类刻画不少，大江河上往往存有前代遗迹。

（3）有等距刻画的水则碑，这类水则最为常见。如宋代至明代太湖出口、吴江长桥刻有横道的石碑，用以量测水位，此碑还刻有非常洪水位。吴江长桥另一块刻有直道的石碑为记录每旬水位用，它上面也刻记非常洪水位。

简单的水尺文化的积淀就如此厚重，有关制度、理念、精神方面的水文文化更是如此。

（二）内容丰富，特色鲜明

人与水的关系非常密切。水多可能带来洪涝灾害，水少会带来干旱灾害，水脏会导致生态灾害。由于水文事业的特殊性，其基本工作大都在远离政治、经济文化中心的偏远江河湖库上，点多、线长、面广。从事水文事业的职工在相当长的时间内，要面对比较艰苦甚至恶劣的工作环境，面对寂寞，面对日复一日、年复一年单调的工作内容，洪水期间，甚至会经受危及生命的考验。水文人肩负使命，不负重托，与水朝夕相处，把水所具有的刚（水射刃物，水滴石穿）、柔（水汽相生，以柔克刚）、坚（巍巍冰山，坚不可摧）、韧（抽刀断水水更流）、容（能容万物，浑然一体）、浮（载舟浮桥，水力输运）、和（无微不至，随物赋形）、善（恩泽四方，滋养众生）、献（蹈火灭灾，献身人类）等优良秉性领会、发扬得淋漓尽致，铸就了蕴含精神文化、行为文化、制度文化和物质文化丰富内涵的独具特色的水文文化。

2005年，河北省水文局党委在全省水文系统中开展的"回忆水文生涯，传承水文精神"征文活动中，广大离退休职工回顾了河北水文人在长期平凡的奉献和艰苦的人生磨砺中，打造出一支"特别能吃苦、特别能战斗、特别能忍耐、特别能奉献"的水文队伍的历程，总结提炼出"求实、团结、奉献、进取"的水文行业精神，具体表现在以下六个方面。

一是热爱水文、服从需要的敬业精神。爱党、爱国、爱水文，时刻听从党召唤，一切为了需要，哪里需要哪里去，哪里艰苦哪安家。出入深山峡谷，跑遍荒郊野外，舍小家顾大家，"组织"就在心中。将心血和汗水洒满江河湖海，把毕生精力甚至生命都献给水文事业。

二是自力更生、艰苦奋斗的创业精神。克服人手少、资金紧、物资缺、环境差等困难，硬是靠着一颗红心两只手，没有站房自己建，没有测报设施自己架，白手起家打基础，自力更生创水文。坚持勤俭节约，艰苦奋斗，克服了一个个困难，渡过了一道道难关。

三是精益求精、一丝不苟的负责精神。严格执行测验规范，严密进行原始观测，不缺测不漏测一次雨水过程，确保水文数据的准确可靠。对工作认真负责的态度，对技术精益求精的精神，对执行规范一丝不苟的职业道德，对数据严谨细致的求实作风，值得水文后人永远学习效仿。

四是吃苦耐劳、扎根基层的奉献精神。长期远离城市，远离亲人，环境恶劣，条件艰苦，坚持以国家和人民群众的利益为重，发扬艰苦奋斗的革命精神，不畏严寒酷暑，不分白昼黑夜，几十年如一日，坚守岗位，勤奋工作，不怕苦不怕累，耐得住清贫，耐得住寂寞，无怨无悔，默默奉献，"献了青春献终身，献了终身献子孙"。

五是抗洪斗浪、不怕牺牲的拼搏精神。常年战斗在防汛抗旱第一线，栉风沐雨，跋山涉水，顶狂风暴雨，战洪流急浪，不畏艰险，出生忘死，准确测报，服务至上，圆满完成抗洪抢险的水文测报任务。

六是刻苦钻研、勇于探索的创新精神。缺文化，但不缺求知的欲望，缺技术，但不缺创新精神。自己动手画图建站房，大家动脑设计架设测流设施，不懂就学，不会就摸索，坚持技术革新，解决了在水文创业中的一个个技术难题。坚持群策群力进行科研攻关，提高了水文测报水平，促进了水文科技进步。水文人在创业中探索，在前进中创新，在实践中成才。

二、水文单位文化建设的重要意义

水文文化建设对水文事业的发展和水文技术的革命都发挥出不可磨灭的作用。水文工作者很形象地将水文文化比喻为水文事业发展的催化剂、水文技术进步的推动器、约束职工行为的调控器。水文文化建设的重要性有以下四个方面。

（一）水文文化建设是水文事业持续发展的生命力

水文人在艰苦的水文环境中造就的水文行业精神，是水文文化的最高表现，是推动水文事业持续发展的重要力量。新中国成立以来，为顺应外部环境的改变和形势发展的需要，水文人从二十世纪五六十年代"穿蓑衣、戴斗笠、身背救生衣"，七八十年代"献了青春献子孙"和"测得到、报得出、顶得住"，九十年代"团结务实、开拓进取、求真创新、无私奉献"，到进入新世纪"围绕防汛抗旱求发展、围绕水资源的统一管理求发展、围绕水利建设求发展、围绕社会需要求发展"以及"养兵千日，用兵一时，在确保安全的前提下，测报好洪水，为防汛减灾做贡献"等实践，与时俱进，开拓进取，不断创造丰富水文行业精神，从而推动了水文事业的持续发展。

（二）水文文化建设是社会和经济持续发展的需要

新时期社会经济的发展对水文事业服务的对象、服务的内容以及服务质量都提出了更高的要求，水文肩负着为破解水问题提供优质服务和技术力量支撑的重大历史使命。水文要在防汛抗旱、水资源开发利用、水生态环境保护重点领域方面，在推进河长制、湖长制改革方面提供科学技术支撑，为保障河湖安全，为河湖造福群众筑牢基础，努力建设"河畅、水清、岸绿、景美"的幸福河湖，构成人水和谐的美丽画卷。这些都需要水文文化从理念、精神、制度、科技创新等方面不断升华，为推动水文事业蓬勃发展提供精神支柱。

（三）水文文化建设是实践社会主义核心价值体系的基本要求

党的十七大将建设社会主义核心价值体系作为文化建设的首要任务。文化在潜移默化中陶冶人的性情、提升人的素质，它独有的教育、认识、娱乐、审美、传播等功能，使其责无旁贷地在建设社会主义核心价值体系、形成共同理想、坚定共同信念中承担着重要作用。因此，建设水文文化，首先，要把社会主义核心价值体系作为水文文化工作的重中之重，坚持不懈地用马克思主义中国化最新成果武装全行业干部、教育职工，用中国特色社会主义共同理想凝聚力量，用以爱国主义为核心的民族精神和改革创新为核心的时代精神鼓舞斗志，用社会主义荣辱观引领风尚，贯穿于文化建设的全过程，融汇于文化活动的实践中。其次，要以社会主义核心价值体系引领多样化的社会思潮和文化现象，使社会主义核心价值体系成为建设水文文化的基本价值取向。再者，要教育和引导广大文化工作者自觉地以提高职工群众思想道德文明风尚和科学文化素质、弘扬和培育民族精神、水文行业精神为己任，贴近实际、贴近生活、贴近群众，进行文化内容、形式的创新，以多姿多彩的艺术风格、精湛的艺术表现形式和深邃的思想内涵，将时代的主流价值用文化产品和文化服务表现出来，让全行业干部职工在欣赏文化作品过程中，在参与文化活动中，在接受公共文化服务中，受到社会主义核心价值观的感染和熏陶，自觉认同、接受和确立社会主义核心价值观。

（四）水文文化建设是提升水文"软实力"的需要

建设水文文化，是面对文化经济化、经济文化化、文化经济一体化历史发展大势的战略选择，是改变水文行业外部形象，提高水文竞争力的关键。改革开放以来，水文"硬实力"提升很快，但以文化为核心的"软实力"与"硬实力"明显不相称，丰富的水文文化资源有待进一步深度开发。客观地看，水文作为基础性、公益性、长期性和专业性的服务行业，其特定的生产环境和行为方式，使水文在社会影响力、基础设施、科技水平、人才储备以及财政收入等方面，与具有行政职能的行业相比存在较大差距，在短时间内实现跨越式发展并非易事。但在文化建设上，水文具有历史悠久、博大精深的特性和独特的精神风格，拥有丰富的开发价值和经济意义的文化资源，拥有广阔的消费大市场，拥有优越的全方位的区位优势，发展文化产业的条件得天独厚，完全有条件、有可能扬长补短。因此，在中国的行业竞争中，水文行业一定要加强自己的"软实力"建设，扩大自己的文化影响力，在文化建设上走在全国前列，通过文化的率先发展，为整个水文跨越崛起提供强大的精神动力、智力支持和思想保证。

三、水文单位文化建设情况

自 2011 年 10 月党的十七届六中全会以来，水文单位文化建设取得丰富成果，精神文明建设成效显著，在工作实践中积淀凝练了"求实、团结、奉献、进取"的水文行业精神，培养造就了一支吃苦耐劳、无私奉献的水文队伍，涌现出一批先进单位和以张宇仙、唐训海、谢会贵等为代表的一大批先进模范人物。

张宇仙，女，全国五一劳动奖章获得者、全国先进工作者。她远离都市、远离繁华，与江河结缘、同清贫为伴，几十年来辗转于偏僻的基层水文站。上万个日日夜夜，她坚守在水文战线的风口浪尖，用自己的生命，全身心地感知着沱江的每一次潮涨潮落，用自己实实在在的朴实行动，谱写了一曲爱岗敬业、无私奉献的奋进之歌。自 1998 年以来，张宇仙先后荣获了全国抗洪模范、四川省五四青年奖章、四川省五一劳动奖章、四川省女职工建功立业标兵、全国五一劳动奖章、全国先进工作者等光荣称号，是全国水文部门、水利系统的一面旗帜。

唐训海，男，现任遂宁水文局局长。在 2008 年"5·12"汶川大地震发生后，5 月 18 日首次徒步登上唐家山堰塞湖，冒着死亡的危险测量了堰塞湖的各种参数，为成功解决唐家山堰塞湖取得了极其珍贵的第一手水文、气象等现场数据资料，切实履行了一个水文工作者的神圣使命和职责，受到了党和国家领导人的多次亲切接见，被授予"2008 全国抗震救灾英雄""2008 全国抗震救灾先进个人"等荣誉称号。

谢会贵，男，全国五一劳动奖章获得者、黄河水利委员会劳动模范。1977 年到黄河水利委员会上游水文水资源局（时名：兰州水文总站）工作，在海拔 4200 米的万里黄河第一站——玛多水文站坚守多年。他凭着对母亲河的热爱和对水文事业的全身心投入，执着和坚韧地守望着黄河源头，和他的战友们在玛多测量了黄河源头各个季节、各种气候、各类不同自然条件下的流量、蒸发量、降水量、泥沙量等数以万计的水文数据。这每一个高精度的水文数据，都是防洪减灾、水资源开发利用、流域生态环境保护、水污染监测治理等方面的第一手数据，为打造数字黄河夯实了基础。

截至 2020 年年底，全国水文系统有 7 个单位荣获全国文明单位光荣称号，占全国水文单位总数的 1.2%，在全国水利行业中仅次于水利科研单位。这 7 个单位是：水利部信息中心（水利部水文水资源监测预报中心）、黄河水利委员会水文局（机关）、长江水利委员会水文局（机关）、黄河水利委员会宁蒙水文水资源局、福建省水文水资源勘测中心、山东省水文局、四川省水文水资源勘测局。

截至 2020 年年底，有 28 个单位荣获全国水利文明单位光荣称号，占全国水文单位总数的 4.9%，在全国水利行业中仅次于水利科研单位。这 28 个单位是：水利部信息中心（水利部水文水资源监测预报中心）、黄河水利委员会水文局（机关）、长江水利委员会水文局（机关）、黄河水利委员会宁蒙水文水资源局、福建省水文水资源勘测中心、山东省水文局、四川省水文水资源勘测局、长江委长江下游水文水资源勘测局、长江委长江三峡水文水资源勘测局、长江委水文局汉江水文水资源勘测局、长江委长江上游水文水资源勘测局、黄委水文局（机关）、珠委珠江水文水资源勘测中心、北京市水文总站、河北省水文水资源勘测局、内蒙古自治区赤峰市水文勘测局、辽宁省水文局、江西省赣州市水文局、山东省青岛市水文局、湖北省水文水资源局、湖南省益阳水文水资源勘测局、湖南省株洲市水文水资源勘测局、广东省水文局、海南省水文水资源勘测局、云南省水文水资源局红河分局、云南省水文水资源局西双版纳分局、青海省水文水资源勘测局、宁波市宁海县水文站。

在水利部精神文明建设指导委员会举办的第一届、第二届"最美水利人"评选活动中，全国水文战线有李国庆（湖南省益阳城区水文水资源局）、庞书智李瑞兰夫妇（海南省水文水资源勘测局三滩水文站）、陈磊（江苏省水文水资源勘测局徐州分局新沂水文监测中心高级技师）、洪世祥（云南省水文水资源局昭通分局高级工程师）5 人荣获"最美水利人"荣誉称号，占两届"最美水利人"的 50%。

四、水文单位文化建设的内容及方法

（一）制定建设规划

水文单位文化建设是一项系统工程，不可能一蹴而就，需要认真规划，明确目标。

水文单位文化建设的规划要明确单位文化建设的指导思想、基本原则、目标任务、方法途径，明确单位文化建设的近期主要任务和保障措施。

单位文化建设的目标应有总体目标、具体目标和近期工作目标。总体目标是指经过努力要力争去实现的总目标。总目标既要有挑战性，又要有可行性。有挑战性的总目标才有吸引力，才能产生较大的激励作用。具有可行性的目标才不至于影响实现目标的积极性。具体目标是对总体目标所包含的内容的进一步细化。近期工作目标就是结合近期工作需要着力实现的目标。

如长江水利委员会水文局就单位文化建设曾制定《长江委水文局单位文化建设指导意见》，作为单位文化建设的规划，该指导意见提出的文化建设总目标是：力争用三年左右的时间，基本建立起遵循文化发展规律、适应长江水文"两个发展"、反映长江水文特色的单位文化体系，用单位文化提升长江水文的核心竞争力，推动长江水文的可持续发展。具体目标是：确立长江水文的核心价值观，进一步培育职工的三种精神和六种意识，即敬业精神、团队精神、创新精神、守纪意识、责任意识、归属意识、质量意识、服务意识和安全意识，显著改善机关工作作风、职工精神面貌和单位办公秩序，不断提高职工队伍的整体素质。近期工作目标是：强化团结协作意识、强化遵章守纪意识、强化责任意识、强化敬业爱岗意识。

（二）提炼价值体系

价值体系包括单位文化核心价值观和相关理念。价值观是人们衡量不同事物的基本看法，是对事物有无价值和价值大小做出判断的依据和尺度。其内容包括基本信念、总体观点和方针，以及思维理念、职业理念、服务理念、行为理念等的价值定位。它是单位文化建设中十分重要的内容，它的确立对于员工的激励、引导、凝聚、发挥都具有重要意义。

水文单位建立现代水文文化的价值体系，是单位文化建设的中心环节。我国水文事业经过几千年的发展，但从没有像今天这样受到重视。水文行业必须抓住这一历史机遇，积极顺应时代要求，深刻领会科学发展观和构建社会主义和谐社会的理论精髓，大力塑造有时代特点的价值体系。要通过价值体系建设，建立全社会认同的道德评价、价值标准和行为规范，完善人才培训考核机制，规范人才培养选派机制，努力营造凝心聚力、积极向上的内部环境。要通过先进完善的价值体系建设，塑造健康人格，展示水文队伍良好的精神风貌。

2009 年 10 月 28 日，长江水利委员会水文局党组公布了长江水文文化核心价值体系。长江水文文化核心价值体系由"情系长江、科学测报、持续创新、服务社会"的核心价值观和"以人为本、促进和谐、程序规范、按章办事"的管理理念、"科学管理、质量至上、持续改进、优质服务"的质量理念、"预防为主、安全第一、遵章守纪、共保平安"的安全理念组成。简单地说，就是"一个核心价值观、三个理念"。

2011 年 3 月 31 日，公布了长江水文文化核心价值观的具体内涵。即：

情系长江是长江水文人的情怀。长江水文人热爱长江，以水文事业为荣、爱岗敬业、忠于职守、艰苦奋斗、无私奉献，致力于人水和谐。

科学测报是长江水文人的使命。长江水文人遵循流域水文规律，充分运用现代科学技术，精心监测、准确预报、深化分析，不断提升测报水平。

持续创新是长江水文人的追求。长江水文人立足现实，着眼未来、博采众长、锐意进取、勇于探索、永不自满，永葆生机与活力。

服务社会是长江水文人的宗旨。长江水文人牢固树立"大水文"发展理念，以社会需求为己任，立足水利，面向社会，提供全面优质服务。

（三）加强制度建设

学习贯彻执行有关水文检测方面的法律法规、规程规范，以及制定、完善、执行单位的规章制度是水文检测单位文化建设的重要内容，是实现单位目标的有力措施和手段，是单位各项工作全面、安全、顺利完成的重要保证。

加强制度文化建设，主要是以健全完善制度为保证，对单位和职工的行为进行规范，并把开展各种载体活动，作为弘扬单位精神、培植单位理念的重要措施和有效途径。

长江水利委员会水文局在这方面做法值得推广：一是认真贯彻执行 ISO 质量管理体系，使长江水文生产经营管理中的每一项活动、每一个环节均处于相关程序的规范和约束之下，充分发挥个体与组织的作用，实现人与制度的和谐统一。做到凡事有人负责，凡事有章可循，凡事有人监督，凡事有据可查，为单位文化发挥实效提供制度保障。二是制订单位文化相关规范。要在长江水文核心价值体系征集的基础上，通过制订职工职业道德规范、职工行为准则、工作礼仪规范等，对职工的行为提出明确的规范化要求，使其成为职工共同的行为准则。并以此为蓝本，对新职工和在职职工进行培训，使职工的思维习惯和职业行为在最短的时间内融入单位文化中，成为单位文化的实践者、体现者和倡导者。

2009 年、2011 年，长江委水文局根据国家政策的变化和管理工作的需要，对涉及党风廉政、行政管理、计划财务、人事科技等方面的 54 项规章制度，都集中力量进行了专门修订。目前该局制定的制度，既有管理规定，也有管理办法和实施细则，内容涉及党务管理、行政管理、人事管理、技术管理、计划管理、财务管理、廉政建设七大类，制度健全，门类齐全。

（四）加强物质文化建设

物质文化是水文检测单位文化建设的重要部分，是单位可持续发展的根本。它是单位职工的理想、价值观、精神面貌的具体反映，是单位在社会中的外在形象的集中体现，是社会对单位作总体评价的起点。要结合各单位的特点和实际情况加强建设。水文单位物质文化建设主要包括：①建设具有水文文化特色的整洁、美观、彰显单位形象并与所在地环境协调的工作环境；②建设具有鲜明特色喜闻乐见的文化宣传阵地。

长江水利委员会水文局和黑龙江省水文中心的经验值得借鉴。

长江水利委员会水文局结合长江水文的特点和实际情况，对物质文化进行形象定位、策划和塑造：一是整体规划布局。尽可能地在内外业办公区、生活区开展单位文化广告宣传，以形成整洁、统一、美观、易于识别的单位文化外部形象。二是加强文化阵地建设，形成健康向上的文化氛围。着力建设好长江水文网，并充分利用现有的职工活动室等场所，积极开展健康有益的文体娱乐活动。根据单位文化建设的需要，本着量力而行的原则，有计划、有重点地调整、补充、完善文化设施和场所。三是在水文局单位文化建设领导机构的指导下，设计制作长江水文宣传片、宣传册，加大对外宣传力度，加深外来单位对长江水文各项业务的了解，提高长江水文在行业内外的知名度和美誉度。四是搞好文化仪式和文化宣传活动的策划，开展各种有意义的庆典活动。适时举办各种奖励、表彰活动，开展各类文娱活动、劳动竞赛等，生动地宣传和体现长江水文的价值观，使广大职工通过这些生动活泼的活动来领会单位文化的内涵，在参与中得到提高，使单位文化"寓教于乐"。五是设计制作长江水文特色型具有文化品位的纪念品。

在中国共产党成立 100 周年之际，黑龙江省水文中心围绕"党史学习教育""廉政教育建设"和"水文行业文化"三个主题开展廊文化建设，66 块展板将办公地点打造成一个文化氛围浓郁、环境舒适的场所。文化"种"上墙，党史植于心，四楼两侧长廊的党史教育文化墙，涵盖"党史学习教育动员""党的光辉历程"等内容。一面面造型各异的展板，如同一本本深刻的教科书，向干部职工诉说着红色故事。二楼长廊的廉政教育文化墙，涵盖"从严治党"政策、"中国共产党廉洁自律准则"和"清正廉洁勤律""算好人生七笔账"等内容，引导教育党员干部常怀律己之心，常思贪欲之害，做到警钟长鸣、防微杜渐。在一楼半、二楼半和三楼半的水文行业文化墙，涵盖"龙江水文历时沿革""龙江水文工作总体思路"和"龙江四大精神"等内容，明确"十四五"期间总体工作思路，展现水文行业文化，着重宣传水文行业，提振水文干部职工精气神。形式多样、内容丰富、主题鲜明的文化墙，让全体干部职工在潜移默化中强化党性修养，在耳濡目染中增强廉洁自律意识，在行走驻足间感受水文内涵。

（五）开展丰富多彩的活动

组织开展寓教于乐，寓教于生产，寓教于人际交往的各种活动，对进一步发挥单位文化建设在提升管理绩效、提高职工素质、增强凝聚力，培养一支有理想、有道德、有文化、有纪律的水文职工队伍有十分重要的作用。

为了使这些活动能够达到预期的目的，要根据预定的具体目标进行周密策划，选好活动的形式、内容，以及实现目标的方式。

1. 江西省水文局的经验

江西省水文局为了把行业全体职工的努力方向引导到行业所确定的目标上来，2006年开展"水文测报质量年"活动，组织全省水文职工狠抓水文测验、水文报汛、水文资料的质量，全省水文职工学习各项规范的热情高涨，达到了预期的效果；2007年开展"水文绩效考核年"活动，引导全省水文职工扎实做好水文方方面面的工作，争创一流工作业绩；2008年又开展以"六学、六教、六项活动"为主要内容的"学习教育年"主题活动，全省水文职工再次掀起学政治、学理论、学文化、学业务、学技能、学传统的热潮，在加强水文的能力建设、形象建设、队伍建设上下功夫。显然，这些活动发挥了导向定势作用。

为了增强水文职工的向心力和凝聚力，江西省赣州市水文局开展了争做"五型"党员干部活动、创建省级文明单位活动；在重大节日开展纪念活动、文体活动，以及结对帮扶活动等。这类需要将职工凝聚在一起，心往一处想，劲往一处的活动，增进了职工对本职工作的使命感，使职工在心灵深处产生了把自己的命运与水文紧紧联系在一起的向心力，进而形成强大的凝聚力。

为了充分发挥水文职工的积极性、创造性、主动性和聪明才智，出台了水文科技创新、水文管理、水文宣传等奖励机制，激励水文职工刻苦钻研，奋发向上，促进了水文事业的发展。

2. 长江水利委员会水文局的经验

长江水利委员会水文局针对本单位的具体情况和水文工作发展的需要，根据水文文化的内涵和特色，推出了主题文化、民主文化、建功文化、建家文化、文艺文化、体育文化、阵地文化、关爱文化共八种形式。

（1）主题文化。2009年10月举办的以"拼搏进取争优秀，团结友谊创和谐"为主题的长江水文（预报杯）第一届职工篮球比赛；2012年11月举办的以"鼓足干劲创争优、开拓进取促发展"为主题的长江水文（水资源）第二届职工篮球赛。两届职工篮球赛组织周密，紧张激烈，竞争有序、张弛有度，分别体现了"拼搏进取争优秀、团结友谊创和谐"和"鼓足干劲创争优、开拓进取促发展"的活动主题。通过比赛，锤炼了职工作风，磨炼了意志，增进了单位之间、同事之间的友谊。通过本届篮球赛，更充分展示出了水文职工勇于克难、争创一流的进取精神，热爱集体、大局为重的团队精神，团结友善、互相帮助的协作精神，坚韧果敢、热情如火的开拓精神和时不我待、分秒必争的拼搏精神。大家把赛场上的激情投入到水文的发展去，投入到工作中去，共举科学发展之旗，共聚团队合作之力，共建和谐美好家园。

2010 年举办长江委水文局建局 60 周年纪念活动文艺专题演出活动。通过精心策划、精心组织、精心排练、精心演出，来自水文局机关、七个外业局共八个单位近 200 名职工演员用歌舞、曲艺、器乐等生动艺术，形象地再现了长江水文人 60 年波澜壮阔、千回百转、奋斗不息、如歌如泣的曲折历程和沧桑巨变。

围绕水文局"我爱长江水文大家庭"主题教育活动。2013 年、2014 年水文局工会组织开展了两批基层职工"请上来"活动。邀请 63 位基层职工到机关来座谈交流参观，听取他们对促进长江水文改革发展稳定的意见和建议。基层职工反映："请上来"活动开阔了视野，进一步增强了荣誉感和自豪感，也加深了相互间的了解。纷纷表示回到工作岗位后，要立足岗位为长江水文事业和经济发展，单位文化建设添砖加瓦，做出应有的贡献。

（2）民主文化。水文局基层工会组织健全，局属七个外业局和局机关。最早的于 20世纪 80 年代就成立了职代会，尤其是自 2005 年长江委党组发出《关于委属企事业单位建立和完善职工代表大会制度的通知》（长党〔2005〕41 号）以后，局机关及各勘测局陆续建立和完善职代会。七个外业勘测局分别建立了两会合一制度、职代会依法选举、换届。部分勘测局制定了《职工代表大会实施细则》《局务公开实施办法》、职代会制度等民主管理制度，对涉及职工切身利益重大事项提交职代会审议，并听取职代会意见和建议，切实保障了职工的知情权、参与权、表达权。

水文局各职代会民主文化的实践，逐步形成长江水文职工民主文化特色：一是形成了涉及机构改革、分配制度、医药费管理办法等有关职工利益的均交职代会讨论并常态化；二是形成了职代会报告制度、审议制度、讨论决定等程序化；三是职代会闭会期间遇到涉及职工利益的事项实行职代会常务委员会（主席团）、专业组、职工代表联席会议制度化；四是职工代表培训制度化，水文局现有职工代表 322 人，按规定每年培训一次，以提高职工代表的参政意识、参政能力和水平。

（3）建功文化。水文局各级工会开展了"当好主力军、建功'十二五'、和谐奔小康"主题竞赛活动，创建以"工人先锋号""我为节能减排作贡献"为主要内容的建功立业、争先创优活动；开展了合理化建议活动和技术革新、技术攻关、技术比武、技术协作活动等。这些活动既激发了职工群众的劳动热情，增强了职工群众的责任感和使命感，又极大地解放了生产力，创造了巨大的物质财富和精神财富，为丰富发展职工文化核心内容发挥了积极作用。

广泛开展业务培训、岗位练兵、技能竞赛等活动，为单位发展提供强有力的技能人才支撑。建立了荣新武"劳模创新工作室"，发挥高技能人才的传帮带作用。积极开展职工技能练兵、比武，组织职工参加了长江委举办的一至七届职工职业技能比赛，涉及计算机应用、汽车驾驶等。水文局各基层单位还因地制宜，结合实际开展了多形式、多工种的技术技能交流和展示活动，加快提升职工的职业素养、技能水平和创新能力。通过这些活动，涌现出如全国劳动模范罗兴、省五一劳动奖章获得者叶秋萍、全国"工人先锋号"长江中游局仙桃站等一大批先进集体和先进人物。

（4）建家文化。由于长江委水文局管辖范围涉及长江上游至长江出海口，点多、面广，各基层站队实际情况又是千差万别，水文局工会在职工建家文化建设实践中，从实际出发，注重分类指导和典型引路，不搞一刀切，着重从两个方面入手。一是以点带面，典型引路、夯实基础、逐步推开。抓好水文上游局、水文荆江局、水文汉江局十堰水文水资源勘测队等先进典型的示范作用，带动了长江水文职工之家建设的全面推进；二是规范引导，2009年制定颁布了《水文局先进职工小家标准》，推动水文局职工小家建设规范化发展。把外业勘测局和基层单位建成职工民主的家、建设的家、安全的家、温暖的家、学习的家、和谐的家。

截至2015年，长江水利委员会水文局共创建各级模范职工之家7个：获得全国模范职工之家2家，农林水行业和省级模范职工之家3家；委级模范职工之家2家。各级先进职工小家26家，其中长江委级、水文局级、勘测局级先进职工小家26家。各级模范职工小家14家。基本覆盖了长江水文各基层站队。

（5）文艺文化。组织参加了长江委第一至七届长江之春艺术节活动。艺术节期间，直接参与者累计达上千人。演员有年逾古稀的长者，也有刚参加工作的大学生。有领导干部也有一般职工，有机关职工也有外业一线职工。艺术节在大江上下、在水利行业、在地方都产生了较大的影响，特别是第六届"长江之春"艺术节规模之大、持续时间之长、涉及面之广、职工群众参与程度之高、影响之深是前所未有的。

在职工书法、美术、摄影作品、文学作品、水文化论文、电视专题片等多个项目的角逐中，获奖项目不计其数。仅水文局艺术节参演节目多达60多个，获奖节目45个，多个节目获水利部、湖北省大奖。在第七届"长江之春"职工艺术节文学作品评奖活动中，水文荆江局职工丁良卓创作的小说《起风的城市》获得一等奖（载《文学港》2010年第3期），其创作的散文《一个寂寞的黄梅人》在《中国教育报》发表后，随即被《文苑·经典美文》等多家刊物转载，作为现代文阅读范文。2014年该文被选定到全国大联考高考试题库，并被河南、山东、河北等省的多家高级中学列为高考模拟试题进行测试。

历经七届长江之春艺术节活动的磨炼，走出了一条具有传统文化和地方特色文化相结合、大江文化和水文文化相结合的内容和形式的创新之路。广大职工通过艺术节活动充分展示个人才干，不仅提升了本届艺术节的文化内涵和艺术品位，同时也弘扬了文化精神。

（6）体育文化。长江委水文局坚持"以人为本，重在参与"的理念，坚持"小型多样，业余为主，健康有益，科学文明"的群众体育工作原则，认真贯彻体育法，根据《全民健身计划纲要》和《全民健身条例》，结合实际提出了《水文局职工健身计划实施意见》在全局范围施行。在实施全民健身计划过程中，局领导率先垂范，参加各项体育健身活动，如乒乓球、羽毛球、健步走、冬季长跑等。

长江委水文局把推行职工体育健身活动纳入单位年度工作目标，坚持群众体育与事业经济协调发展的方针，以普遍增强职工体质为重点，加强领导、统筹安排。在局工作会议和《单位文化建设的指导意见》及《水文局职工健身活动实施意见》中，就水文局职工健身的目标和任务、内容和重点、对策和措施以及实施办法（奖惩）等提出了具体意见和要求。各单位、各级工会根据实施意见，制定了实施方案。各单位在全民健身活动中形成了各自的特色。例如，水文中游局已开展了八届职工篮球赛；水文汉江局、荆江局、长江口局把体育健身活动与生产相结合开展了水质、水化、采沙竞赛；水文局、水文荆江局开展广播体操比赛；水文上游局、长江口局等单位在基层普遍开展了第九套广播体操活动；有的单位还把广播体操作为每天工间操，全局基本形成"人人会做，长期坚持"的良好氛围。

（7）阵地文化。在全民健身活动中，长江委水文局始终把体育健身活动场地、基础设施设备作为开展全民健身活动的"硬件"来抓，列入全民健身活动建设的重要内容并提出具体要求。着力建设"四个阵地"：一是办好职工活动室；二是办好职工阅览室；三是办好工会宣传园地；四是建好室外健身场地。

各单位各级工会加大了对健身活动的经费投入。据不完全统计，局各单位每年投入的活动场地建设达100多万元，新建和改建篮球场3个、羽毛球场5个、乒乓球室10个；长江工会、水文局工会共建体育示范基地5个；水文局基层工会为基层购买体育设备用品包括羽毛球（拍）、乒乓球（拍）、篮球、网球（拍）等100余项；室内和室外各类体育健身场地达100多处，基本覆盖80％的基层单位。对没有条件建设的单位，采取了租借的形式开展体育健身活动。这些硬件建设为全民健身活动开展搭建了良好平台。水文局体育活动阵地和设施建设从无到有、不断增多，一些条件较好的基层单位对篮球场、羽毛球场重新进行了整修。各单位还普遍开设了练功房、健身房、棋牌室、乒乓球室，购买了跑步机等健身器材，在入口聚集的地方安装了多种健身器材，并制订了管理规定，专人负责，定期开放，参加活动的职工络绎不绝，满足了广大职工群众的活动要求。

（8）关爱文化。做好职工关爱工作是构建和谐单位的前提，是促进单位发展的需要，是职工精神需求的重要内容，是工会职责的内在要求。水文局工会坚持以职工为本，大力实施职工关爱帮扶救助行动，制定了《水文局困难职工生活补助办法》，深入了解和关注基层职工的生产生活条件，努力构建和谐劳动关系。长期以来，水文局各级工会认真开展"送清凉""送温暖""金秋助学""女职工关爱行动"活动以及"面对面、心贴心、实打实、服务职工在基层"活动。

附录一 党领导新中国水利事业的历史经验与启示

中 共 水 利 部 党 组

中国共产党领导下的治水历史是中国共产党百年历史的重要组成部分。不论是革命、建设、改革时期，还是新时代，党领导下的水利事业始终坚持以人民为中心，始终以服务保障国民经济和社会发展为使命，适应我国国情水情特点，适应各个时期国家中心工作需要，不断优化调整治水方针思路和主要任务，革故鼎新、攻坚克难，以治水成效支撑了中华民族从站起来、富起来到强起来的历史性飞跃。

一、党领导下水利事业的辉煌成就

党领导下的百年治水史大体上可以划分为四个历史时期：新民主主义革命时期、社会主义革命和建设时期、改革开放和社会主义现代化建设新时期、中国特色社会主义新时代。历经四个时期的不懈努力和艰苦奋斗，党领导下的水利事业发生了翻天覆地的变化，取得了历史性成就。

（一）新民主主义革命时期

这一时期，党领导我国的革命事业从"星星之火"发展成"燎原之势"，在江西瑞金、陕西延安，党领导建立了革命政权，开始有组织有计划地发展红色根据地的水利事业，极大地促进了农业生产连年丰收，有效解决了广大军民的粮食问题，为根据地建设、红色政权巩固和革命事业发展做出了巨大贡献。

在中央苏区，党和苏维埃政府就对水利工作非常重视。1931年，中华苏维埃共和国临时中央政府成立，在中央土地人民委员部专门设立山林水利局，这是中国共产党领导建立的第一个负责水利建设事业的机构。从此，苏区的山林水利工作朝着有计划有规模的方向发展。临时中央政府先后颁布《中华苏维埃共和国土地法》《山林保护条例》《怎样分配水利》等法律和条例，合理分配山林水利资源，促进水利和农业的发展。《中华苏维埃共和国地方苏维埃暂行组织法（草案）》规定从乡至省均设立水利机构，"管理陂圳、河堤、池塘的修筑与开发，水车的修理和添置，山林的种植、培育、保护与开垦等"。这一时期，毛泽东首次提出著名的"水利是农业的命脉"科学论断，亲自带领区乡政府干部，勘山察水寻找水源，修筑水陂水圳，开挖水井。苏区干部身体力行，带动广大军民开渠筑坝，打井抗旱，车水润田，解决了许多水利问题。

延安十三年，党领导下的水利事业迅猛发展。1937年陕甘宁边区政府成立后，治水问题被提上议事日程，水利工作从一家一户的传统模式转变为政府有组织地推进水利工程建设。1939年《陕甘宁边区抗战时期施政纲领》规定，"开垦荒地，兴修水利，改良耕种，增加农业生产，组织春耕秋收运动"。边区政府每年制定年度经济建设计划都强调，要"广泛发展水利""多修水利""把修水利作为重要工作之一"。特别是随着大生产运动进入高潮，水利工程规模从小微化向适应生产力发展要求的小中型方向转变，极大地促进了农业生产发展。各级党委政府在非常困难的情况下，拨出专款修建水利工程，大力倡办民间小型水利，建成延安裴庄渠（幸福渠）、子长渠、靖边杨桥畔渠、绥德绥惠渠等一批重点水利工程和数量众多的小型水利工程。南泥湾从荒无人烟的"烂泥湾"开发成陕北的"好江南"，水利建设发挥了关键作用。得益于兴修水利，边区水利灌溉的耕地面积、粮食产量迅速增加，水浇地从1937年801亩增加到1943年41109亩，粮食产量由100万石左右增加到200万石以上，边区军民基本实现丰衣足食。1946年—1949年解放战争期间，山东解放区与冀鲁豫解放区的人民在党的正确领导下，克服困难，修复黄河堤防，组织防汛，开启了"人民治黄"新篇章。

（二）社会主义革命和建设时期

这一时期，面对严重的水旱灾害和日益增大的粮食生产压力，党领导全国人民开展了轰轰烈烈的"兴修水利大会战"，建成一大批防洪灌溉基础设施，有力支撑了国民经济的恢复和发展。

新中国成立之初，面对水利残缺不全、江河泛滥成灾的落后局面，治理水旱灾害，保障人民生命财产安全、恢复农业生产，成为摆在党和政府面前十分紧迫而艰巨的任务。1949年9月，中国人民政治协商会议第一届全体会议把兴修水利、防洪抗旱、疏浚河流等写入《中国人民政治协商会议共同纲领》。1957年党中央、国务院对水利建设提出"必须切实贯彻执行小型为主，中型为辅，必要和可能的条件下兴修大型工程"方针。这一时期，水利工作的重点是防洪排涝、整治河道、恢复灌区。1949年和1950年，淮河接连发生流域性洪水，中央人民政府发布《关于治理淮河的决定》，明确"蓄泄兼筹"治淮方针，这是新中国成立后中央政府就大江大河治理作出的第一个决定。1951年，毛泽东发出"一定要把淮河修好"的号召，把大规模治淮推向高潮。1950年，我国在黄河下游实施大堤加培工程，每年投入劳力20万到25万人，宽河固堤，废除民埝，扩大河道排洪能力。1952年，毛泽东视察黄河时指出"要把黄河的事情办好"，由此掀起大规模治理黄河的高潮。"万里长江，险在荆江。"1952年中央人民政府作出《关于荆江分洪工程的决定》，开启了荆江治理的大幕，毛泽东指出，要"为广大人民的利益，争取荆江分洪工程的胜利"。1953年，荆江分洪工程全面建成，并于1954年首次运用，为有效抵御长江出现的流域性特大洪水发挥了重要作用。为根治汉江下游洪水泛滥成灾的隐患，1956年，我国建成杜家台分洪工程，大大提升了汉水下游的防洪能力。此外，各级政府积极引导开展中小型水利设施建设，依靠群众广泛兴修农田水利，全国灌溉面积发展到4亿亩。

"大跃进"和国民经济调整时期，是党对中国社会主义建设道路艰辛探索的十年，农田水利建设等开始布局。在党中央《1956年到1967年全国农业发展纲要（修正草案）》

的鼓舞下，农村率先大搞水利建设。1958年《中共中央关于水利工作的指示》明确提出水利建设"以小型工程为主、以蓄水为主、以社队自办为主"的"三主"建设方针，成为"大跃进"时期水利建设的发展方略。1960年，党和国家实行"调整、巩固、充实、提高"方针，水利工作提出了"发扬大寨精神，大搞小型，全面配套，狠抓管理，更好地为农业增产服务"的"大、小、全、管、好"工作方针。全国性规模空前的群众性水利建设运动取得很大成绩，新中国水利建设史上许多重大工程，如丹江口水利枢纽、青铜峡水利枢纽、刘家峡水利枢纽、北京密云水库等，都是在这一时期开工建设的。约上亿劳动力投身水利建设，共修建九百多座大中型水库，农田灌溉面积达5亿亩。

"文化大革命"期间，在党和人民的共同努力下，包括水利在内的各项工作在艰难中取得重要进展。在"农业学大寨"和"以粮为纲"精神带动下，水利建设继续贯彻"三主"建设方针和"大、小、全、管、好"工作方针，治水规模扩大、投入增加。水利建设在三线建设中成果显著，甘肃刘家峡水利枢纽、湖北丹江口水库建成投产，葛洲坝水电站开工建设。全国范围大规模的农田水利建设广泛开展，治水和改土相结合，山、水、田、林、路综合治理，旱涝保收、高产稳产农田建设取得很大成绩，农田灌溉面积增加到6.7亿亩。

（三）改革开放和社会主义现代化建设新时期

这一时期，我国经历了从计划经济向市场经济体制的伟大转型，水利战略地位不断强化，从支撑农业发展向支撑整个国民经济发展转变，可持续水利、民生水利得到重视和发展，水利事业取得长足进步。

改革开放初期，我国逐步明确了"加强经营管理，讲究经济效益"的水利工作方针，确立了"全面服务，转轨变型"的水利改革方向，提出以"两个支柱（调整水费和开展多种经营）、一把钥匙（实行不同形式的经济责任制）"作为加强水利管理、提高工程经济效益的中心环节，农村水利、水价、水库移民等领域探索出台改革措施。1985年，国务院发布《水利工程水费核订、计收和管理办法》，标志着水利工程从无偿供水转变为有偿供水。1986年，国务院办公厅转发水利电力部《关于抓紧处理水库移民问题的报告》，明确开发性移民的方向。1988年《中华人民共和国水法》颁布实施，这是新中国成立以来第一部水的基本法，标志着我国水利事业开始走上法治轨道。

20世纪90年代，随着我国向市场经济体制转型，水资源的经济资源属性日益凸显，水利对整个国民经济发展的支撑作用越来越明显。1991年，国家"八五"计划提出，要把水利作为国民经济的基础产业，放在重要战略位置。1995年，党的十四届五中全会强调，把水利摆在国民经济基础设施建设的首位。在建设市场经济大背景下，水利投资由国家投资、农民投劳的单一模式转变为中央、地方、集体、个人多元化共同投入，水利投入不足矛盾得到一定程度缓解。这一时期，大江大河治理明显加快，长江三峡、黄河小浪底、万家寨等重点工程相继开工建设，治淮、治太、洞庭湖治理工程等取得重大进展，农田水利建设蓬勃发展，新增灌溉面积8000多万亩。依法治水加快推进，《中华人民共和国水土保持法》《淮河流域水污染防治暂行条例》相继颁布施行。

世纪之交，我国进入全面建设小康社会、加快推进社会主义现代化建设的关键时期，经济社会发生深刻变化，水利发展进入传统水利向现代水利加快转变的重要时期。1998

年，党的十五届三中全会提出，"水利建设要实行兴利除害结合，开源节流并重，防洪抗旱并举"的水利工作方针。2000年，党的十五届五中全会把水资源同粮食、石油一起作为国家重要战略资源，提高到可持续发展的高度予以重视。2011年，中央一号文件聚焦水利，中央水利工作会议召开，强调要走出一条中国特色水利现代化道路。这一时期，水利投入快速增长，水利基础设施建设大规模开展，南水北调东线、中线工程相继开工，新一轮治淮拉开帷幕，农村饮水安全保障工程全面推进。水利改革向纵深推进，水务一体化取得重要进展，东阳义乌水权协议开启我国水权交易的先河，农业水价综合改革试点实施。

（四）中国特色社会主义新时代

习近平总书记高度重视治水工作。党的十八大以来，习近平总书记专门就保障国家水安全发表重要讲话并提出"节水优先、空间均衡、系统治理、两手发力"的治水思路，为水利改革发展提供了根本遵循和行动指南。习近平总书记多次赴长江沿线考察，就推动长江经济带发展召开座谈会，推动沿江省市共抓大保护、不搞大开发。习近平总书记多次考察黄河，主持召开黄河流域生态保护和高质量发展座谈会，强调"让黄河成为造福人民的幸福河"。2021年，习近平总书记在河南省南阳市主持召开推进南水北调后续工程高质量发展座谈会，为推进南水北调后续工程高质量发展指明了方向，提供了根本遵循。习近平总书记还亲自考察了安徽淮河治理、吉林查干湖南湖生态保护、昆明滇池保护治理和水质改善情况，以及三峡工程等"国之重器"发挥作用情况。

全新的治水思路引领水利改革发展步入快车道。在水利建设方面，三峡工程持续发挥巨大综合效益，南水北调东线、中线一期工程先后通水，淮河出山店、西江大藤峡、河湖水系连通、大型灌区续建配套、农村饮水安全保障工程等加快建设，进一步完善了江河流域防洪体系，优化了水资源配置格局，筑牢了国计民生根基。2014年国务院确定172项节水供水重大水利工程建设，2020年国务院部署推进150项重大水利工程建设，水利投资为经济高质量发展注入强劲动能，水利工程促就业稳增长保民生作用凸显。在水利改革方面，最严格水资源管理制度全面建立，从宏观到微观的水资源管控体系基本建成，水资源刚性约束作用明显增强；2014年全国水权改革试点启动，2016年国务院办公厅印发《关于推进农业水价综合改革的意见》，水权水价水市场改革深入推进；水利投融资机制改革取得积极进展，投融资规模创历史新高，结构更趋合理；《中华人民共和国长江保护法》颁布实施，开启了流域管理有法可依的崭新局面。

这一时期，党领导统筹推进水灾害防治、水资源节约、水生态保护修复、水环境治理，解决了许多长期想解决而没有解决的水问题。我国水旱灾害防御能力持续提升，有效应对1998年以来最严重汛情，科学抗御长江、淮河、太湖流域多次大洪水、特大洪水；农村贫困人口饮水安全问题全面解决，83%以上农村人口用上安全放心的自来水，农村为吃水发愁、缺水找水的历史宣告终结；华北地区地下水超采综合治理全面实施，"节""控""调""管"多措并举，地下水水位下降趋势得到有效遏制；河长制湖长制全面建立，上百万名党政领导干部参加到江河治理中，河湖面貌焕然一新。

历经百年，党领导下的水利事业成就辉煌、举世瞩目。在防洪减灾方面，基本建成以堤防为基础、江河控制性工程为骨干、蓄滞洪区为主要手段、工程措施与非工程措施相结合的防洪减灾体系，洪涝和干旱灾害年均损失率分别降低到 0.28％、0.05％，水旱灾害防御能力明显增强。在水资源配置方面，以跨流域调水工程、区域水资源配置工程和重点水源工程为框架的"四横三纵、南北调配、东西互济"的水资源配置格局初步形成，全国水利工程供水能力超过 8700 亿立方米，城乡供水保障能力显著提升，全国农村集中供水率达到 88％。在农田水利方面，全国农田有效灌溉面积增加到 10.3 亿亩，有力保障了国家粮食安全。在水生态保护方面，地下水超采综合治理、河湖生态补水、水土流失防治等水生态保护修复工程扎实推进，水生态环境面貌呈现持续向好态势。在水利管理方面，初步形成以水法为核心的水法规体系，基本形成统一管理与专业管理相结合、流域管理与行政区域管理相结合以及中央与地方分级管理的水利管理体制机制，依法治水、科学治水更加有力。在水利改革方面，水权水市场制度建设、水价改革、水利工程建设管理等领域的改革深入推进，成效显现。在水利科技方面，科技创新能力不断增强，科技进步贡献率达到 60％，在泥沙研究、坝工技术、水文监测预报预警、水资源配置等诸多领域处于国际领先水平。

二、党领导下治水的基本经验

中国共产党领导人民的治水经验弥足珍贵，对于推进新阶段水利高质量发展，开启全面建设社会主义现代化国家新征程具有重要意义。

（一）必须坚持党对水利工作的领导

水利是经济社会发展的基础性行业，是党和国家事业发展大局的重要组成部分。党中央历来高度重视水利工作，新中国成立后，党领导人民开展了气壮山河的水利建设，取得了巨大的治水兴水成就，一大批重大水利工程相继建成并发挥效益，为经济社会发展、人民安居乐业提供了重要保障。中国共产党领导是中国特色社会主义最本质的特征。只有在中国共产党领导和社会主义制度下，才能找到符合国情水情的治水兴水道路，确保水利工作始终沿着正确方向前进。

（二）必须坚持以人民为中心

为人民谋幸福、为民族谋复兴，是建党百年始终不渝的初心和使命，也是党领导下治水事业不变的追求。人民就是江山，共产党打江山、守江山，守的是人民的心，为的是让人民过上好日子。我们必须坚持以人民为中心的发展思想，牢记水利行业为人民造福的历史使命，自觉站在人民立场，尊重人民的首创精神，下大力气解决人民群众最关心最直接最现实的涉水问题，以实实在在治水成效造福于民。

（三）必须坚持服务国家经济社会发展大局

水是生存之本、文明之源，是经济社会发展的重要支撑和基础保障。不同历史时期，针对国家宏观需求和面临的水问题，党领导确定了不同的治水方略和重点，但其共同点都是为经济社会发展创造稳定的环境和条件，服务经济社会发展大局，保障国家重大战略实施。进入新发展阶段、贯彻新发展理念、构建新发展格局，形成全国统一大市场和畅通的国内大循环，促进南北方协调发展，需要水资源的有力支撑。我们必须完整、准确、全面贯彻新发展理念，推动新阶段水利高质量发展，以提升水安全保障能力为目标，大力提高水旱灾害防御能力、水资源集约安全利用能力、水资源优化配置能力、大江大

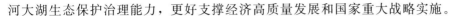

河大湖生态保护治理能力，更好支撑经济高质量发展和国家重大战略实施。

（四）必须坚持保障国家安全

建设防洪减灾工程，最大程度减少人员伤亡和财产损失，事关人民生命财产安全；兴修农田水利基础设施，把14亿多中国人的饭碗牢牢端在自己手中，事关粮食安全；提高城乡供水能力和用水效率，推动经济绿色发展，事关经济安全；大力推进水土流失、水生态治理，提升生态系统质量和稳定性，事关生态安全。习近平总书记创新性提出总体国家安全观，强调"水安全是涉及国家长治久安的大事"。我们必须站在全局高度认识国家安全，完善流域防洪工程体系，优化水资源配置战略格局，大力推进农田水利建设，提升水资源涵养修复能力，打破水资源的瓶颈制约，守护好国家水安全。

（五）必须坚持遵循自然规律

从革命年代党领导群众在中央苏区开展大规模的植树运动以保护和利用有限的水利资源，到秉持可持续发展理念治理水污染、修复水生态，再到新时代实行山水林田湖草系统治理，认识自然规律、遵循自然规律是党领导下治水事业的鲜明底色。习近平总书记强调，"要做到人与自然和谐，天人合一，不要试图征服老天爷"。我们必须坚持"人与自然是生命共同体"的理念，准确把握治水的规律性，落实"十六字"治水思路，推动实现人水和谐共生。

（六）必须坚持问题导向

水资源时空分布极不均衡是我国的基本水情。针对不同历史时期面临的主要水问题，党领导下的治水方针和治水思路不断调整完善。习近平总书记反复强调，"要坚持问题导向，坚持底线思维，把问题作为研究制定政策的起点，把工作的着力点放在解决最突出的矛盾和问题上"。我们必须坚持问题导向，准确把握治水的阶段性特征，增强破解水利改革发展深层次矛盾和问题的能力和水平，统筹解决好新老"水问题"。

（七）必须坚持底线思维

自古以来，防汛抗旱减灾是治水的重大课题。建党百年以来，党领导下的治水事业始终秉持人民至上、生命至上的信念，始终将确保人民生命安全作为治水工作的底线。习近平总书记强调，要善于运用"底线思维"的方法，凡事从坏处准备，努力争取最好的结果，这样才能有备无患、遇事不慌，增强自信，牢牢把握主动权。我们必须坚持底线思维，增强忧患意识和风险意识，落实好"两个坚持、三个转变"防灾减灾救灾新理念，在工程建设和管理、水资源管理、水生态水环境治理中，对可能出现的极端情形进行科学分析研判，强化预报、预警、预演和预案措施，切实保障人民群众生命财产安全。

（八）必须坚持改革创新

纵观党领导下的治水史，以创新促改革、以改革促发展是永恒的主线。带有中国特色的河湖长制从地方探索实践到全面部署实施并发挥巨大作用，充分彰显出了制度创新的强大推动力。改革开放是决定当代中国命运的关键一招，改革开放只有进行时，没有完成时，创新是改革开放的生命。我们必须坚持把改革创新作为发展的根本动力，加强顶层设计，更加注重改革的系统性、整体性、协调性，打好改革"组合拳"，运用好政策创新"工具包"，通过改革创新推动新阶段水利高质量发展。

（九）必须坚持科技驱动

科技是发展的利器。从黄河 4 年 3 次断流到连续 21 年不断流，从研究黄河水沙关系到小浪底调水调沙取得成功，科技发挥了关键作用。"国之重器"三峡工程创造了一百多项世界之最，依托的是自强不息、科技创新。关键核心技术是要不来、买不来、讨不来的，只有把关键核心技术掌握在自己手中，才能从根本上保障国家经济安全、国防安全和其他安全。我们必须大力发展水利科技，坚定不移走自主创新之路，不断提升水利战略科技力量，加快破解涉水领域的关键问题和科技难题，构建智慧水利体系，为水利现代化建设提供科技支撑。

（十）必须坚持体制机制法治管理

建章立制，不仅是压实工作责任的重要做法，也是巩固工作成效的有力抓手。通过构建水法规制度和水资源管理、河湖管理、工程管理的体制机制，促进各方面制度更加成熟更加定型，才能实现水利精细化、规范化、法治化管理。依法治国是坚持和发展中国特色社会主义的本质要求和重要保障，推动水利高质量发展必须以健全的体制机制法治管理为保障，深入推进水利重点领域和关键环节改革，加快破解制约水利发展的体制机制障碍，进一步完善水法规体系，不断提升水利治理能力和水平，确保各项工作落地见效。

附录二　水利部关于加快推进水文化建设的指导意见

党中央、国务院高度重视文化建设工作。党的十九届五中全会进一步强调要在2035年建成文化强国。习近平总书记在黄河流域生态保护和高质量发展座谈会上指出"黄河文化是中华文明的重要组成部分，是中华民族的根和魂"，要"保护、传承、弘扬黄河文化"；在全面推动长江经济带发展座谈会上强调，要"统筹考虑水环境、水生态、水资源、水安全、水文化和岸线等多方面的有机联系"，并指出"要把长江文化保护好、传承好、弘扬好"。为深入贯彻落实习近平总书记关于文化建设的重要论述和党的十九届五中全会决策部署，积极践行"节水优先、空间均衡、系统治理、两手发力"的治水思路，加快推进水文化建设，助力推动新阶段水利高质量发展，现提出以下意见。

一、重要意义

水是生存之本，文明之源。中华民族有着善治水的优良传统，中华民族几千年的历史，从某种意义上说就是一部治水史。悠久的中华传统文化宝库中，水文化是中华文化的重要组成部分，是其中极具光辉的文化财富。黄河文化、长江文化、大运河文化等，见证了中华文化的起源、兴盛、交融，积累、传承、丰富了中华民族的集体记忆。以治水实践为核心，积极推进水文化建设，是推动新阶段水利高质量发展的应有之义。适应新阶段水利高质量发展对水文化建设提出的更高要求，迫切需要深入挖掘中华优秀治水文化的丰富内涵和时代价值，切实加强水利遗产的保护和利用，提升水利工程的文化品位，满足广大人民群众日益增长的精神文化需求；迫切需要加大水文化传播力度，增进全社会节水护水爱水的思想自觉和行动自觉，引导建立人水和谐的生产生活方式。

二、总体要求

（一）指导思想

以习近平新时代中国特色社会主义思想为指导，全面贯彻党的十九大和十九届二中、三中、四中、五中全会精神，深入贯彻落实习近平总书记"3·14"重要讲话精神和在黄河流域生态保护和高质量发展座谈会、全面推动长江经济带发展座谈会上的重要讲话精神，立足新发展阶段，贯彻新发展理念，构建新发展格局，高举文化自信旗帜，紧紧围绕治水实践，着力保护、传承、弘扬、利用治水实践中形成的文化瑰宝，切实加强水利遗产的挖掘和保护，提升水利工程的文化内涵和文化品位，努力向全社会提供内容丰富、形式多样的水文化产品和服务，提高水利行业文化软实力和社会影响力，为推动新阶段水利高质量发展提供文化支撑。

（二）基本原则

1. 坚持正确导向

坚持社会主义核心价值观，围绕举旗帜、聚民心、育新人、兴文化、展形象的使命任务，坚持为人民服务、为社会主义服务，传承中华优秀传统文化、革命文化、社会主义先进文化，营造与时俱进、健康向上的水文化发展新局面。

2. 坚持以人民为中心

坚持以文化民、以文育民、以文惠民，发挥人民群众在水文化建设中的主体作用，动员各方力量参与水文化建设。

3. 坚持立足治水实践

紧紧围绕治水实践，挖掘、提炼其文化精髓，运用水文化优秀成果促进水利事业发展。开展与治水实践相关的文学艺术活动，推出丰富多彩的优秀文化作品，促进水文化繁荣与发展。

4. 坚持保护传承弘扬并重

充分考虑水文化的特殊性，保护好中华优秀治水文化，激活水文化的生命力，把水文化中具有当代价值、世界意义的文化精髓提炼出来、展示出来、传承下去。坚持与时俱进、创新发展，注重博采众长、融合发展，激发全民族水文化创新创造活力。

（三）主要目标

"十四五"时期，深化中华优秀治水文化研究，认定一批具有重要历史价值、文化价值的水利遗产，推动水利工程与文化深度融合，打造多种形式水文化宣传载体，讲好中国故事水利篇，大力提高公众水文化素养，初步形成"政府主导、社会支持、群众参与"的水文化建设体制机制。到2035年，水文化研究理论体系进一步健全，水利遗产保护初见成效，水利工程文化品位明显提高，水文化公共产品和服务进一步丰富，水利行业文化软实力和社会影响力大幅提升，水文化建设、管理和传播体制机制逐步完善。

三、促进中华优秀治水文化保护传承

（一）加强水利遗产的资源调查研究

编制水利遗产调查规范，分流域、分省（自治区、直辖市）因地制宜组织开展水利遗产资源调查，逐步摸清全国水利遗产资源家底，编制国家水利遗产名录。梳理工程类水利遗产分布，建立数据库。在条件成熟的地区，开展非工程类水利遗产调查和整理。创新水利遗产资源管理模式，推动资料、档案的保护、开放和共享，加强水利遗产及水利史研究。

（二）推动国家水利遗产认定

开展国家水利遗产认定工作，逐步完善国家水利遗产认定标准，编制国家水利遗产认定管理办法和申报导则等政策性文件，推进国家水利遗产规范管理工作。"十四五"期间，初步认定 30 处以上的国家水利遗产，基本形成兼顾各种类型、各种特点、各区域的遗产分布格局。

（三）完善水利遗产管理体系

鼓励有条件的地区分级开展水利遗产认定工作，指导遗产所在地政府部门出台相应保护与利用规划。推进世界灌溉工程遗产遴选与管理制度建设，建立协调工作机制，加强动态管理，推动更多水利遗产申报世界文化遗产和世界灌溉工程遗产。

（四）保护利用好党领导人民治水的红色资源

对具有红色基因的重要治水工程、治水制度等资源进行调查，逐步建立台账、摸清底数。开展深入系统研究，科学阐释党领导人民治水的经验与优势。打造党领导人民治水的精品展陈，从治水角度生动传播红色文化。认定一批具有红色基因的国家水利遗产，从中遴选并确定一批重要标识地，发挥教育功能，赓续红色血脉。

四、推动当代治水文化繁荣发展

（一）提升水利工程文化内涵

对已建工程，充分挖掘水利工程文化功能，从保护传承弘扬角度将水利工程与其蕴含的水文化元素有机融合，提升水利工程文化品位。对新建、在建工程，在工程规划、设计、建设中融入水文化元素，依据工程特点配建水文化、水利科普展示场所，面向社会公众开放。重点建设一批富含水文化元素的精品水利工程，积极开展水工程与水文化有机融合案例推选、示范推广工作。

（二）完善水利工程建设规划与标准等政策体系

将水文化元素纳入水利工程建设标准体系，确保水利工程与文化建设同步规划、同步设计、同步实施。梳理现有水利工程建设管理政策文件中相关条款，补充水文化建设相关内容，把水文化元素列入工程建设规范、标准、定额及评价指标体系等。积极推动制订国家、行业水文化建设方面的规范或标准，鼓励社团和地方出台水文化建设领域的相关规范或标准。强化创新设计引领，鼓励发展体现中国文化魅力的水利工程设计，积极推动具有时代特色的水利工程建设。

（三）以江河为纽带推动水文化普及提升

总结推广水生态文明建设试点成果和经验，推动以江河为纽带的水文化建设及地域水文化挖掘与利用，重点推进黄河文化、长江文化、大运河文化的传承与弘扬。结合河湖水系连通、河湖生态修复、流域综合治理等工程，推进河湖水域岸线生态化以及与文化融合建设的实践探索，打造示范"美丽健康河湖""水美乡村"，展现河湖治理成效。开展河流溯源及发源地立碑标识工作。在国家文化公园建设体系中，积极融入水文化主题。

（四）努力创造体现中国精神的水利文艺精品力作

中国精神是社会主义文艺的灵魂。鼓励引导文艺工作者紧扣时代脉搏，充分挖掘水文化中的思想理念、人文精神，讴歌、记录新时代气壮山河的治水实践，运用丰富多彩的艺术形式进行当代表达，生产出一批水利文艺精品力作。

五、加强新发展阶段水文化传播弘扬

（一）加强水文化阵地建设

以水利工程为依托，采取"工程＋文化"等形式，鼓励水文化的多元化、多样化发展。以水利风景区、水情教育基地、水保科教园（示范园）、博物馆、档案馆、展示（览）馆、水文化园区、主题公园等为载体，加强面向社会公众的水文化宣传教育。

（二）丰富宣传模式与手段

拓宽水文化宣传教育渠道，积极开展水文化进社区、进机关、进企业、进基层等活动。通过展览、读物、博览会、讲坛、比赛等形式，利用"世界水日""中国水周"等时间节点，面向社会公众广泛开展水文化传播活动。多渠道创新传播模式，综合利用传统媒体、新媒体以及数字技术、网络技术、虚拟现实技术等，大力传播水文化。

（三）加强水利行业精神文明建设

加强水利单位文化建设，探索水利系统单位精神文明建设、文化建设和思想政治工作融合发展的路径，把水文化建设与群众性精神文明创建活动结合起来，引导水利干部职工更加自觉、主动地弘扬水文化。

（四）促进水文化国际交流与合作

坚持"引进来"与"走出去"相结合，积极借鉴国外水文化建设管理和宣传等方面的经验，加强中国水文化对外交流合作。充分利用国际水事活动和国际水组织平台，加大中国水文化对外宣介力度，提升中国水文化的国际地位与影响力。加强与联合国涉水组织的联系交流，研究推动设立国际水文化中心。积极申报世界灌溉工程遗产。

六、保障措施

（一）加强组织领导

水利系统各级党组织要加强对水文化建设的领导，将水文化建设纳入意识形态工作责任制，列入重要议事日程和水利系统文明单位测评体系、水利工程建设考核体系，强化水文化建设工作落实情况的监督评价，统筹推进水文化建设工作。

（二）健全体制机制

各流域、各省（自治区、直辖市）结合各自实际情况，研究编制配套的管理办法和建设规划，将水文化建设内容纳入相应的水是利改革发展、国民经济和社会发展规划体系，逐步形成完善的水文化建设、管理、传播等制度保障体系。各流域管理机构、各省级水行政主管部门明确负责水文化工作的机构、人员，负责辖区内水文化具体管理工作，将水文化建设工作纳入各级单位年度工作计划。加强水文化基础理论与政策制度体系研究，推动水文化制度体系建设，逐步完善水文化制度框架体系。研究建立与文化和旅游、自然资源、生态环境、工业、农业等有关部门的协调机制，促进水文化持续健康发展。

（三）强化资金保障

加大水利遗产管理、水利工程与文化融合、水文化研究与传播载体建设等重点项目资金投入。编制《水工程文化设计规范》，将文化投入纳入水利工程建设、运行和维护概算。积极协调各级财政、发改等部门，加大水文化建设财政支持力度。有条件的地区积极争取资金支持，挖掘保护水利遗产，充分发挥其传承与弘扬功能。以政府为主导，不断扩宽资金渠道，积极稳妥吸引社会资本进入水文化建设领域。

（四）加强能力建设

加大水利行业水文化建设、管理、传播领域人才培养力度。推动水利高校水文化学科建设。深入开展水文化教育培训，逐步把水文化知识纳入水利部门有关培训课程。定期举办水文化建设专项活动或培训。加强水文化咨询专家队伍建设，吸纳具有较高学术造诣的专家学者参与水文化建设。

参 考 文 献

［1］　王秉钦. 文化翻译学［M］. 2 版. 天津：南开大学出版社，2007.

［2］　唐卓文. 双牌水力发电以优秀的企业文化助推企业高质量发展［N］. 湖南日报. 新湖南客户端，2018－11－2.

［3］　靳永刚. 谈谈企业文化载体建设［J］. 内蒙古宣传，2001（2）：1.

［4］　AQ/T 9004—2008《企业安全文化建设导则》［S］.

［5］　AQ/T 9004—2008《企业安全文化建设评价准则》［S］.

［6］　中国水利职工思想政治工作研究会. 水利思想文化建设理论与实践（第七辑）［C］. 武汉：长江出版社，2020.

［7］　SL/T 200.02—97《水利系统行业分类代码》［S］.

［8］　中国水利职工思想政治工作研究会. 水利思想文化建设理论与实践（第七辑）［C］. 武汉：长江出版社，2020.

［9］　中国水利职工思想政治工作研究会. 水利思想文化建设理论与实践（第四辑）［C］. 北京：中国水利水电出版社，2017.

［10］　中国水利职工思想政治工作研究会. 水利思想文化建设理论与实践（第六辑）［C］. 武汉：长江出版社，2019.

［11］　中国水利职工思想政治工作研究会. 水利思想文化建设理论与实践（第七辑）［C］. 武汉：长江出版社，2020.

［12］　SL/T 789—2019《水利安全生产标准化通用规范》［S］.

［13］　中华人民共和国水利部. 中国水利统计年鉴 2020［R］. 北京：中国水利水电出版社，2020.

［14］　中国水利职工思想政治工作研究会. 水利思想文化建设理论与实践（第七辑）［C］. 武汉：长江出版社，2020.

［15］　谭映松，王建贞. 文明花开满庭香［Z/OL］. 中国水利水电第十一工程局有限公司网站，2020－11－20.

［16］　魏晓雯，聂生勇. 赓续红色血脉 勇担企业使命［N］. 中国水利报，2021－6－29.

［17］　《第一次全国水利普查成果丛书》编委会. 水利工程基本情况普查报告［R］. 北京：中国水利水电出版社，2017.

［18］　《第一次全国水利普查成果丛书》编委会. 水利行业能力情况普查报告［R］. 北京：中国水利水电出版社，2016.

［19］　中国水利职工思想政治工作研究会. 水利思想文化建设理论与实践（第四辑）［C］. 北京：中国水利水电出版社，2017.

［20］　张立建，许秋丽. 植入文化基因 凝聚正能量［Z/OL］. 泉州文明网，2013－6－24.

［21］　中国水利职工思想政治工作研究会. 水利思想文化建设理论与实践（第四辑）［C］. 北京：中国水利水电出版社，2017.

［22］　中国水利职工思想政治工作研究会. 水利思想文化建设理论与实践（第六辑）［C］. 武汉：长江出版社，2019.

［23］　林铭珊，颜长源，陈文贵. 山美水库之文化建设 特色建设打造文化山美［N］. 泉州晚报，2012－8－16.

［23］　《第一次全国水利普查成果丛书》编委会. 灌区基本情况普查报告［R］. 北京：中国水利水电出版社，2017.

［24］　高占义. 我国灌区建设与管理技术发展成就与展望［J］. 水利学报，2019，50（1）：88－96.

后　　记

在本书编写即将完成之际，2021年10月9日，水利部印发了《水利部关于加快推进水文化建设的指导意见》（以下简称《指导意见》）。2022年2月21日水利部办公厅印发了《"十四五"水文化建设规划》（以下简称《建设规划》）。

《指导意见》和《建设规划》为水利行业企业单位文化建设的进一步深入开展指明了方向，规划了蓝图。

一、关于文化建设的指导思想

《指导意见》提出的水文化建设的指导思想也是我们水利行业企业单位文化建设的指导思想，那就是：以习近平新时代中国特色社会主义思想为指导，全面贯彻党的十九大和十九届二中、三中、四中、五中全会精神，深入贯彻落实习近平总书记"3·14"重要讲话精神和在黄河流域生态保护和高质量发展座谈会、全面推动长江经济带发展座谈会上的重要讲话精神，立足新发展阶段，贯彻新发展理念，构建新发展格局，高举文化自信旗帜，紧紧围绕治水实践，着力保护、传承、弘扬、利用治水实践中形成的文化瑰宝，切实加强水利遗产的挖掘和保护，提升水利工程的文化内涵和文化品位，努力向全社会提供内容丰富、形式多样的水文化产品和服务，提高水利行业文化软实力和社会影响力，为推动新阶段水利高质量发展提供文化支撑。

2020年9月8日习近平总书记在全国抗击新冠疫情表彰大会上指出："文化自信是一个国家、一个民族发展中最基本、最深沉、最持久的力量。向上向善的文化是一个国家、一个民族休戚与共、血脉相连的重要纽带。"2016年11月30日，习近平总书记在中国文联十大、中国作协九大开幕式上指出："坚定文化自信，是事关国运兴衰、事关文化安全、事关民族精神独立性的大问题。"我国兴水利、除水害的历史悠久，在几千年特别是新中国成立以来的治水实践中形成的精神文化、物质文化非常丰富。我们水利行业企业单位在文化建设中要高举文化自信的旗帜，深入挖掘中华优秀治水文化的丰富内涵和时代价值，传承、发扬治水精神，推广利用治水经验，切实加强水利遗产的保护和利用，提升水利工程的文化内涵和文化品位，努力向全社会提供内容丰富、形式多样的水文化产品和服务，满足广大人民群众日益增长的精神文化需求，以此提高企业的文化软实力和社会影响力。

二、关于文化建设的原则

《指导意见》提出的4项基本原则也是水利行业企业单位必须遵循的。

（1）坚持正确导向。坚持社会主义核心价值观，围绕举旗帜、聚民心、育新人、兴文化、展形象的使命任务，坚持为人民服务、为社会主义服务，传承中华优秀传统文化、革命文化、社会主义先进文化，营造与时俱进、健康向上的文化发展新局面。

（2）坚持以人民为中心。坚持以文化民、以文育民、以文惠民，发挥人民群众在水文化建设中的主体作用，动员各方力量参与文化建设。

（3）坚持立足治水实践。紧紧围绕治水实践，挖掘、提炼其文化精髓，运用水文化优秀成果促进水利事业发展。开展与治水实践相关的文学艺术活动，推出丰富多彩的优秀文化作品，促进水文化繁荣与发展。

（4）坚持保护传承弘扬并重。充分考虑水文化的特殊性，保护好中华优秀治水文化，激活水文化的生命力，把水文化中具有当代价值、世界意义的文化精髓提炼出来、展示出来、传承下去。坚持与时俱进、创新发展，注重博采众长、融合发展，激发全民族水文化创新创造活力。

三、关于文化建设的主要任务

《指导意见》从促进中华优秀治水文化保护传承、推动当代治水文化繁荣发展、加强新发展阶段水文化传播弘扬三个方面列出包括"加强水利遗产的资源调查研究""推动国家水利遗产认定""完善水利遗产管理体系""保护利用好党领导人民治水的红色资源""提升水利工程文化内涵""完善水利工程建设规划与标准等政策体系""以江河为纽带推动水文化普及提升""努力创造体现中国精神的水利文艺精品力作""加强水文化阵地建设""丰富宣传模式与手段""加强水利行业精神文明建设""促进水文化国际交流与合作"共12项任务。

《建设规划》从水文化保护、传承、弘扬、利用四个方面列出21项重点任务，其中设置"水利遗产系统保护""水文化基础理论与实践研究""长江文化传承创新工程""建设一批重要水文化展览展示场所（馆）""讲好黄河故事""水文化工程与文化融合提升""大运河文化保护传承利用重点任务"等7个专栏，对重点工作细化分解。

水利行业企业单位可结合本单位的性质、职能，贯彻落实相应的建设任务。我们任为，《指导意见》提出的下列任务，水利行业企业单位有责任和义务共同努力去完成，特罗列如下。

（一）促进中华优秀治水文化保护传承

中华民族五千年治水史创造了光辉灿烂的水文化，留下了弥足珍贵的水文化遗产。这些文化遗产具有重要的历史、文化、科学、艺术、经济和水利功能，承载着中华民族的悠久历史，凝聚着中华民族的辉煌创造，镌刻着中华民族的伟大精神，是水文化传承的重要载体，也是中华民族的文化瑰宝。保护好、传承好、利用好水文化遗产，对于传承和弘扬先进水文化、对于推动社会主义文化大发展大繁荣、提高全民族思想道德素质和科学文化素质，对于提高国家文化软实力、促进经济社会又好又快发展，具有十分重要的意义。

对具有红色基因的重要治水工程、治水制度等资源，包括具有重大历史意义的治水工程、治水制度、治水事件，水利红色文化印迹等，开展深入系统研究，科学阐释党领导人民治水的经验与优势，传承治水精神，传播红色文化，发挥教育功能，赓续红色血脉。

（二）提升水利工程文化内涵

对已建工程，充分挖掘水利工程文化功能，从保护传承弘扬角度将水利工程与其蕴含的水文化元素有机融合，提升水利工程文化品位。对新建、在建工程，在工程规划、设计、建设中融入水文化元素，依据工程特点配建水文化、水利科普展示场所，面向社会公众开放。重点建设一批富含水文化元素的精品水利工程，积极开展水工程与水文化有机融合案例推选、示范推广工作。

（三）以江河为纽带推动水文化普及提升

总结推广水生态文明建设试点成果和经验，推动以江河为纽带的水文化建设及地域水文化挖掘与利用，重点推进黄河文化、长江文化、大运河文化的传承与弘扬。结合河湖水系连通、河湖生态修复、流域综合治理等工程，推进河湖水域岸线生态化以及与文化融合建设的实践探索，打造示范"美丽健康河湖""水美乡村"，展现河湖治理成效。开展河流溯源及发源地立碑标识工作。在国家文化公园建设体系中，积极融入水文化主题。

（四）努力创造体现中国精神的水利文艺精品力作

中国精神是社会主义文艺的灵魂。鼓励引导文艺工作者紧扣时代脉搏，充分挖掘水文化中的思想理念、人文精神，讴歌、记录新时代气壮山河的治水实践，运用丰富多彩的艺术形式进行当代表达，生产出一批水利文艺精品力作。

（五）加强水文化阵地建设

以水利工程为依托，采取"工程＋文化"等形式，鼓励水文化的多元化、多样化发展。以水利风景区、水情教育基地、水保科教园（示范园）、博物馆、档案馆、展示（览）馆、水文化园区、主题公园等为载体，加强面向社会公众的水文化宣传教育。

（六）丰富宣传模式与手段

拓宽水文化宣传教育渠道，积极开展水文化进社区、进机关、进企业、进基层等活动。通过展览、读物、博览会、讲坛、比赛等形式，利用"世界水日""中国水周"等时间节点，面向社会公众广泛开展水文化传播活动。多渠道创新传播模式，综合利用传统媒体、新媒体以及数字技术、网络技术、虚拟现实技术等，大力传播水文化。

（七）加强水利行业精神文明建设

加强水利单位文化建设，探索水利系统单位精神文明建设、文化建设和思想政治工作融合发展的路径，把水文化建设与群众性精神文明创建活动结合起来，引导水利干部职工更加自觉、主动地弘扬水文化。

四、关于文化建设的保障措施

根据《指导意见》和《建设规划》，结合水利行业企业单位的实际，企业单位文化建设的主要保障措施主要有：

（一）加强组织领导

各级党组织要加强对文化建设的领导，将文化建设纳入意识形态工作责任制，列入重要议事日程和水利系统文明单位测评体系、水利工程建设考核体系，强化文化建设工作落实情况的监督评价，统筹推进文化建设工作。

（二）健全体制机制

各单位要结合各自实际情况，研究编制配套的管理办法和建设规划，将文化建设内容纳入相应的企业发展规划体系，逐步形成完善的文化建设、管理、传播等制度保障体系。

（三）强化资金保障

各单位要按照国家、行业的有关规定，保证文化建设的投入和资金保障。鉴于提升水利工程文化内涵和文化品位的建设投入较大，建设经费需要纳入基本建设项目，由相关部门按规定程序审批。为了确保此项工作顺利开展，希望水利相关部门梳理现有水利工程建设管理政策文件中相关条款，补充水文化建设相关内容，把水文化元素列入工程建设规范、标准、定额及评价指标体系等。积极推动制订国家、行业水文化建设方面的规范或标准，鼓励社团和地方出台水文化建设领域的相关规范或标准。强化创新设计引领，鼓励发展体现中国文化魅力的水利工程设计，积极推动具有时代特色的水利工程建设。

（四）加强能力建设

各单位要加大水利行业企业文化建设、管理、传播领域人才培养力度。深入开展文化教育培训，定期举办文化建设专项活动或培训。

我们深信，在习近平新时代中国特色社会主义思想指引下，在水利部关于加快推进水文化建设的指导意见指导下，水利行业企业单位共同努力奋斗，一定能够实现水利部制定的"十四五"水文化建设规划，为推动新阶段水利高质量发展做出贡献！

编者

2022 年 3 月